工业机器人操作与运维

主　编　陈洁娜　段苏月
副主编　周龙彪　吴俊强
参　编　吴锦涛　蓝永健　吴贤哲

机械工业出版社

本书坚持"以职业活动为导向、以专业能力为核心"的指导思想，书中内容融合1+X证书中《工业机器人操作与运维职业技能等级标准》初级职业技能等级要求内容和工信部发布的国家职业标准《机器人工程技术人员》中"机器人控制设计与开发"相关内容。

本书采用项目式教材编写模式，内容包含工业机器人操作安全、工业机器人认知、工业机器人的安装、工业机器人操作与编程、工业机器人系统检查与维护和ABB工业机器人搬运码垛典型工作案例的调试与运行6个项目。

本书适合作为职业院校自动化类专业相关课程教材，也可作为工业机器人操作与运维及机器人控制设计与开发初级证书培训教材。

本书按照"一体化设计、颗粒化资源"的课程建设思路制作课程每一知识点的颗粒化数字资源，数字资源包含PPT、教学视频、实操视频、习题库和试卷等。凡购买本书作为授课教材的教师可登录 http://www.cmpedu.com 注册并免费下载。

图书在版编目（CIP）数据

工业机器人操作与运维／陈洁娜，段苏月主编．
北京：机械工业出版社，2025.4. -- ISBN 978-7-111-77999-5

Ⅰ．TP242.2

中国国家版本馆CIP数据核字第2025JX4997号

机械工业出版社（北京市百万庄大街22号　邮政编码100037）
策划编辑：赵红梅　　　　　　　责任编辑：赵红梅　王　良
责任校对：龚思文　王　延　　　封面设计：马精明
责任印制：张　博
固安县铭成印刷有限公司印刷
2025年6月第1版第1次印刷
184mm×260mm・16.25印张・417千字
标准书号：ISBN 978-7-111-77999-5
定价：49.80元

电话服务　　　　　　　　　　　网络服务
客服电话：010-88361066　　　　机 工 官 网：www.cmpbook.com
　　　　　010-88379833　　　　机 工 官 博：weibo.com/cmp1952
　　　　　010-68326294　　　　金 书 网：www.golden-book.com
封底无防伪标均为盗版　　　　　机工教育服务网：www.cmpedu.com

前言

本书贯彻国务院《国家职业教育改革实施方案》（简称"职教20条"）及《关于推动现代职业教育高质量发展的意见》对职业教育的指导文件精神，适应职业教育改革的需求，坚持"以职业活动为导向、以专业能力为核心"的指导思想，以1+X证书中《工业机器人操作与运维职业技能等级标准》初级职业技能等级标准为依据，参考中华人民共和国人力资源和社会保障部及中华人民共和国工业和信息化部制定的国家职业标准《机器人工程技术人员》（2023年版）中的"机器人控制设计与开发"相关内容，以工业机器人操作与运维初级从业人员的专业能力要求为教材核心目标，以工业机器人操作与运维初级从业人员工作内容和知识水平要求为内容基础，将新技术、新工艺、新规范、典型生产案例融入教材内容，融合跨学科知识，形成综合性的知识体系，是校企"双元"合作开发的"岗课赛证"融通教材。

本书采用项目式教材编写模式，以项目为引导、任务作驱动，强调以实操为主、以理论为支撑。本书内容包括工业机器人操作安全、工业机器人机械拆装、工业机器人安装、工业机器人外围系统安装、工业机器人系统设置、工业机器人运动模式测试、工业机器人坐标系标定、工业机器人程序备份与恢复、ABB工业机器人搬运码垛样例程序调试与运行、工业机器人常规检查、工业机器人本体定期维护等理论知识和实训项目，涵盖了"工业机器人安全操作规范""工业机器人技术基础""工业机器人现场编程""工业机器人维修维护"等核心知识内容和运用，旨在培养能遵循工业机器人安全操作规范，具有能依据机械装配图、电气原理图和工艺指导文件完成工业机器人系统安装、调试及工业机器人本体定期保养与维护、工业机器人基本程序操作能力的技能人才。

本书配套PPT、教学视频、实操视频、习题库和试卷等立体化数字资源，已在智慧职教平台建课，可通过以下网址获得课程资源：https://mooc.icve.com.cn/cms/courseDetails/index.htm？cid=gyjzhs044cjn676；立体化数字教学资源包还被学银在线平台录用为"示范教学包"，可通过以下网址获得课程资源：https://cv-p.chaoxing.com/teaching/materialInfo？courseId=222190916&wfid=113595&mappId=0。平台课程不仅可供学员线上自学学习，还可供开设同类课程的院校在学银在线实现一键复制完整数字资源包，实现线上线下混合式教学，具备"能学、辅教"功能。

由于编者水平有限，书中疏漏和不妥之处在所难免，敬请广大读者批评指正。

编　者

课程简介

二维码索引

页码	名称	图形	页码	名称	图形
1	项目1导学		37	工业机器人的末端执行器	
2	安全准备工作与安全标识		39	工业机器人的控制系统	
10	安全操作规程与防范措施		46	搬运码垛工作站的基本构成	
15	项目2导学		48	搬运码垛工作站的应用场景	
16	工业机器人的关节机构		52	项目3导学	
19	工业机器人的性能指标		53	安装及测量工具的认识和使用	
21	工业机器人的分类		60	机械识图基础	
25	工业机器人的位姿与坐标系		66	电气识图基础	
30	工业机器人的结构		71	液压气动识图基础	
33	工业机器人的驱动系统		76	工作站图样识读基础	

(续)

页码	名称	图形	页码	名称	图形
84	工业机器人系统外部拆包		130	工业机器人的编程方式	
87	工业机器人本体的安装		133	ABB 工业机器人示教器操作环境配置及常用信息的查看	
91	工业机器人控制柜的安装		138	ABB 工业机器人运行模式及运行速度的设置	
94	工业机器人示教器的安装		141	ABB 工业机器人坐标系的标定	
97	工业机器人工作站的电气连接		146	ABB 工业机器人的单轴运动测试	
100	工业机器人末端执行器的安装		148	ABB 工业机器人的线性运动与重定位运动测试	
104	搬运码垛工作站的安装		152	ABB 工业机器人的紧急停止及复位	
109	双吸盘工具气路的连接及应用		156	ABB 工业机器人数据的备份与恢复	
114	单吸盘工具气路的连接及应用		165	项目 5 导学	
124	项目 4 导学		166	工业机器人本体的常规检查	
125	工业机器人的编程语言		174	工业机器人控制柜的常规检查	

（续）

页码	名称	图形	页码	名称	图形
176	工业机器人附件的常规检查		194	项目6导学	
179	工业机器人运行参数及运行状态的监测		195	搬运码垛工作站的任务分析	
185	工业机器人本体润滑油（脂）的更换		227	搬运码垛样例程序的恢复与运行	
188	工业机器人转数计数器的更新		240	信息提示与事件日志的查看	

目录

前言
二维码索引

项目 1　工业机器人操作安全　1
任务 1.1　安全准备工作与安全标识　2
知识点总结　9
思考与练习　9
任务 1.2　安全操作规程与防范措施　10
知识点总结　13
思考与练习　13

项目 2　工业机器人认知　15
任务 2.1　认识工业机器人　16
2.1.1　工业机器人的关节机构　16
2.1.2　工业机器人的性能指标　19
2.1.3　工业机器人的分类　21
2.1.4　工业机器人的位姿与坐标系　25
知识点总结　28
思考与练习　28
任务 2.2　工业机器人的系统构成　30
2.2.1　工业机器人的结构　30
2.2.2　工业机器人的驱动系统　33
2.2.3　工业机器人的末端执行器　37
2.2.4　工业机器人的控制系统　39
知识点总结　43
思考与练习　44
任务 2.3　搬运码垛工作站认知　45
2.3.1　搬运码垛工作站的基本构成　46
2.3.2　搬运码垛工作站的应用场景　48
知识点总结　50
思考与练习　50

项目 3　工业机器人的安装　52
任务 3.1　安装及测量工具的认识和使用　53
知识点总结　59

思考与练习 ··· 59
任务 3.2　工作站技术文件识读 ·· 60
　　3.2.1　机械识图基础 ·· 60
　　3.2.2　电气识图基础 ·· 66
　　3.2.3　液压与气动识图基础 ··· 71
　　3.2.4　工作站图样识读基础 ··· 76
　　知识点总结 ··· 79
　　思考与练习 ··· 80
任务 3.3　工业机器人工作站的现场安装 ·· 83
　　3.3.1　工业机器人系统外部拆包 ··· 84
　　3.3.2　工业机器人本体的安装 ·· 87
　　3.3.3　ABB 工业机器人紧凑型控制柜的安装 ··· 91
　　3.3.4　工业机器人示教器的安装 ··· 94
　　3.3.5　工业机器人工作站的电气连接 ··· 97
　　3.3.6　工业机器人末端执行器的安装 ··· 100
　　3.3.7　搬运码垛工作站的安装 ·· 104
　　3.3.8　双吸盘工具气路的连接及应用 ··· 109
　　3.3.9　单吸盘工具气路的连接及应用 ··· 114
　　知识点总结 ··· 119
　　思考与练习 ··· 119

项目 4　工业机器人操作与编程 ·· 124
任务 4.1　工业机器人的编程语言 ··· 125
　　知识点总结 ··· 128
　　思考与练习 ··· 128
任务 4.2　工业机器人的编程方式 ··· 129
　　知识点总结 ··· 131
　　思考与练习 ··· 131
任务 4.3　ABB 工业机器人的系统设置 ·· 133
　　4.3.1　ABB 工业机器人示教器操作环境配置及常用信息的查看 ································· 133
　　4.3.2　ABB 工业机器人运行模式及运行参数的设置 ·· 138
　　4.3.3　ABB 工业机器人坐标系的标定 ·· 141
　　知识点总结 ··· 143
　　思考与练习 ··· 144
任务 4.4　ABB 工业机器人的运动模式 ··· 145
　　4.4.1　ABB 工业机器人的单轴运动 ··· 146
　　4.4.2　ABB 工业机器人的线性运动与重定位运动 ··· 148
　　4.4.3　ABB 工业机器人的紧急停止及复位 ·· 152
　　知识点总结 ··· 154
　　思考与练习 ··· 154

任务 4.5　ABB 工业机器人数据的备份与恢复	156
知识点总结	163
思考与练习	163

项目 5　工业机器人系统检查与维护　　165

任务 5.1　工业机器人的常规检查　166
　5.1.1　工业机器人本体的常规检查　166
　5.1.2　工业机器人控制柜的常规检查　174
　5.1.3　工业机器人附件的常规检查　176
　5.1.4　工业机器人运行参数及运行状态的监测　179
　知识点总结　182
　思考与练习　183
任务 5.2　工业机器人本体的定期维护　185
　5.2.1　工业机器人本体润滑油（脂）的更换　185
　5.2.2　工业机器人转数计数器的更新　188
　知识点总结　192
　思考与练习　192

项目 6　ABB 工业机器人搬运码垛典型工作案例的调试与运行　　194

任务 6.1　搬运码垛工作站的任务分析　195
　6.1.1　任务结构模块化分析　195
　6.1.2　批量搬运码垛流程分析　218
　知识点总结　227
　思考与练习　227
任务 6.2　搬运码垛工作站的调试与运行　227
　6.2.1　恢复导入样例程序　228
　6.2.2　程序点位示教　230
　6.2.3　在手动模式下调试运行搬运码垛程序　232
　6.2.4　在自动模式下运行搬运码垛程序　237
　知识点总结　239
　思考与练习　240
任务 6.3　信息提示与事件日志的查看　240
　6.3.1　查看信息提示与事件日志的操作方法　240
　6.3.2　通过查看信息提示与事件日志解决工作站调试问题　242
　知识点总结　245
　思考与练习　245

参考文献　　247

项目 1
工业机器人操作安全

项目引入

2023年2月1日，湘潭某汽车零部件有限公司员工在未停机情况下进入工业机器人设备区域调整工件位置，导致发生一起机械伤害事故，造成1人死亡。

今天小明第一天正式上班，公司给他安排了吴涛工程师作为其指导师傅。

吴师傅："小明，我先带你参观参观你未来的工作环境吧"。

小明："好的，谢谢师傅"。

师徒俩边走边聊。

项目1导学

吴师傅："小明，你看到今年湘潭某汽车零部件有限公司员工误入工业机器人工作区域，导致发生事故的报道吗？"

小明："看到了，没停机就进入工业机器人的工作区域太危险了。"

吴师傅："工业机器人是现代化生产中不可或缺的一部分，它们能够高效地完成各类重复工作，并且能够提高生产效率和产品精度，但一旦出现事故，却容易造成比较严重的人员伤害或财物损失。我们从事工业机器人方面的工作时，不仅不能在没停机的情况下进入其工作区域，还有很多安全准备工作和安全操作规范要遵守，这样才能保障人员和生产的安全。"

项目目标

1. 能正确穿戴工业机器人安全作业服和安全防护装备。
2. 熟悉现场安全标识。
3. 熟悉工业机器人系统操作提示标识。
4. 掌握工业机器人安全操作规范。
5. 熟悉现场安全防范措施。
6. 树立正确的安全生产观，规范操作，保障生产安全。
7. 牢记操作过程中的注意事项。

知识图谱

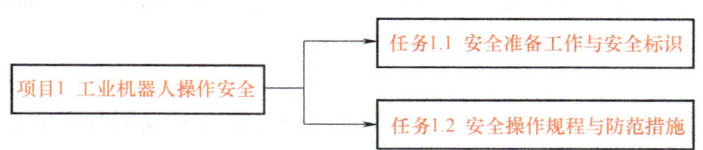

任务 1.1　安全准备工作与安全标识

任务描述

安全准备工作与安全标识

　　安全是人们从事生产活动的第一要务，操作工业机器人之前须严格遵守其安全操作规程，在保证人身安全的同时，也要保障资产安全。

　　今天是小明第一天上班，吴师傅将给小明介绍工业机器人的安全准备工作和安全标识，以免小明因不认识相应的标识而误入危险区域或误操作而引发事故，以下便是吴师傅介绍的内容。

任务目标

1. 理解"安全第一，预防为主"的含义。
2. 能正确穿戴工业机器人安全作业服和安全防护装备。
3. 全面了解现场安全标识。
4. 全面了解工业机器人系统操作提示标识。
5. 牢记操作过程中的注意事项。

知识平台

　　"安全第一"是安全生产方针的基础，当安全和生产发生矛盾时，必须先要解决安全问题，保证劳动者在安全的条件下进行生产劳动。只有在保证安全的前提下，生产才能正常进行，才能充分发挥职工的生产积极性，提高劳动生产率，促进我国经济建设的发展和保持社会的稳定。

　　"预防为主"是安全生产方针的核心和具体体现，是实施安全生产的根本途径。安全工作千千万，必须始终将"预防"作为主要任务予以统筹考虑。除了自然灾害造成的事故以外，任何建筑施工、工业生产事故都是可以预防的。关键之关键，必须将工作的立足点纳入"预防为主"的轨道，"防患于未然"，把可能导致事故发生的所有机理或因素消除在事故发生之前。

1. 安全准备工作

　　安装、维护、操作工业机器人的技术人员必须有意识地对自身安全进行保护，必须主动戴安全帽、穿安全作业服和安全防护鞋。

　　在带领小明进入工作车间前，吴师傅向小明演示和解说安全准备工作的重要性，并要求小明正确穿戴好安全装备方可随其进入车间。我们也赶快跟着本任务后面的"操作人员穿戴安全装备任务操作表"（见表 1-3）穿戴起来吧！

2. 现场安全标志

　　安全标志是指使用招牌、颜色、照明标识、声信号等方式表明存在的信息与指示危险。

　　在工业机器人及控制柜上出现的安全标志（见表 1-1）都是与人身及工业机器人使用安全直接相关的提示，务必熟知。

表1-1 安全标志

标志	说明
(危险三角标志)	**危险** 警告如果不依照说明操作,就会发生事故,并导致严重或致命的人员伤害和严重的产品损坏。该标志适用于以下险情:碰触高压电气装置、爆炸或火灾、有毒气体、压轧、撞击和从高处跌落等
(警告三角标志)	**警告** 警告如果不依照说明操作,可能会发生事故,造成严重的伤害(可能致命)或重大的产品损坏。该标志适用于以下险情:触碰高压电气单元、爆炸、火灾、吸入有毒气体、挤压、撞击、高空坠落等
(电击标志)	**电击** 针对可能会导致严重的人身伤害或死亡的电气危险的警告
(小心标志)	**小心** 警告如果不依照说明操作,可能会发生能造成伤害和/或产品损坏的事故。该标志适用于以下险情:灼伤、眼部伤害、皮肤伤害、听力损伤、挤压或滑倒、跌倒、撞击、高空坠落等。此外,它还适用于某些涉及功能要求的警告消息,即在装配和移除设备过程中出现有可能损坏产品或引起产品故障的情况时,就会采用这一标志
(注意标志)	**注意** 描述重要的事实和条件。请一定要重视相关的说明
(提示标志)	**提示** 描述从何处查找附加信息或如何以更简单的方式进行操作
(手柄关闭标志)	**使用手柄关闭** 手动使用控制柜上的电源开关
(WARNING Disconnect Mains Plug From Electrical Outlet)	**主电源断开警告** 在维修控制器前将电源断开
(DANGER High Voltage Inside. Turn off power before servicing.)	**模块内有高压危险警告** 模块内可能有高压,检修前确认主开关已经断开

（续）

标志	说明
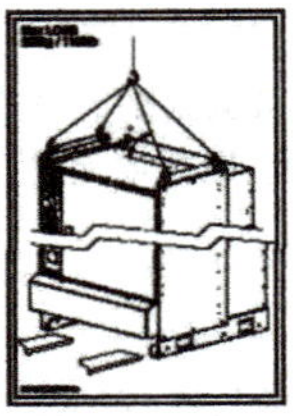	**IRC5 控制器的起吊说明** 对于控制器最大起吊质量的说明
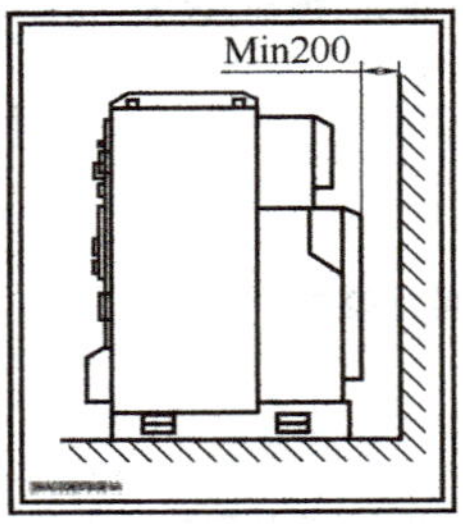	**安装空间** 提示控制柜安装时注意保证安装的空间距离
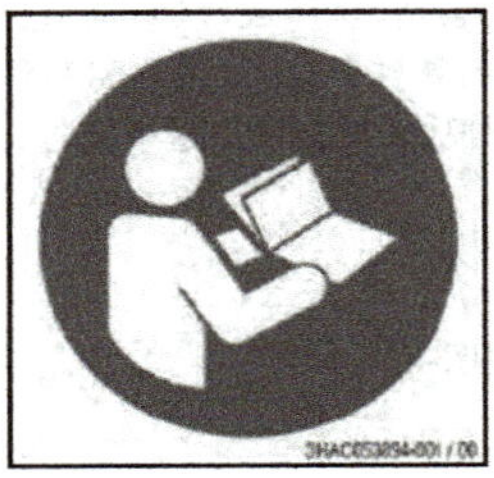	**阅读手册标签** 请阅读用户手册，了解详细信息
c UL US LISTED 29ZA Robot	**UL 认证（瑞典）** 产品认证安全标志
c UL US LISTED 46EP Robot	**UL 认证（中国）** 产品认证安全标志
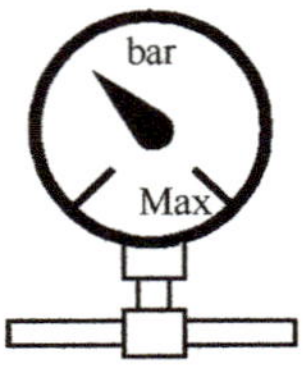	**压力** 警告此部件承受了压力。通常另外印有文字，标明压力大小

3. 操作提示标志

操作人员在对工业机器人进行任何操作时，必须遵守产品上的安全和健康提示标志。此外，还须遵守系统构建方或集成方提供的补充信息。这些信息对所有操作工业机器人系统的人员都非常有用，操作人员在安装，检修或操作期间都必须遵守操作提示标志，否则可能发生安全事故。

工业机器人系统上的操作提示标志都与人身及工业机器人安全有关，不允许更改或去除，具体见表1-2。

表 1-2　操作提示标志

标志	说明
 (危险警告图标)	**危险警告** 工业机器人工作时，禁止进入工业机器人工作范围
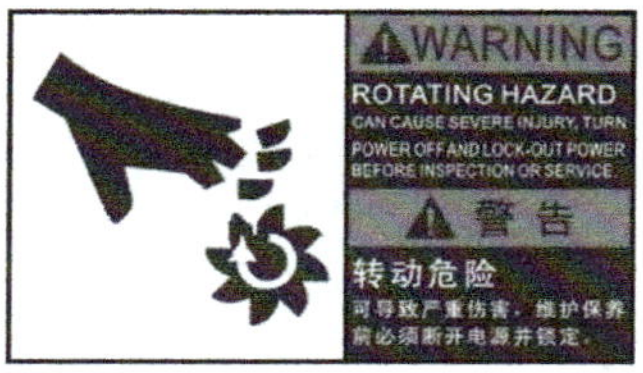 (转动危险图标)	**转动危险警告** 转动危险，可导致严重伤害，维护保养前必须断开电源并锁定
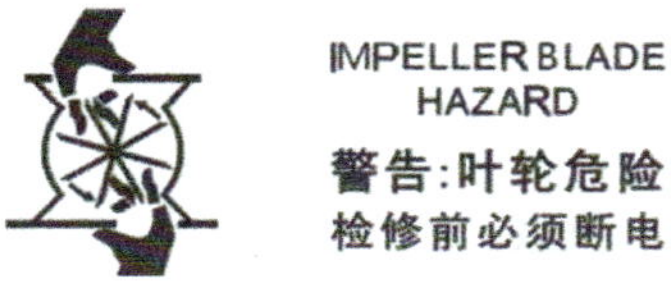 (叶轮危险图标)	**叶轮危险警告** 叶轮危险，检修前必须断电
 (螺旋危险图标)	**螺旋危险警告** 螺旋危险，检修前必须断电
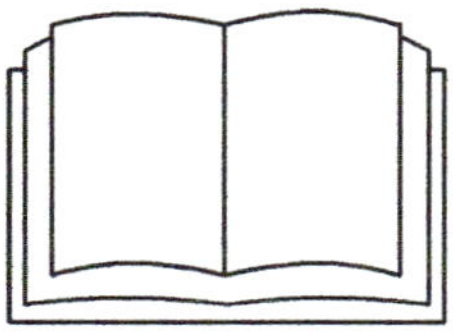 (书本图标)	**请参阅用户文档** 请阅读用户文档，了解详细信息
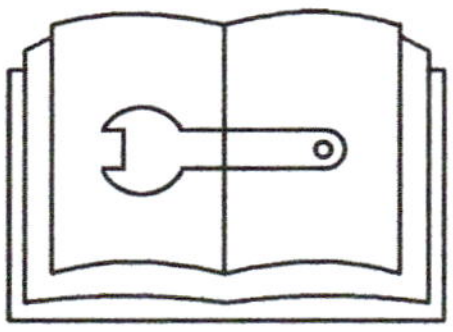 (书本扳手图标)	**拆卸前参阅产品手册** 在拆卸零部件之前，请参阅产品手册
 (禁止拆卸图标)	**不得拆卸** 拆卸此部件可能会导致伤害

（续）

标志	说明
	**旋转更大** 此关节轴的旋转范围（工作区域）大于标准范围
	**高温** 存在可能导致灼伤的高温风险
 MOVING PART HAZARD 警告:移动部件危险 保持双手远离	**移动部件危险警告** 移动部件危险,保持双手远离
 ROTATING PART HAZARD 警告:旋转装置危险 保持远离,禁止触摸	**旋转装置危险警告** 旋转装置危险,保持远离,禁止触摸
 MUST BE LUBRICATED PERIODICALLY 注意：按要求定期加注机油	**加注机油提示** 注意按要求定期加注机油
 MUST BE LUBRICATED PERIODICALLY 注意：按要求定期加注润滑油	**加注润滑油提示** 注意按要求定期加注润滑油
 MUST BE LUBRICATED PERIODICALLY 注意：按要求定期加注润滑脂	**加注润滑脂提示** 注意按要求定期加注润滑脂
	**禁止拆解警告** 禁止拆解的警告标志

项目1 工业机器人操作安全

（续）

标志	说明
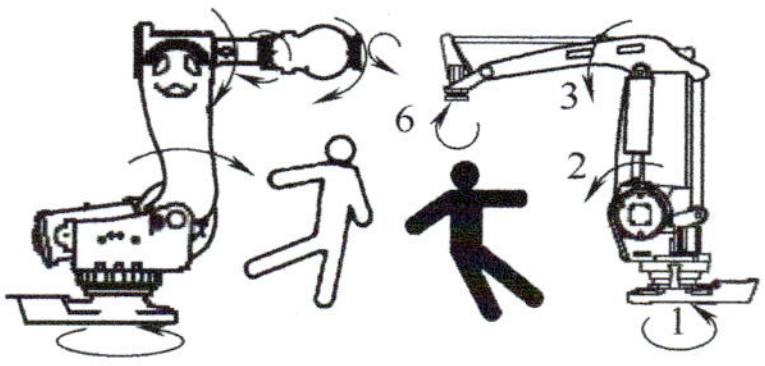	**工业机器人移动** 工业机器人可能会意外移动
	**润滑油注油口** 润滑油注油口标志
	**机械限位** 起到定位作用或限位作用
	**无机械限位** 表示没有机械限位
	**储能** ①警告此部件蕴含储能；②与不得拆卸标志一起使用
	**不得踩踏** 警告如果踩踏这些部件，可能会造成损坏
	**使用手柄关闭** 使用控制器上的电源开关

（续）

标志	说明
ABB Engineering(Shanghai) Ltd. Made in China Type: IRB1200 Robot variant: IRB1200-7/0.7 Protection: Standard Circuit diagram: See user documentation 1200-888888 Data of manufacturing: 03/22/2016 Max load: See load diagram Net weight: 54kg	**额定值标签** 写明该款工业机器人的额定数值
1200-501374 Axis / Resolver values 1 / 4.3613 2 / 3.8791 3 / 3.4159 4 / 2.1185 5 / 2.3283 6 / 0.6529	**校准数据标签** 标明该款工业机器人每个轴的转速计数器更新的偏移数据

4. 操作人员穿戴安全装备实操步骤

操作人员穿戴安全装备任务操作见表 1-3。

表 1-3　操作人员穿戴安全装备任务操作表

工序	操作步骤	图片
1. 穿衣戴帽	戴安全帽、橡胶电工绝缘手套或纯棉手套和穿安全工作服，防止工业机器人系统零部件尖角或操作工业机器人末端工具动作时划伤操作人员	

(续)

工序	操作步骤	图片
2. 穿鞋	穿好安全防护鞋,防止零部件掉落时砸伤操作人员	

知识回顾

【知识点总结】
1. 工业机器人操作前的安全准备工作。
2. 工业机器人及控制柜上出现的安全标志。
3. 工业机器人系统上的操作提示标志。

【思考与练习】

1+X 初级真题

1. 单选题

（1）图 1-1 中（　　）是"不得踩踏"安全标志。

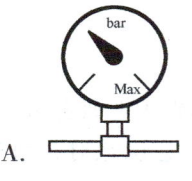
A.

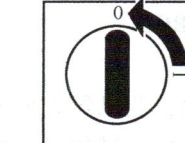
B.

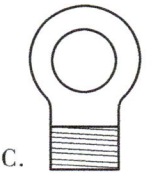
C.

D.

图 1-1　题（1）图

（2）工业机器人系统上的标志都与工业机器人系统的安全有关。图 1-2 所列图标和符号中，（　　）表示"移动部件危险，保持双手远离"。

A.

B.

图 1-2　题（2）图

C.  D.

图 1-2 题（2）图（续）

答案：（1）D （2）D

2. 多选题

（1）工业机器人系统非电压相关的风险包括（ ）。

A. 工业机器人工作空间外围必须设置安全区域，以防他人擅自进入，可以配备安全光栅或感应装置作为配套安全装置

B. 如果工业机器人采用空中安装、悬挂或其他非直接坐落于地面的安装方式，则可能会比直接坐落于地面的安装方式有更多的风险

C. 拆卸/组装机械单元时，请提防掉落的物体

D. 即使工业机器人已断开与主电源的连接，控制柜连接的外部电压仍存在

（2）出现（ ）时需要立即按下任意位置上的紧急停止按钮。

A. 工业机器人运行到奇异点姿态

B. 工业机器人处于运行状态时，工作区域内有工作人员出现

C. 工业机器人与周边设备发生碰撞或伤害操作人员

D. 工业机器人开始运行中断程序

答案：（1）ABCD （2）ABCD

3. 判断题

（1）任何了解工业机器人的人员都可以安装、维护、操作工业机器人。（ ）

（2）安装、维护、操作工业机器人时，操作人员必须有意识地对自身安全进行保护，必须主动戴安全帽、穿安全工作服和安全鞋。（ ）

答案：（1）× （2）√

任务 1.2　安全操作规程与防范措施

> **任务描述**

安全操作规程与防范措施

由于工业机器人系统复杂且危险性大，在使用期间，对工业机器人进行任何操作都必须注意安全。操作人员必须了解工业机器人安全工作环境要求，掌握操作安全规程和防范措施。

吴师傅指导小明正确穿戴好安全工作装备，带着小明学习完相关标志后，小明就迫不及待地想去操作工业机器人了。吴师傅赶忙拉住他说："你还有很多东西需要学习，现在需要继续学习安全知识。下面给你介绍工业机

器人的安全操作规程和防范措施吧，所有关于安全的都是事关人身和系统的安全的，你可要认真记牢并严格遵守啊。"小明立刻认真地说："记住了，师傅。我一定认真学习，严格遵守。"接下来就跟着吴师傅一起来学习吧。

任务目标

1. 清楚工业机器人的安全使用环境，并能判断环境是否适合工业机器人工作。
2. 掌握工业机器人系统的安全操作规范。
3. 掌握工业机器人系统的操作注意事项。
4. 能根据要求做好作业区的防范措施。

知识平台

1. 安全操作规程

（1）安全使用环境　在使用工业机器人时，不仅要考虑到工业机器人的安全，还要保证整个系统的安全。使用工业机器人时需要设置安全护栏及其他的安全措施。

工业机器人不得在以下所列任何一种情况下使用，错误使用可能会导致工业机器人系统的损坏，甚至危及人身安全。

① 燃烧的环境。
② 有爆炸可能的环境。
③ 有无线电干扰的环境。
④ 水中或其他液体中。
⑤ 以运送人或动物为目的情况。
⑥ 操作人员攀爬在工业机器人上或悬吊于工业机器人下。

（2）安全操作规范　任何负责安装、维护和操作工业机器人的人员务必阅读并遵循以下通用安全操作规范。

① 只有熟悉工业机器人且经过工业机器人安装、维护及操作方面培训的人员才允许安装、维护和操作工业机器人。
② 安装、维护和操作工业机器人的人员在饮酒、服用药品或兴奋药物后，不得安装、维护和使用工业机器人。
③ 安装、维护和操作工业机器人的人员必须有意识地对自身安全进行保护，必须主动戴安全帽、穿安全作业服和安全防护鞋。
④ 在安装、维护工业机器人时，必须使用符合安装、维护要求的专用工具，安装、维护工业机器人的人员必须严格按照安装、维护说明手册或安全操作指导书中的步骤进行安装和维护。

（3）操作注意事项　只有经过专门培训的人员才能操作工业机器人，操作人员在使用工业机器人时需要注意以下事项：

① 避免在工业机器人周围做出危险行为，接触工业机器人或周边机械有可能造成人身伤害。
② 在工厂内，为了确保安全，须设置"严禁烟火""高电压""危险"等标志。当电气设备起火时，使用二氧化碳灭火器（见图1-3），切勿使用水或泡沫灭火器。
③ 作为防止发生危险的手段，操作工业机器人时须穿好工作服和安全鞋，戴好安全帽。

④ 工业机器人安装的场所除操作人员以外，其他人员不能靠近。

⑤ 严禁和工业机器人控制柜、操作盘、工件及其他夹具等进行接触，否则有可能发生人身伤害。

⑥ 不要强制扳动、悬吊及骑坐在工业机器人上，以免发生人身伤害或设备损坏。

⑦ 禁止倚靠在工业机器人或其他控制柜上，不要随意按动开关或按钮，否则有可能发生意想不到的动作，造成人身伤害或设备损坏。

⑧ 通电中，禁止未受培训的人员接触工业机器人控制柜（见图1-4）和示教编程器（见图1-5），一旦误操作将可能导致人身伤害或设备损坏。

图1-3　二氧化碳灭火器

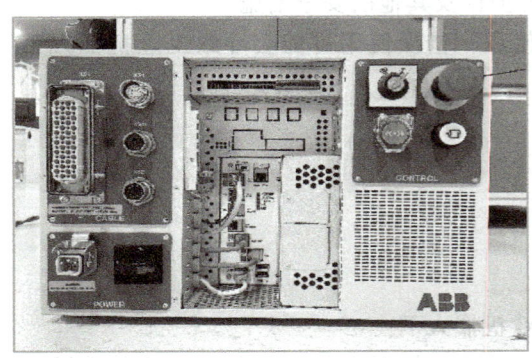

图1-4　控制柜

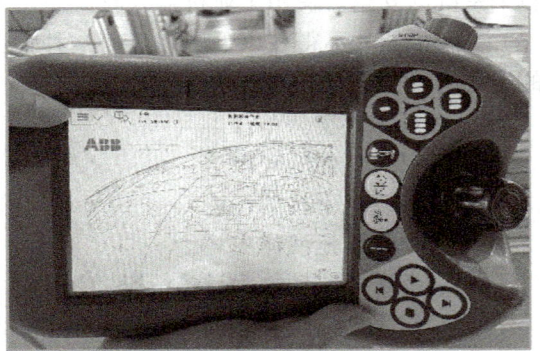

图1-5　示教编程器

2. 防范措施

在作业区内工作时，为了确保作业人员及设备的安全，需要执行下列防范措施。

① 在工业机器人周围设置安全栅栏（见图1-6），以避免与已通电的工业机器人发生意外的接触。在安全栅栏的入口处张贴"远离作业区"的警示牌。安全栅栏的门必须加装可靠的安全联锁装置。

② 工具应该放在安全栅栏以外的合适区域。若由于疏忽把工具放在夹具上，与工业机器人接触则有可能导致工业机器人或夹具的损坏。

③ 当向工业机器人上安装工具时，务必先切断控制柜及所装工具上的电源，并锁住其电源开关，同时要悬挂一个警示牌。

图1-6　安全栅栏

④ 示教工业机器人前须先检查工业机器人运动方面的问题及外部电缆绝缘保护罩是否损坏，如果发现问题，应立即纠正，并确认其他所有必须做的工作均已完成。

⑤ 示教器使用完毕后，务必放回原位置（见图 1-7）。

图 1-7　示教器放置位置

⑥ 如示教器遗留在工业机器人上、系统夹具上或地面上，则装在工业机器人上的工具可能会碰撞到它，从而引发人身伤害或设备损坏。遇到紧急情况，需要停止工业机器人时，请按控制台或控制柜上的急停按钮，如图 1-8 和图 1-9 所示。

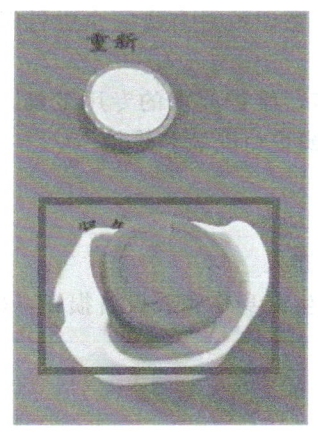

图 1-8　控制台的急停按钮

图 1-9　控制柜的急停按钮

知识回顾

【知识点总结】

1. 工业机器人的安全使用环境。
2. 操作人员必须遵守的安全操作规范。
3. 操作人员在使用工业机器人时的操作注意事项。
4. 在工作区内工作时，须执行的防范措施。

【思考与练习】

1+X 初级真题

1. 单选题

（1）在（　　）使用工业机器人一般不会导致其系统的破坏。

A. 有爆炸可能的环境　　　　　　B. 燃烧的环境

C. 干燥的环境中　　　　　　　　D. 电子噪声污染严重的环境

(2) 当工业机器人系统或其他电气设备起火时，应采用（　　）灭火设备。

A. 二氧化碳灭火器　　　　　　　B. 泡沫灭火器

C. 高压水　　　　　　　　　　　D. 土或砂石

答案：(1) C　　　(2) A

2. 多选题

(1) 机器人不得在（　　）使用。

A. 燃烧的环境

B. 操作人员攀爬在工业机器人上面或悬垂于机器人之下

C. 水中或其他液体中

D. 有爆炸可能的环境

(2) 任何负责安装、维护和操作工业机器人的人员务必阅读并遵循（　　）。

A. 只有熟悉工业机器人且经过安装、维护和操作方面培训的人员才允许安装、维护和操作工业机器人

B. 安装、维护和操作人员在饮酒、服用药品或兴奋药物后，不得安装、维护和使用工业机器人

C. 安装、维护和操作工业机器人时，操作人员必须有意识地对自身安全进行保护，必须主动戴安全帽，穿安全工作服和安全鞋

D. 安装、维护工业机器人时，需要使用相关符合安装、维护要求的专用工具，安装、维护人员必须严格按照安装、维护说明手册或指导书中的步骤进行安装和维护

答案：(1) ABCD　　　(2) ABCD

3. 判断题

(1) 只有经过专门培训的人员才能操作和使用工业机器人。（　　）

(2) 不要强制扳动、悬吊、骑坐在机器人上，以免发生人身伤害或设备损坏。（　　）

答案：(1) √　　　(2) √

项目总结

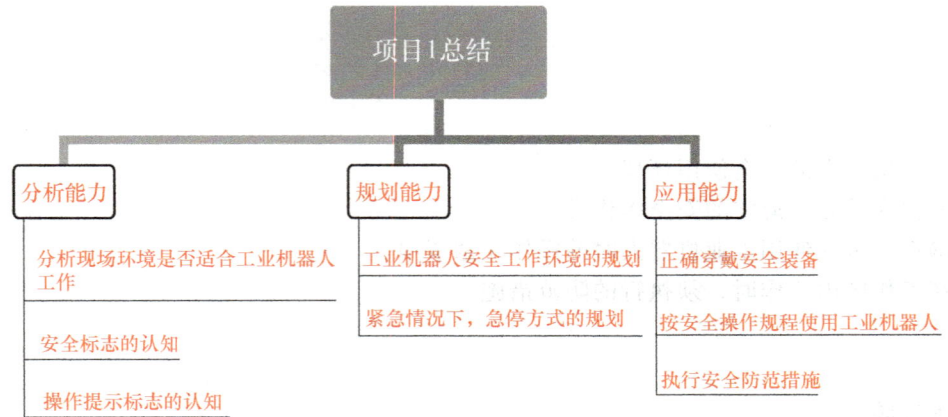

项目 2
工业机器人认知

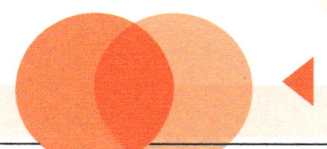

项目引入

昨天小明在吴师傅的介绍下学习了工业机器人安全准备工作与安全标志和安全操作规程与防范措施,并通过了吴师傅的考核。今天吴师傅又会给小明介绍什么内容呢?

吴师傅:"小明,你之前对工业机器人有了解吗?"

小明:"不太了解,只是在电视上看到过。"

项目2导学

吴师傅:"没关系,接下来的日子我会带你先了解工业机器人,当你对它产生兴趣了,自然就会想要更深入地学习它了!现在很多优秀的企业都引进了工业机器人生产线,我们公司也一样,工业生产智能化的水平会越来越高,相应的人才需求量和要求也会越来越高,希望你通过努力地学习和练习,早日成为一名出色的工业机器人操作员。"

小明激动地说:"师傅您快点给我讲一讲工业机器人吧,我都迫不及待了。"

吴师傅很欣慰地说:"好的,我们日常所接触的工业机器人有很多品牌,目前要学习的主要是 ABB 工业机器人,接下来我就给你详细地介绍 ABB 工业机器人。"

项目目标

1. 认识工业机器人的分类方法、性能指标及其关节中常见的运动机构。
2. 识读工业机器人的运动结构简图。
3. 掌握工业机器人的常用坐标系及位姿和坐标系之间的联系。
4. 能看懂工业机器人的性能指标表。
5. 能准确说出工业机器人的关节类型,能准确指出工业机器人的结构名称和位置,能根据任务选择合适的末端执行器。
6. 认识串联型工业机器人、并联型工业机器人的结构。
7. 认识工业机器人的驱动系统构成和主要驱动技术。
8. 掌握工业机器人末端执行器的定义及分类方法。
9. 认识工业机器人控制系统的基本功能、控制方法和结构形式。
10. 认识工业机器人搬运码垛工作站的基本构成器件。
11. 认识工业机器人搬运码垛工作站的基本应用场景。

知识图谱

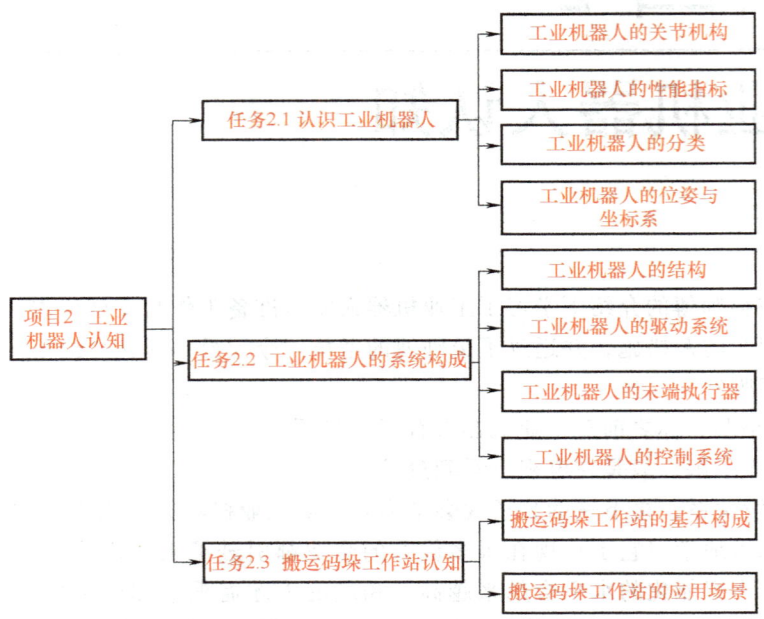

任务2.1　认识工业机器人

任务描述

在学习工业机器人操作安全事项后，吴师傅要求小明对工业机器人本体有基本的了解，为后续对工业机器人进行操作和示教编程做重要铺垫。

任务目标

1. 了解工业机器人的分类、位姿和坐标系。
2. 能看懂工业机器人的性能指标表，能准确说出工业机器人的关节类型。
3. 认识工业机器人的分类方法，能准确判断工业机器人的结构类型。
4. 掌握工业机器人的常用坐标系以及位姿和坐标系之间的联系。

知识平台

工业机器人的关节机构

2.1.1　工业机器人的关节机构

在工业机器人机构中，两相邻连杆之间有一个公共的轴线，两杆之间允许沿该轴线相对移动或绕该轴线相对转动，构成一个运动副，也称为关节，如图 2-1 所示。大部分工业机器人为关节型机器人，关节型工业机器人的机械臂是由若干个机械关节连接在一起的集合体。

移动关节、转动关节、球面关节和虎克铰关节是工业机器人机构中经常使用的关节类型，工业机器人关节的种类决定了工业机器人的运动自由度。

1. 关节的种类

（1）移动关节　移动关节用字母 P 表示，它允许两相邻连杆沿关节轴线相对平移，这种关节具有一个自由度，如图 2-2 所示。

（2）转动关节　转动关节用字母 R 表示，它允许两相邻连杆绕关节轴线相对转动，这种关节具有一个自由度，如图 2-3 所示。

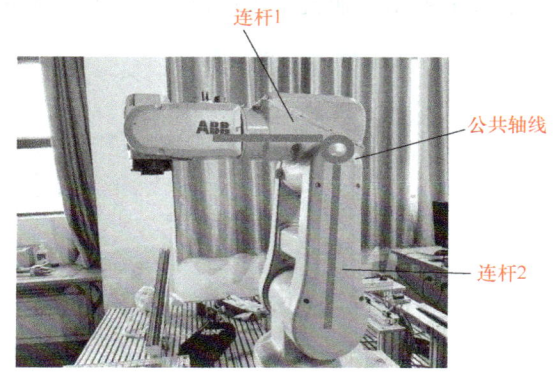

图 2-1　工业机器人关节

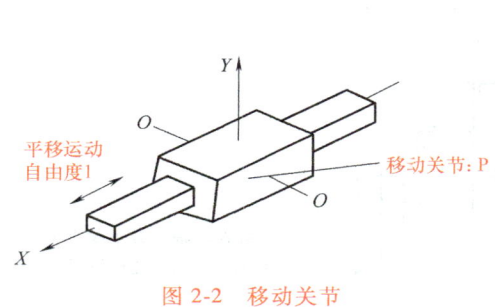

图 2-2　移动关节

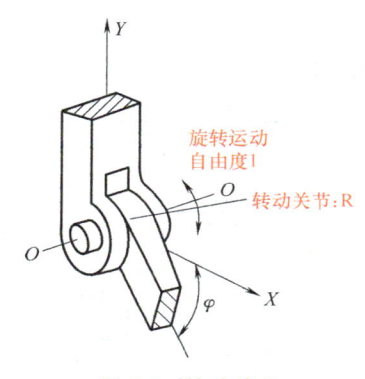

图 2-3　转动关节

（3）球面关节　球面关节用字母 S 表示，它允许两连杆之间有 3 个独立的相对转动，这种关节具有 3 个自由度，如图 2-4 所示。

（4）虎克铰关节　虎克铰关节用字母 T 表示，它允许两连杆之间有 2 个相对转动，这种关节具有两个自由度，如图 2-5 所示。

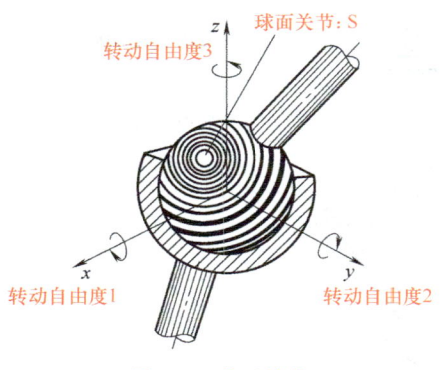

图 2-4　球面关节

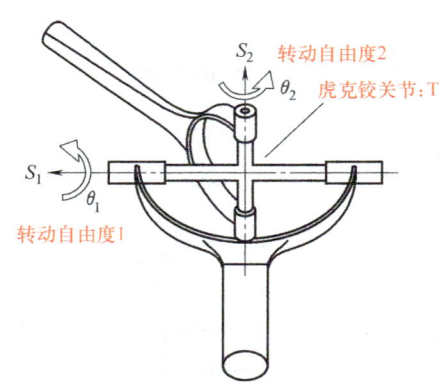

图 2-5　虎克铰关节

2. 工业机器人结构运动简图

多个关节组合构成工业机器人的结构，工业机器人结构运动简图是指用结构与运动符号表示工业机器人的结构和运动形式。

图2-6所示工业机器人可用图2-7所示的简易图形符号来表示。

图2-6 工业机器人本体

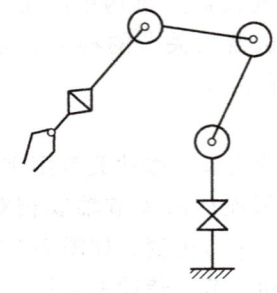

图2-7 工业机器人结构运动简图

工业机器人手臂、手腕和手指等结构及结构间的运动形式简易图形符号见表2-1。

表2-1 工业机器人结构运动简易图形符号

运动和结构机能	结构运动符号	图例说明	备注
移动1			
移动2			
摆动1	a) b)		a 绕摆动轴旋转角度小于360° b 是 a 的侧向图形符号
摆动2	a) b)		a 能绕摆动轴360°旋转 b 是 a 的侧向图形符号
回转1			一般用于表示腕部回转
回转2			一般用于表示机身的旋转
钳爪式手部			
磁吸式手部			
气吸式手部			
行走机构			
底座固定			

水平串联工业机器人及其对应的结构运动简图如图 2-8 所示。

2.1.2 工业机器人的性能指标

工业机器人是智能且灵活的自动化设备，用于制造业和工业生产。其性能指标包括自由度、载荷、工作范围、定位精度、速度和控制系统等，决定其在生产线上的功能和效率。此外，能源效率、编程、维护和可靠性也是关键考虑因素。制造商和用户可根据这些指标选择最适合的工业机器人，以满足生产需求并提高效率和灵活性。

工业机器人的性能指标

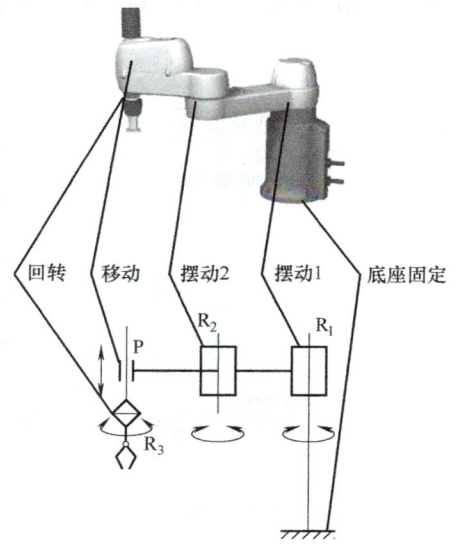

图 2-8 水平串联工业机器人及其对应的结构运动简图

1. 工业机器人本体

工业机器人本体也称为机械臂、机械手，是用来完成各种作业的执行机构。ABB IRB 120 工业机器人本体主要包括基座、腰部、臂部（大臂和小臂）和手腕 4 部分，由独立旋转"关节"（腰关节、肩关节、肘关节、腕关节）串联而成，如图 2-9 所示。工业机器人本体是由 6 个转轴组成的空间六杆开链机构，理论上可达到运动范围空间的任何一点。6 个转轴均由交流伺服电动机驱动，每个电动机后均有编码器，每个转轴均带有一个齿轮箱。同时，机械手带有串口测量板（SMB），测量板带有可充电的镍铬电池，用于保存数据。

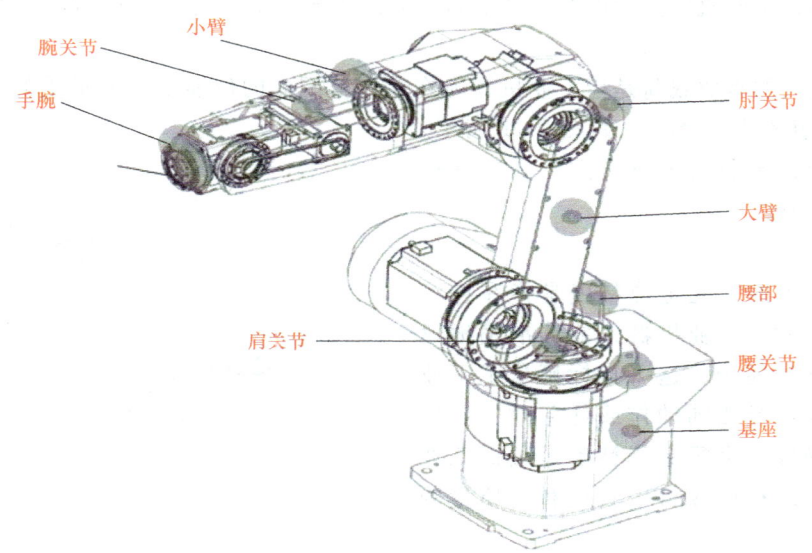

图 2-9 ABB IRB 120 工业机器人本体结构示意图

2. 工业机器人控制柜

ABB IRC5 控制柜集成了运动控制技术，TrueMove（在任何速度下始终按照编程路径运动）和 QuickMove（以最佳的加速方式确保最短的运动节拍）等技术，是精度、速度、周期时间、可编程性及与外部设备同步性等工业机器人性能指标的重要保证。常见的 IRC5 控制柜可分为 PMC 面板嵌入型、单机柜型及紧凑型，如图 2-10 所示。

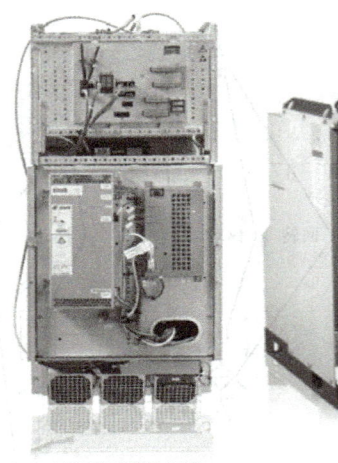

a) PMC面板嵌入型　　　　b) 单机柜型　　　　c) 紧凑型

图 2-10　三种常见的 IRC5 工业机器人控制柜

3. 工业机器人的自由度

工业机器人的自由度是指它可以在三维空间内自由移动的能力。工业机器人的自由度数量代表了工业机器人的运动灵活性和能够执行复杂任务的能力。通常，串联型工业机器人的自由度数目取决于它的关节数量，每个关节提供一个自由度。例如，一个典型的 6 轴串联工业机器人工业通常具有 6 个关节，因此拥有 6 个自由度。这些自由度使得工业机器人能够在各种方向上进行旋转和移动，从而能够灵活地处理不同形状和位置的工件。通过合理控制每个关节的运动，工业机器人可以执行复杂的任务，如高精度装配、焊接、喷涂和加工等。

4. 工业机器人的有效载荷

工业机器人的有效载荷是指工业机器人在工作范围内的位姿上所能承受的最大质量（负载质量+末端执行器质量），如图 2-11 所示。为了保证安全，承载能力被确定为高速度运行时的承载能力。

5. 工业机器人的重复定位精度

工业机器人的重复定位精度是指在连续执行相同任务时，工业机器人能够准确地返回到预定位置的能力。这一指标衡量了工业机器人在多次执行相同动作或任务时的位置稳定性和精确性。重复定位精度是确保工业机器人在生产过程中保持一致性和高质量的重要因素。

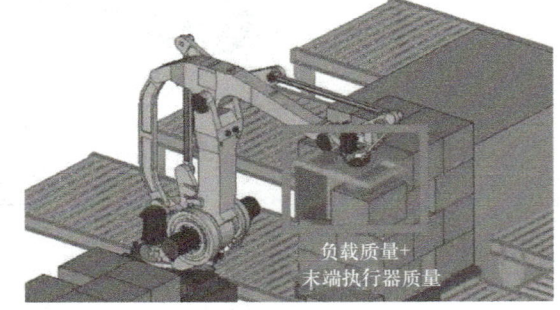

图 2-11　机器人的有效载荷示意图

例如，一个工业机器人的重复定位精度为 0.2mm，那么当它执行一个特定的动作后，再次回到同一位置时，其偏差不会超过 0.2mm，如图 2-12 所示。

6. 工业机器人的最大运行速度

工业机器人的最大运行速度是指工业机器人在执行任务时能够达到的最高移动速度。这一指标决定了工业机器人在生产线上的动作快慢和效率。最大运行速度有两种不同的定义：

一种是指工业机器人主要自由度上的最大稳定速度;另一种是指手臂末端的最大合成速度。通常,制造商会在工业机器人的技术规格中明确列出最大运行速度。ABB 公司的 IRB 120 工业机器人技术规格中则是给出了每个关节的最大稳定速度,见表 2-2。

7. 工业机器人的工作空间

工业机器人的工作空间是指工业机器人能够在三维空间内移动和执行任务的范围。这个空间由工业机器人关节的运动范围和工具末端执行器的安装法兰盘中心点(也称为手腕中心)决定,是工业机器人手腕中心在作业范围内所能达到的极限位置。工业机器人的工作空

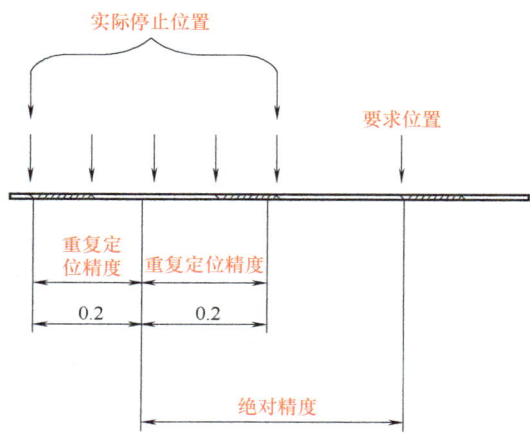

图 2-12 工业机器人的重复定位精度示意图

间通常被描述为一个三维的体积或区域,它覆盖了机器人能够到达的所有位置。机器人的工作空间是不包括其手腕所安装工具的延伸范围的。

表 2-2 ABB IRB 120 型机器人各轴最大速度

轴序号	动作范围/(°)	最大速度/[(°)/s]
1 轴	回转:+165~-165	250
2 轴	立臂:+110~-110	250
3 轴	横臂:+70~-90	250
4 轴	腕:+160~-160	360
5 轴	腕摆:+120~-120	360
6 轴	腕传:+400~-400	420

例如,一个工业机器人的工作空间是一个球形区域,半径为 1m,那么,它可以在以其安装点为中心,半径为 1m 的球形范围内移动并执行任务。工作空间的形状和尺寸取决于工业机器人的设计和机械结构。如图 2-13 所示,ABB IRB 120 工业机器人的工作半径可达 580mm,底座下方拾取距离为 112mm。

2.1.3 工业机器人的分类

工业机器人的种类很多,其功能、特征、驱动方式、应用场合等不尽相同。关于工业机器人的分类,国际上没有制定统一的标准。从不同的角度,会有不同的分类方法。

一般而言,常见的工业机器人分类方法包括按结构特征分类、按控制方式分类及按驱动方式分类。

工业机器人的分类

1. 按结构特征分类

工业机器人按结构特征分类主要是根据其机械结构和关节设计的不同来进行的。通过按结构特征的分类,可以更好地理解工业机器人的不同类型和特点。

(1) 直角坐标工业机器人 直角坐标工业机器人是一种常见的工业机器人类型,也被称为笛卡儿坐标工业机器人,如图 2-14 所示。它的结构类似于直角坐标系,具有 3 个线性运动轴:x 轴、y 轴和 z 轴。这些轴相互垂直,形成了一个立方体的工作空间。

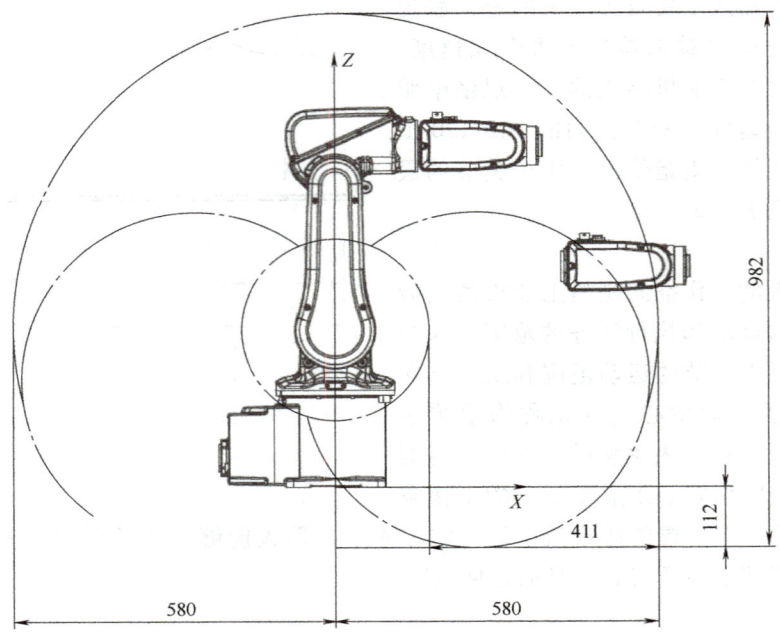

图 2-13 ABB IRB 120 工业机器人的工作空间示意图

（2）柱面坐标工业机器人 柱面坐标工业机器人也被称为旋转关节工业机器人，这种工业机器人的结构类似于柱面坐标系，通常由一个基座和一个或多个旋转关节组成，如图 2-15 所示。柱面坐标工业机器人的运动是通过旋转关节实现的，它可以在水平和垂直方向上进行旋转运动。

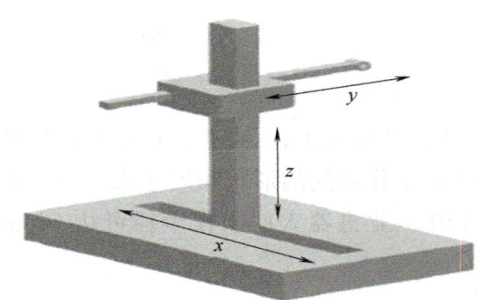

图 2-14 直角坐标工业机器人结构示意图

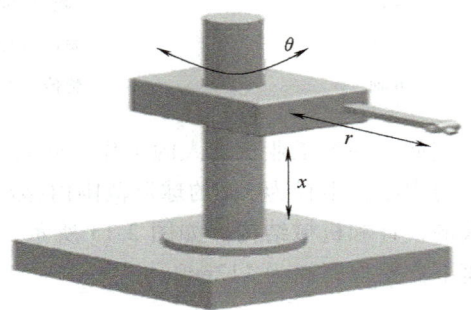

图 2-15 柱面坐标工业机器人结构示意图

（3）球面坐标工业机器人 球面坐标工业机器人是一种特殊的工业机器人类型，它也被称为球面关节工业机器人，如图 2-16 所示。这种工业机器人的结构类似于球面坐标系，通常由一个基座和一个旋转关节组成，旋转关节位于球面坐标系的顶点处。

（4）多关节工业机器人 多关节工业机器人是一种常见的工业机器人类型，其特点是由多个关节连接组成，形成一个连续的机械链，如图 2-17 所示。每个关节都可以进行独立的旋转运动，使工业机器人能够在多个方向上灵活移动和执行任务。

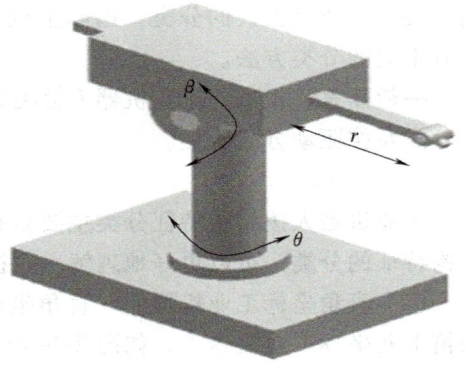

图 2-16 球面坐标工业机器人结构示意图

(5) 并联工业机器人 并联工业机器人的结构特征是由多个执行机构并联连接到一个固定的基座上,如图 2-18 所示。与串联多关节工业机器人不同,其末端执行机构由若干个驱动机构共同控制进行运动,形成一个并联结构。

 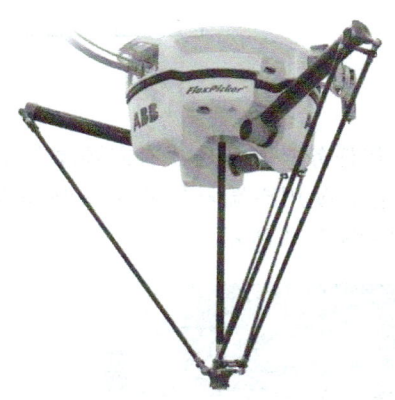

图 2-17 多关节工业机器人结构示意图　　　图 2-18 并联工业机器人结构示意图

(6) 双臂工业机器人 双臂工业机器人是一种特殊的工业机器人类型,它具有两个独立的机械臂,类似于人的双臂结构,如图 2-19 所示。两个机械臂可以同时工作,分别进行不同的任务,也可以协同合作完成复杂的操作。

(7) AGV 工业机器人 AGV 工业机器人全称为自动导引车(Automated Guided Vehicle),是一种自主移动的无人驾驶工业机器人,如图 2-20 所示。它通过内置的导航系统、传感器和计算机视觉技术,能够在工厂、仓库或其他场所自动导航和执行任务。

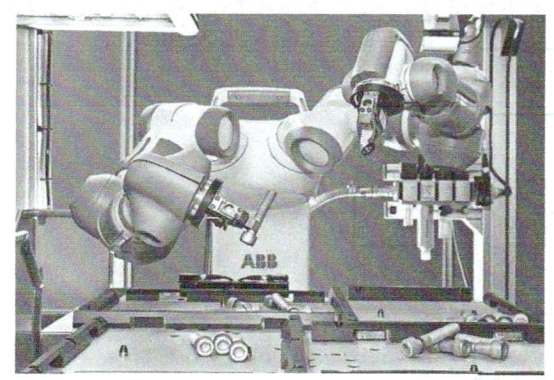 

图 2-19 双臂工业机器人结构示意图　　　图 2-20 AGV 工业机器人结构示意图

2. 按控制方式分类

工业机器人按控制方式的分类包括非伺服控制工业机器人和伺服控制工业机器人两类。

(1) 非伺服控制工业机器人 非伺服控制工业机器人是指工业机器人没有使用伺服系统来实现精确的位置和速度控制。这类工业机器人通常采用开环控制,其动作和位置控制是基于预先编写的简单指令或固定的运动模式。它们适用于一些简单的、精度要求不高的任务,如简单的搬运、装配或简单的物料处理,其工作原理框图如图 2-21 所示。

非伺服控制工业机器人的工作能力比较有限,它们往往仅涉及"终点""抓放"或"开

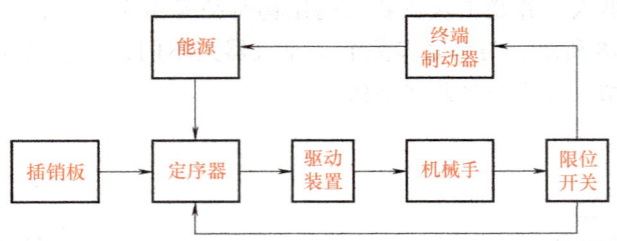

图 2-21　非伺服控制工业机器人的工作原理框图

关"工作任务,尤其是"有限顺序"工业机器人。这种工业机器人按照预先编好的程序顺序进行工作,使用终端限位开关、制动器、插销板和定序器来控制机器人机械手的运动,如图 2-22~图 2-24 所示。

图 2-22　非伺服控制工业机器人

图 2-23　插销板

图 2-24　定序器

（2）伺服控制工业机器人　伺服控制工业机器人采用了伺服系统来实现更精确的位置和速度控制。伺服系统通过不断地监测工业机器人的运动状态,并根据反馈信息实时调整驱动器的输出,使工业机器人能够达到更高的控制精度和稳定性,其工作原理框图如图 2-25 所示。

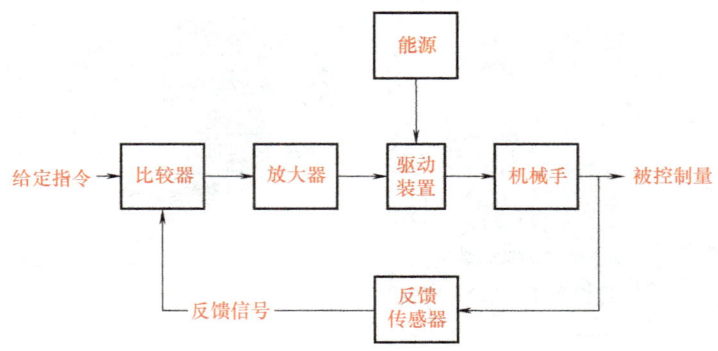

图 2-25　伺服控制工业机器人的工作原理框图

伺服控制工业机器人又可细分为连续轨迹控制工业机器人和点位控制工业机器人。点位控制工业机器人的运动为点到点之间的直线运动,连续轨迹控制工业机器人的运动轨迹可以是空间的任意连续曲线。

3. 按驱动方式分类

工业机器人按驱动方式的不同,可分为液压驱动、气压驱动、电力驱动和新型驱动器 4 类。

（1）液压驱动型工业机器人　液压驱动型工业机器人通过液压系统提供动力,利用液体压力来驱动机械运动。这种驱动方式通常适用于需要大载荷和高扭矩的任务，如重型搬运和金属加工等，如图 2-26 所示。

（2）气压驱动型工业机器人　气压驱动型工业机器人利用气压系统提供动力，通过压缩空气实现机械运动。这种驱动方式常用于需要较快速度和简单控制的轻型搬运和装配等任务，如图 2-27 所示。

图 2-26　液压驱动型工业机器人

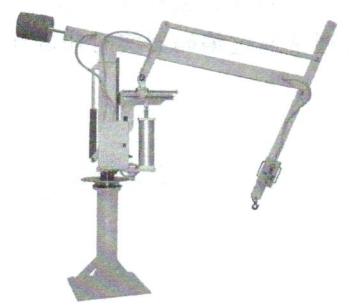

图 2-27　气压驱动型工业机器人

（3）电力驱动型工业机器人　电力驱动型工业机器人是最常见的类型，通过电动机和传动装置实现机械运动。电力驱动型工业机器人可以提供较高的精确性和灵活性，适用于各种应用，如组装、焊接、喷涂等，如图 2-28 所示。

（4）新型驱动器工业机器人　新型驱动器包括静电驱动器、压电驱动器、形状记忆合金驱动器及人工肌肉等。这些驱动器利用新型材料和技术实现更高效、精确和智能化的工业机器人运动控制。静电驱动器利用电场产生力和运动，压电驱动器则利用压电效应实现精确的位移和运动。形状记忆合金驱动器利用形状记忆合金材料的特性，在外部刺激下恢复其预设形状，从而驱动工业机器人的运动，如图 2-29 所示。

图 2-28　电力驱动型工业机器人

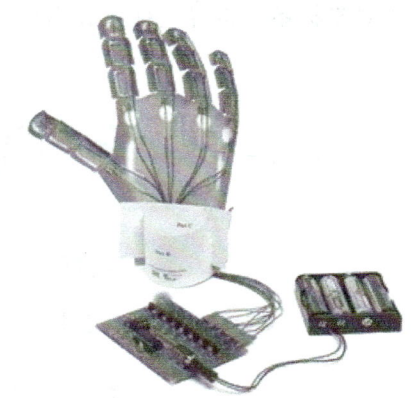

图 2-29　形状记忆金属驱动工业机器人

2.1.4　工业机器人的位姿与坐标系

工业机器人的位姿与坐标系之间存在着密切的关系。位姿是指工业机器人在三维空间中的位置和姿态，即工业机器人的位置（通常由 3 个坐标表示）及朝向（通常由欧拉角或四元数表示）。坐标系是用来描述位姿的参考坐标框架，它定义了空间中的原点和 3 个轴向，如图 2-30 所示。工业机器

工业机器人的位姿与坐标系

人的位姿是相对于两个坐标系来表示的：基座坐标系作为机器人本体的参考，而工具坐标系作为机器人末端执行器的参考。

1. 工业机器人的位姿

工业机器人的位姿是指工业机器人在三维空间中的位置和姿态。它由3个坐标和3个旋转角度组成，通常用来描述工业机器人的空间定位。其中，坐标表示工业机器人在 X 轴、Y 轴和 Z 轴上的位置，旋转角度则表示工业机器人绕 X 轴、Y 轴和 Z 轴的方向。工业机器人的位姿信息通常通过编码器实时获取和更新，如图2-31所示。

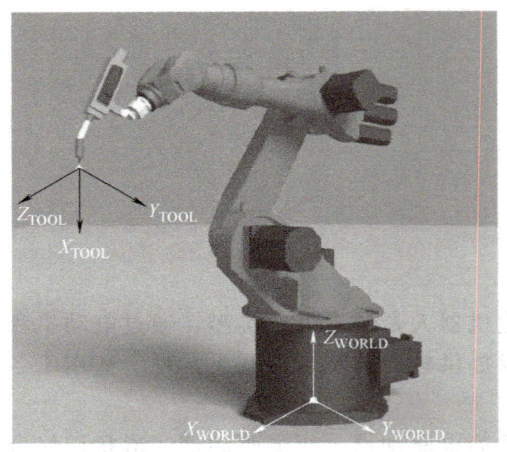

图2-30 工业机器人的基坐标与工具坐标

图2-31 工业机器人的伺服电动机与内置编码器

2. 工业机器人的坐标系及其分类

工业机器人的坐标系是用来描述工业机器人在三维空间中的位置和姿态的参考框架。根据不同的用途和功能，工业机器人常采用以下几种坐标系：基坐标系、关节坐标系、工件坐标系、工具坐标系、世界坐标系和用户坐标系，如图2-32所示。

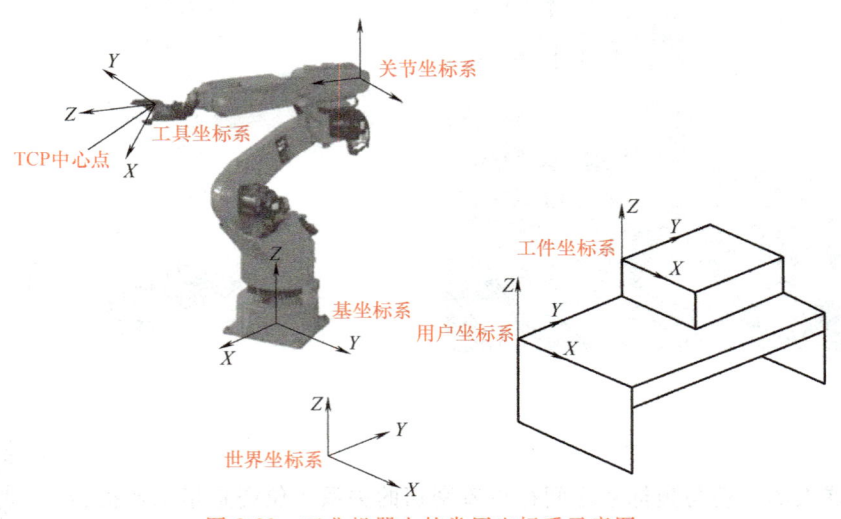

图2-32 工业机器人的常用坐标系示意图

（1）基坐标系　基坐标系是工业机器人运动的参考坐标系，固定在工业机器人的基座上。所有的工业机器人运动都是相对于基坐标系进行的。它定义了工业机器人的运动起始点和方向,是工业机器人运动控制的基础,如图2-33所示。

(2)关节坐标系 关节坐标系是由工业机器人每个关节的旋转轴所构成的坐标系。它用来描述工业机器人每个关节的角度和运动状态。关节坐标系是工业机器人内部控制的基础,用于实现各个关节的运动控制,如图2-34所示。

图2-33 工业机器人的基坐标系

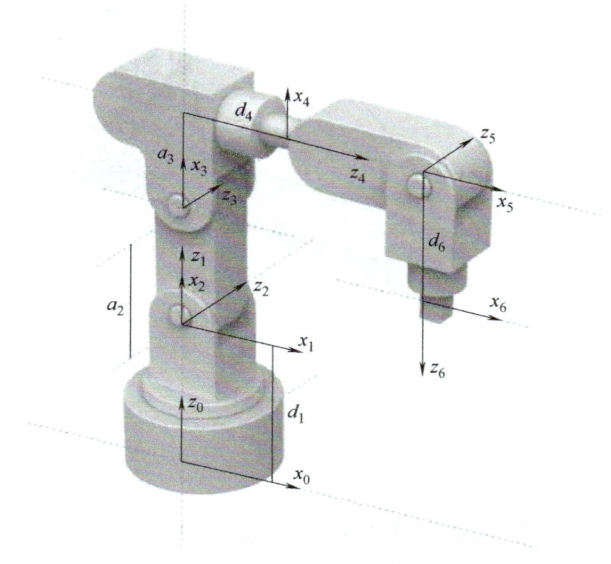

图2-34 工业机器人的关节坐标系

(3)工件坐标系 工件坐标系是指工业机器人需要操作的工件或目标物体的坐标系。它是相对于工业机器人的基坐标系或世界坐标系来定义的,用于确定工件的位置和姿态,如图2-35所示。

(4)工具坐标系 工具坐标系是位于工业机器人末端执行器(工具)的坐标系,用来描述末端执行器的位置和姿态。它通常与工件坐标系相关联,用于实现工具在工件上的精确定位和操作,如图2-36所示。

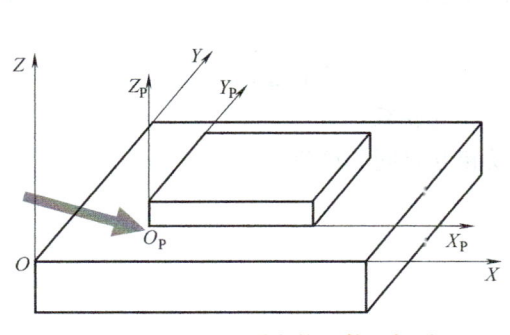

图2-35 工业机器人的工件坐标系

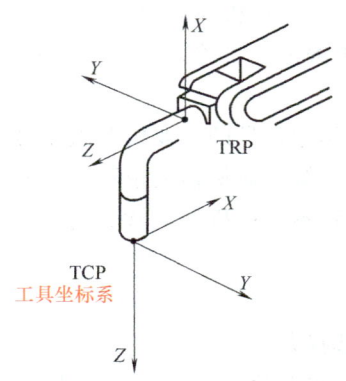

图2-36 工业机器人的工具坐标系

(5)世界坐标系 世界坐标系也称为大地坐标系,是一个绝对参考坐标系,用来统一描述整个工作环境中的位置和姿态。所有的坐标系都是相对于世界坐标系来定义的,它是工业机器人与外部环境之间联系的桥梁，如图 2-37 所示。

（6）用户坐标系　用户坐标系是一种定制的坐标系，用来满足特定任务和需求。它通常是相对于基坐标系或世界坐标系来定义的，可以用来简化特定任务的编程和控制，如图 2-38 所示。

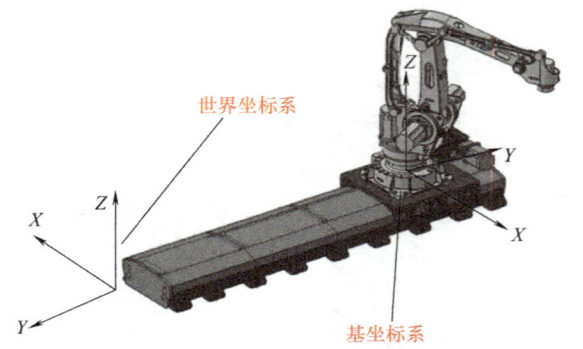

图 2-37　工业机器人的世界坐标系

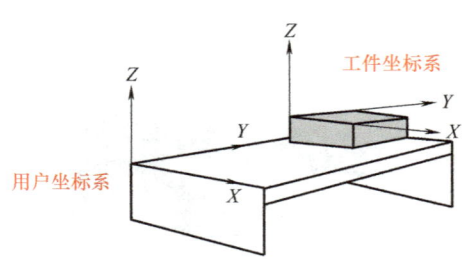

图 2-38　工业机器人的用户坐标系

知识回顾

【知识点总结】

1. 工业机器人关节机构的种类。
2. 工业机器人结构运动简图。
3. 了解工业机器人各种关节类型的字母标号、运动方式和自由度。
4. 熟悉工业机器人不同运动和结构机能对应的结构运动符号及运动范围的区别，能看懂工业机器人结构运动简图。
5. 了解工业机器人性能指标的含义。
6. 了解工业机器人常见的性能指标，包括有效载荷、自由度、重复定位精度等。
7. 熟悉工业机器人工作空间和工具末端可到达范围的区别，能看懂工业机器人工作空间示意图。
8. 了解工业机器人分类方法的意义。
9. 了解工业机器人常见的 3 种分类方法：按结构特征分类、按控制方式分类和按驱动方式分类。
10. 熟悉常见的工业机器人型号所采用的结构特征、控制方式和驱动方式。
11. 了解工业机器人位姿的含义及其与坐标系之间的联系。
12. 熟悉工业机器人常见的 6 种坐标系的定义及相互之间的区别。

【思考与练习】

1+X 初级真题

1. 选择题

（1）移动关节用（　　）表示。

A. P　　　　　　B. C　　　　　　C. R　　　　　　D. S

（2）球面关节用（　　）表示。

A. P　　　　　　B. C　　　　　　C. R　　　　　　D. S

(3) 图 2-39 中钳爪式手部的结构移动符号是（　　）。

A. ▭　　　B. ◇↻　　　C. ◇－　　　D. ▽

图 2-39　题（3）图

(4) ABB IRB 120 型工业机器人有（　　）个独立旋转的"关节"。
A. 2　　　　B. 3　　　　C. 4　　　　D. 5

(5) ABB IRB 120 型工业机器人由 6 个（　　）驱动。
A. 伺服电动机　　B. 步进电动机　　C. 液压　　D. 气压

(6) ABB IRB 120 型工业机器人的工作半径是（　　）。
A. 200mm　　B. 300mm　　C. 400mm　　D. 580mm

(7) （　　）控制的机器人具有更强的工作能力，因而价格较贵。
A. 步进　　B. 液压　　C. 伺服　　D. 记忆金属

(8) 工业机器人按驱动类型可分为液压驱动型、气压驱动型、（　　）型和新型驱动型 4 种类型。
A. 电力驱动　　B. 伺服驱动　　C. 步进驱动　　D. 变频驱动

(9) 坐标系主要包括直角坐标系、柱面坐标系和（　　）坐标系。
A. 球面　　B. 工件　　C. 工具　　D. 世界

(10) 工具坐标系是原点安装在机器人末端的工具（　　）点的坐标系。
A. 上方　　B. 末端　　C. 中心　　D. 前端

(11) 在（　　）控制页面可以选择所需要的坐标系。
A. 手动操作　　B. 编程页面　　C. 运行页面

答案：(1) A (2) D (3) B (4) C (5) A (6) D (7) C (8) A
　　　(9) A (10) C (11) A

2. 判断题

(1) 在工业机器人机构中，两相邻连杆之间有一个公共的轴线。（　　）
(2) 虎克铰关节用字母 T 表示。（　　）
(3) ABB IRB 120 型工业机器人能达到的最大范围是 0.6m。（　　）
(4) ABB IRB 120 型工业机器人的动作范围是 -400°~400°。（　　）
(5) 气压驱动的优点是空气来源方便、动作迅速、结构简单。（　　）
(6) 按工业机器人的控制方式可把工业机器人分为非伺服控制工业机器人和伺服控制工业机器人两种。（　　）
(7) 工业机器人的坐标系主要包括基坐标系、关节坐标系、工件坐标系、工具坐标系、世界坐标系及用户坐标系。（　　）
(8) 在默认情况下，世界坐标系与基坐标系是不一致的。（　　）
(9) 工具坐标系下原点及方向都是随着末端位置与角度不断变化的。（　　）

答案：(1) √ (2) √ (3) × (4) √ (5) √ (6) √ (7) √
　　　(8) × (9) √

任务 2.2　工业机器人的系统构成

任务描述

在学习了工业机器人的基础知识后，小明对工业机器人产生了浓厚的学习兴致。吴师傅要求小明对工业机器人的系统构成进行进一步的学习，为后续对工业机器人进行操作和示教编程打下重要基础。

任务目标

1. 了解工业机器人系统构成的基本知识，包括工业机器人的结构、驱动系统、末端执行器和控制系统等组成部分。

2. 能辨识工业机器人的系统组成部分，能识别常见工业机器人的结构、驱动系统和末端执行器。

知识平台

2.2.1　工业机器人的结构

工业机器人主要由基座、臂部、关节和末端执行器等组成。基座固定在地面或工作台上，提供支撑和稳定。臂部由多个活动杆组成，使工业机器人能在三维空间内移动。关节通过电动机和传动装置实现旋转运动。末端执行器用于与工件交互。工业机器人有三种常见结构：垂直串联、平面关节和并联。

1. 垂直串联工业机器人的结构

垂直串联结构是工业机器人最常见的结构形态，六轴工业机器人是典型的垂直串联工业机器人，如图 2-40 所示。

工业机器人的结构

图 2-40　垂直串联六轴工业机器人

常用的小规格、轻量六轴垂直串联工业机器人由基座、机身、臂部（大臂、小臂）、腕部和手部（末端执行器）构成，如图 2-41 所示。

（1）基座　工业机器人的基座也称为底座，是工业机器人的基础支撑结构，通常位于工业机器人的底部。底座的设计和稳固性直接影响着工业机器人的整体稳定性和工作效率。它通常由坚固的金属材料制成，以确保工业机器人在运动过程中的稳定性和可靠性。串联工业机器人的基座结构如图 2-42 所示。

 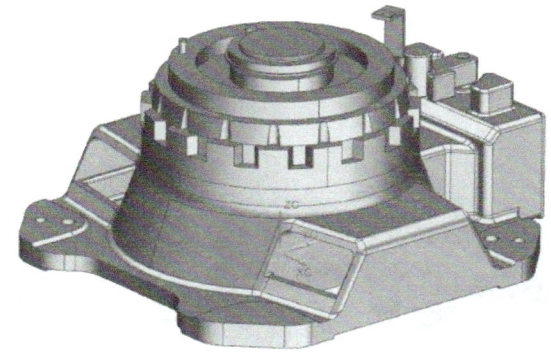

图 2-41　垂直串联六轴工业机器人的结构　　　　图 2-42　串联工业机器人的基座结构

（2）机身　机身是连接、支撑臂部及行走机构的部件，臂部的驱动装置或传动装置安装在机身上，具有偏转、回转和俯仰 3 个自由度。垂直串联六轴工业机器人的机身结构及 3 个自由度如图 2-43 所示。

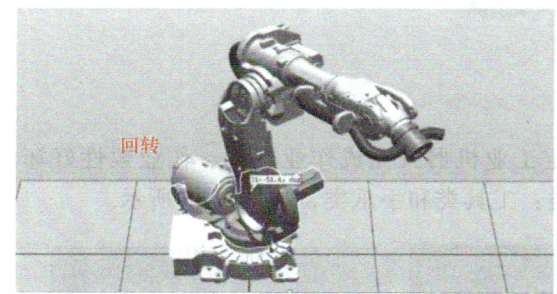 

图 2-43　垂直串联六轴工业机器人的机身结构及 3 个自由度

（3）臂部　臂部是连接机身和腕部的部件，支撑腕部和手部，带动腕部和手部在空间运动，由 3 部分组成。臂部的结构类型多、受力复杂，如图 2-44 所示。

（4）腕部　为了使手部能处于空间任意方向，要求腕部能实现围绕空间 3 个坐标轴 X、Y、Z 旋转运动，这便是腕部运动的 3 个自由度：偏转 Y（Yaw）、俯仰 P（Pitch）、翻转 R（Roll），如图 2-45 所示。

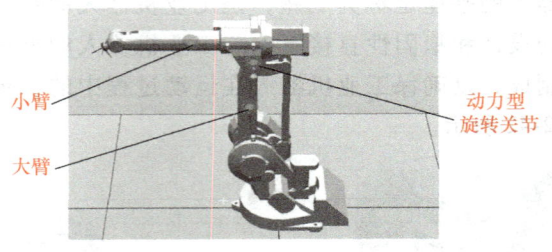

图 2-44　串联工业机器人的臂部结构

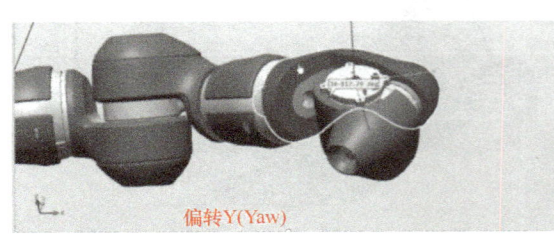

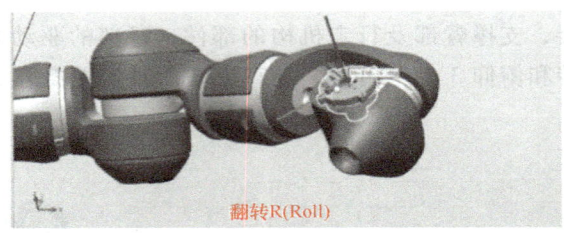

图 2-45　串联工业机器人的腕部结构

（5）手部　手部是一个独立部件。它是决定工业机器人完成作业好坏、作业柔性好坏的关键部件之一。按其功能的不同，可以分为两类：工具类和手爪类，如图 2-46 所示。

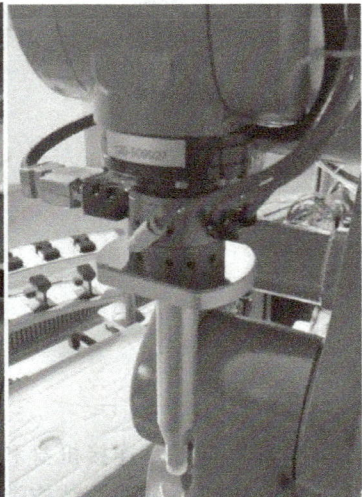

弧焊焊枪　　　　　　　　打磨工具　　　　　　　　涂胶笔

a）工具类

图 2-46　串联工业机器人的常见手部结构

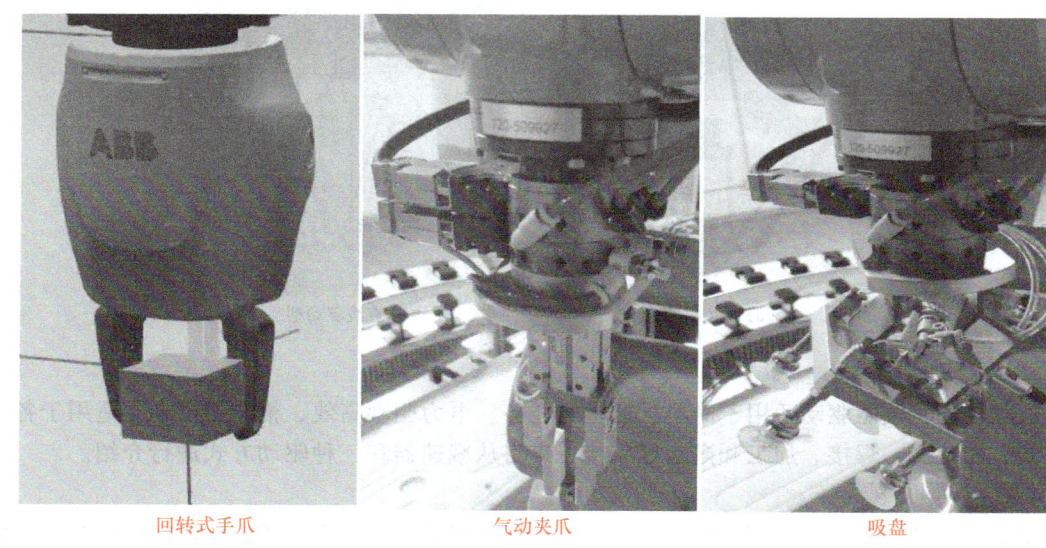

| 回转式手爪 | 气动夹爪 | 吸盘 |

b) 手爪类

图 2-46 串联工业机器人的常见手部结构（续）

2. 平面关节工业机器人的结构

平面关节工业机器人也称为 SCARA 机器人，其主要由多个平行且垂直于工作平面的关节组成。这些关节可以沿着不同的轴进行旋转，使得工业机器人可以在水平平面内进行多轴运动。平面关节工业机器人通常由 X、Y 和 Z 3 个平行轴组成，其中，X 轴和 Y 轴控制工业机器人的水平平移，Z 轴控制工业机器人的垂直上下运动，如图 2-47 所示。

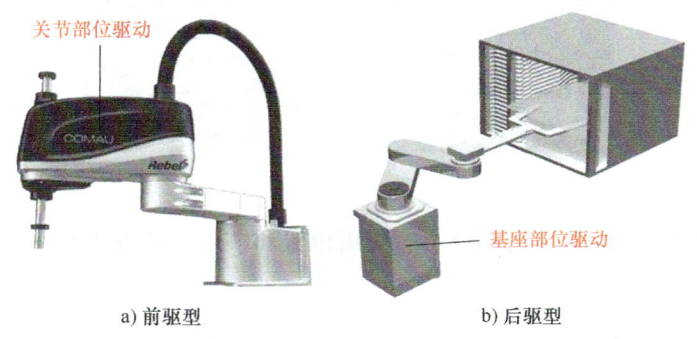

a) 前驱型　　　　　　b) 后驱型

图 2-47 平面关节工业机器人的常见结构

3. 并联工业机器人的结构

并联工业机器人也称为 Delta 机器人，其主要由多个执行机构（末端执行器）并联连接到一个固定的基座上。每个执行机构都有自己的动力系统和控制器，可以独立运动，如图 2-48 所示。

2.2.2　工业机器人的驱动系统

工业机器人的驱动系统包括减速器和驱动器，是工业机器人运动的核心。减速器可降低电动机转速，增加扭矩输出，提高运动精度和可靠性。驱动器提供动力，常见的驱动方式有液压、气压、电力和新型驱动。液压驱动适用

工业机器人的驱动系统

a) 回转驱动型　　　　　　　　　b) 直线驱动型

图 2-48　并联工业机器人的常见结构

于重负载任务,气压驱动适用于简单、低负载任务。电力驱动高效、精准、可靠,适用于各种应用场景,如装配、焊接、加工和搬运等。接下来将从减速器和三种驱动方式进行介绍。

1. 工业机器人的减速器

工业机器人的减速器是驱动系统中的重要组成部分,用于降低电动机的转速并增加扭矩输出,以适应工业机器人在不同工况下的运动需求。谐波减速器和 RV 减速器是两种常见的减速器,常见工业机器人关节上减速器的应用如图 2-49 所示。

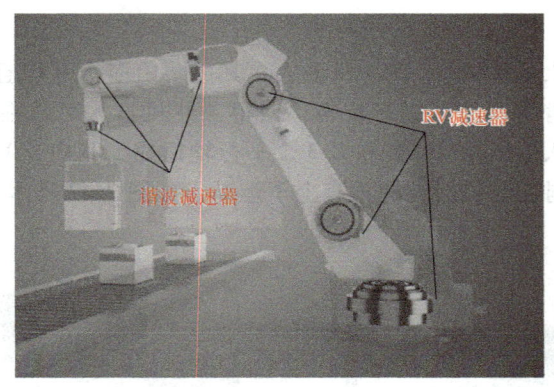

图 2-49　工业机器人的减速器配置

谐波减速器和 RV 减速器的技术特点、应用位置和缺点,见表 2-3。

表 2-3　谐波减速器和 RV 减速器的技术特点、应用位置和缺点

种类	谐波减速器	RV 减速器
技术特点	承载能力强,传动精度高,传动比大,传动平稳,安装调整方便	传动比大,结构刚性好,输出转矩高,弹性回差误差小,疲劳强度高
应用位置	小臂、腕部或手部等轻载部位	机座、大臂、肩部等重载部位
缺点	对材质要求高,制造工艺复杂,产业化生产不足	结构复杂,维修困难

(1) 谐波减速器　谐波减速器采用谐波齿轮传动原理,通过谐波齿轮的振动和变形实现错齿运动,从而实现高效的减速效果,其机械结构如图 2-50 所示。谐波减速器具有紧凑的结构和高传动精度的特点,可以实现大减速比和高精度的运动控制,适用于需要高精度定位和精密运动的场合,如精密加工和装配。

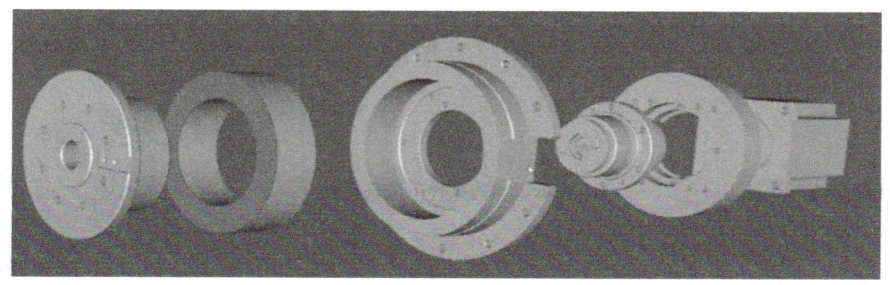

图 2-50　谐波减速器机械结构示意图

（2）RV 减速器　RV 减速器采用行星齿轮和摆线针轮二级传动原理，首先通过太阳轮带动行星轮，再通过摆线针轮的错齿运动实现二级减速，具有较大的减速比和较高的转矩输出，其机械结构如图 2-51 所示。RV 减速器具有紧凑的结构和较高的传动效率，适用于需要较大扭矩输出和稳定运动的应用，如重型搬运和装配。

2. 电动机驱动

工业机器人的电动机是驱动系统的核心组成部分，用于提供动力和控制工业机器人的运动。它主要包括电动机和电动机驱动器两个部分。常见的电动机驱动技术及其应用和技术优劣势见表 2-4。

图 2-51　RV 减速器机械结构示意图

表 2-4　常见电动机驱动的技术特点

序号	电动机技术	特点	示意图
1	永磁电动机（陶瓷磁铁）	玩具机器人和非专业机器人	
2	无铁心转子式电动机	小工业机器人，电感系数很低，摩擦很小，没有嵌齿转矩，热容量低	
3	直流有刷电动机	换向时有火花，对环境的防爆性能较差	

(续)

序号	电动机技术	特点	示意图
4	无刷直流电动机	在低成本的条件下表现良好	
5	交流伺服电动机	应用广,反应迅速,速度不受负载影响,加、减速快,精度高,抗过载能力强。工业机器人绝大多数是由交流伺服电动机驱动的	
6	步进电动机特点	不累积误差,调速范围相对较小 应用:小型或简易型机器人	

3. 液压驱动

液压驱动是将液压泵产生的液压油压力能转换成机械能。其优点是控制精度较高、可无级调速、反应灵敏、可实现连续轨迹控制,液压驱动的串联连杆结构如图 2-52 所示。

4. 气压驱动

气压驱动是靠压缩空气推动气缸运动,进而带动元件运动。其优点是驱动结构简单、成本低,如图 2-53 所示。

图 2-52 液压驱动的串联连杆结构示意图

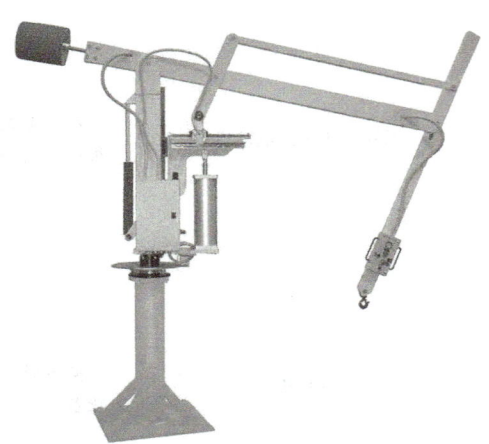

图 2-53 气压驱动示意图

2.2.3 工业机器人的末端执行器

工业机器人的末端执行器是工业机器人与工件或环境交互的关键装置，具有抓取、夹持、喷涂、焊接等功能。其种类多样，可根据应用需求更换不同的末端执行器，如夹具、焊枪等。末端执行器的设计和性能影响工业机器人的应用范围和工作效率。末端执行器的多样性使工业机器人在自动化生产线和制造业中发挥了重要作用，可以提高生产效率、降低劳动强度，保障产品质量。随着技术的进步，末端执行器将继续创新，为制造业带来更多便利。气动快换装置与夹爪工具如图 2-54。

工业机器人的末端执行器

1. 末端执行器的定义

根据实际应用场景中的不同描述，末端执行器具有以下两种定义方式。

第一种，工业机器人的末端执行器是一个安装在移动设备或工业机器人手腕上，使其能够拿起一个对象，并且具有处理、传输、夹持、放置和释放对象到一个准确的离散位置等功能的机构。

第二种，末端执行器也称为工业机器人的手部，它是安装在工业机器人手腕上，直接抓握工件或执行作业的部件，包括从气动手爪之类的工业装置到弧焊和喷涂等作业应用的特殊工具。

2. 末端执行器的特点

工业机器人的末端执行器具有几个显著特点：可拆卸、通用性差，独立于工业机器人本体。因此，工业机器人需要灵活地更换不同类型的手部工具，以适应不同的生产任务和工件处理需求。手部与手腕有机械接口，也可能有电、气、液接头。当工业机器人作业对象不同时，可以方便地拆卸和更换手部。在手腕处有安装法兰盘，如图 2-55 所示。

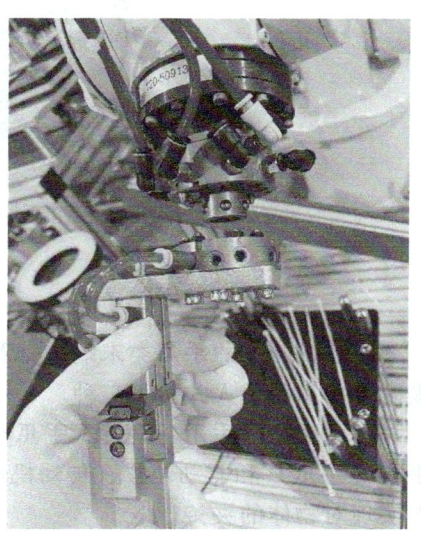
图 2-54 气动快换装置与夹爪工具

3. 末端执行器的分类

工业机器人的末端执行器可以根据功能和形态进行分类，主要分为两类：手爪类和工具类。手爪类末端执行器通常采用类似于手爪的结构，用于抓取、夹持和搬运工件，如图 2-56 所示。

图 2-55 工业机器人末端执行器安装法兰盘

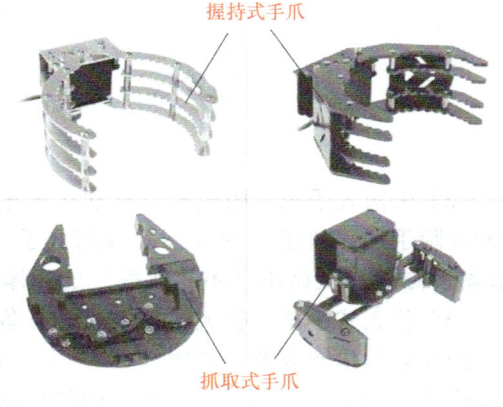
图 2-56 手爪式末端执行器

如果按末端执行器的智能化程度分类，工业机器人末端执行器可以分为普通式和智能化末端执行机构两类，如图2-57所示。智能化的末端执行器通常是普通式的基础上增加了传感器反馈和闭环控制功能。

a) 打磨工具(智能化)　　b) 弧焊焊枪(普通式)

图 2-57　智能化和普通化末端执行器

4. 手爪类末端执行器

工业机器人的手爪类末端执行器是最常见的一种末端执行器结构，主要包括夹持式手爪、吸附式手爪和仿人式手爪三种。

（1）夹持式手爪　夹持式手爪与人手相似，是工业机器人常用的一种手部形式。一般由手指（手爪）和驱动装置、传动机构和承接支架组成，如图2-58所示，能通过手爪的开闭动作实现对物体的夹持。

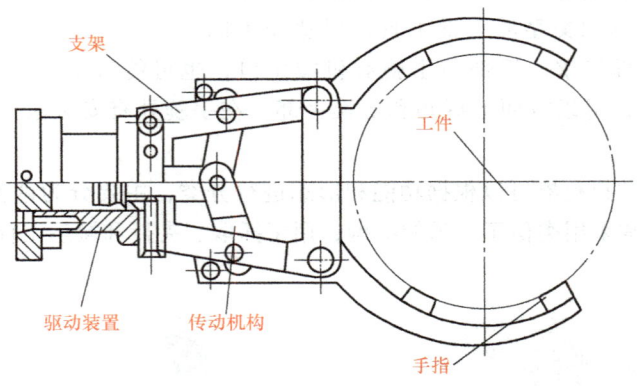

图 2-58　夹持式手爪示意图

（2）吸附式手爪　吸附式手爪通过吸附力取料，根据吸附力的不同，可分为气吸附手爪和磁吸附手爪，如图2-59所示。吸附式手爪适用于抓取大平面（单面接触无法抓取）、易碎（玻璃、磁盘）及微小（不易抓取）的物体。

（3）仿人式手爪　仿人式手爪通常具备多指（指状夹持器）和灵活关节，使其能够模仿人手的抓取动作和姿态，如图2-60所示。这种手爪类末端执行器的设计目标是实现更接近人工操作的抓取能力，适用于复杂工件的精细操作和装配任务。仿人式手爪能够适应各种形状和尺寸的工件，实现准确、稳固的抓取和搬运，从而提高工业机器人在装配、精密加工和其他复杂工作中的操作精度和效率。

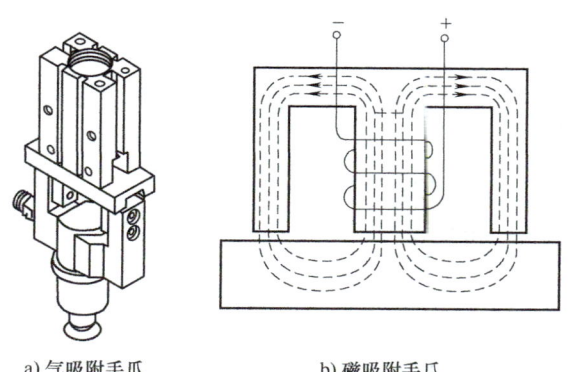

图 2-59 气吸附和磁吸附手爪

图 2-60 仿人式手爪

2.2.4 工业机器人的控制系统

工业机器人的控制系统作为工业机器人的重要组成部分之一，主要是根据操作人员的指令操作和控制工业机器人的执行机构，使其完成作业任务的动作要求。一个良好的控制器要有便捷、灵活的操作方式，多种形式的运动控制方式和安全可靠的运行模式。构成工业机器人控制系统的要素主要有计算机硬件系统及操作控制软件、输入/输出设备及装置、驱动系统、传感系统。各系统要素之间的关系如图 2-61 所示。

工业机器人的控制系统

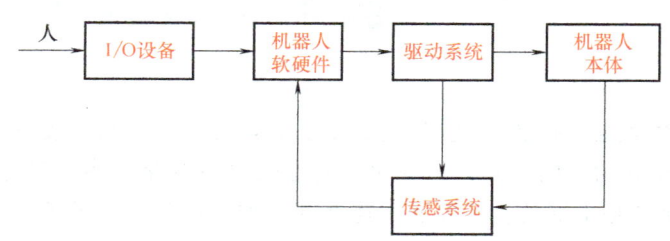

图 2-61 工业机器人控制系统的要素

1. 控制系统的特点

工业机器人控制系统有多自由度、复杂的运动描述、计算机控制和复杂的数学模型的特点。

（1）多自由度 一个简单的工业机器人至少有 3~5 个自由度，较复杂的工业机器人有十几个甚至几十个自由度。每个自由度一般包含一个伺服机构，它们必须协调起来，组成一个多变量系统。

（2）复杂的运动描述 工业机器人的控制与机构运动学及动力学密切相关。工业机器人的状态可以在各种坐标下进行描述，应当根据需要选择合适的参考坐标系，并进行适当的坐标变换。经常要求正向运动学和反向运动学的解，除此之外，还要考虑惯性力、外力（包括重力）、哥氏力和向心力的影响。向心力和科里奥利力（科氏力）的产生过程如图 2-62 所示。

（3）计算机控制 把多个独立的伺服系统有机地协调起来，使其按照人的意志行动，甚至赋予工业机器人一定的"智能"，这个任务只能由计算机来完成。因此，工业机器人控制系统必须是一个计算机控制系统，如图 2-63 所示，而计算机软件担负着更艰巨的任务。

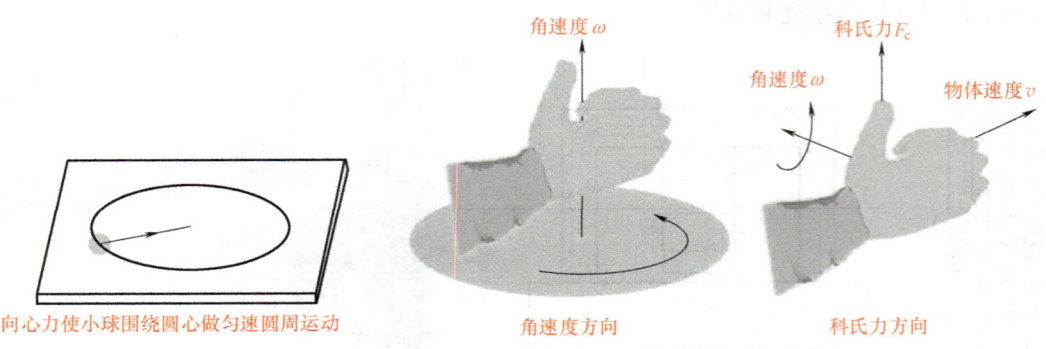

图 2-62　向心力和科氏力的产生过程示意图

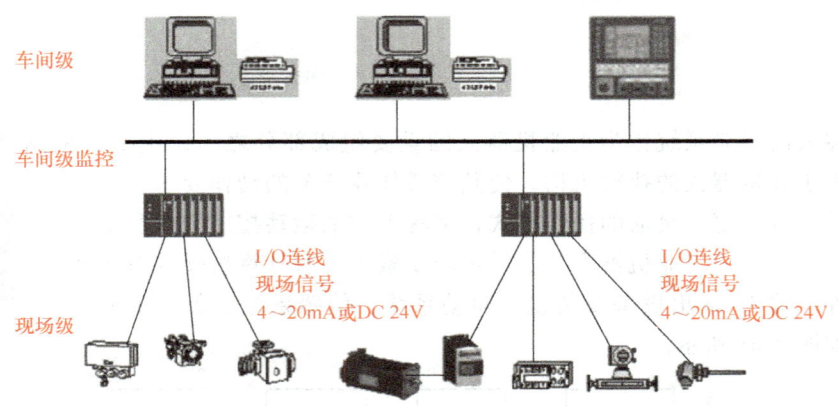

图 2-63　计算机控制工业机器人系统

（4）复杂的数学模型　描述工业机器人状态和运动的数学模型是一个非线性模型，如图 2-64 所示。随着状态的不同和外力的变化，其参数也在变化，各变量之间还存在耦合。因此，仅仅利用位置闭环是不够的，还要利用速度甚至加速度闭环。系统中经常采用重力补偿、前馈、解耦或自适应等控制方法。

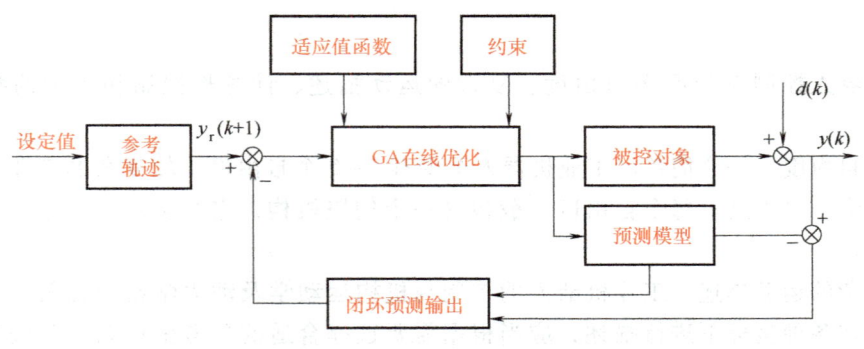

图 2-64　非线性数学模型示意图

2. 控制系统的基本功能

工业机器人控制系统的主要任务是控制工业机器人在工作空间中的运动位置、姿态和轨迹、操作顺序及动作的时间等，其基本功能见表 2-5。

表 2-5　控制系统的基本功能

基本功能	功能描述
坐标设置功能	一般的工业机器人空制器设置有关节坐标系、绝对坐标系、工具坐标系、用户自定义坐标系 4 种
位置伺服功能	包括工业机器人多轴联动、运动控制、速度和加速度控制、动态补偿等。还可以实现运行时系统状态监视、故障状态下的安全保护和故障自诊断
示教再现功能	工业机器人控制系统可实现离线编程、在线示教和间接示教。在线示教包括示教器和导引示教两种。在示教过程中,可储存作业顺序、运动路径、运动方式、运动速度和与生产工艺有关的信息。再现过程中,工业机器人按照示教好的加工信息执行特定的作业
与外围设备联系功能	工业机器人控制器设置有输入和输出接口、通信接口、网络接口和同步接口,并具有示教盒、操作面板及显示屏等人机接口。此外,还具有其他多种传感器接口,如视觉、触觉、听觉、力觉(或力矩)传感器等多种传感器接口

3. 控制系统的控制方式

工业机器人的控制方式到现在为止还没有一个统一的标准,常见分类见表 2-6。

表 2-6　控制方式的常见分类

分类方式	分类
按运动坐标控制方式分类	关节坐标空间运动控制
	直角坐标空间运动控制
按控制系统对工作环境变化的适应程度分类	程序控制系统
	适应性控制系统
	人工智能控制系统
按控制的机器人数量分类	单控系统
	群控系统
按运动控制方式的被控对象分类	位置控制
	智能控制
	力/力矩控制

本节主要介绍按运动控制方式的被控对象分类。运动控制按被控对象的不同可分为位置控制、速度控制、加速度控制、力控制、力矩控制、力和位置混合控制等。实现工业机器人的位置控制是工业机器人的基本控制任务。

(1) 位置控制　工业机器人很多作业的实质是控制工业机器人末端执行器的位姿,以实现对其运动轨迹的控制,主要分为点到点(Point To Point,PTP)控制和连续轨迹(Continuous-Path,CP)控制,如图 2-65 所示。

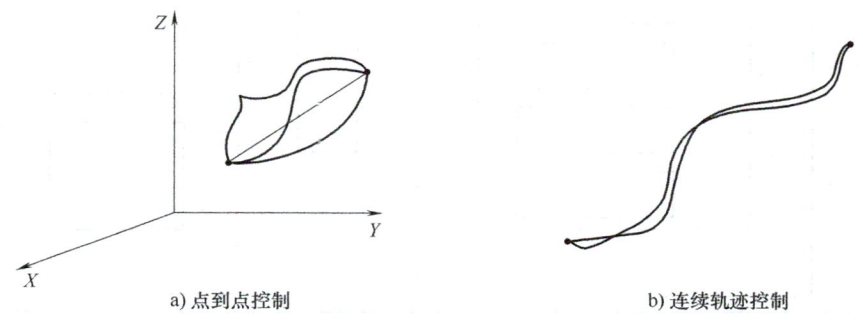

a) 点到点控制　　　　　　b) 连续轨迹控制

图 2-65　位置控制示意图

(2) 力/力矩控制　力/力矩控制应用于工业机器人末端执行器与环境或作业对象的表面有接触的情况,如对应用于装配、加工、抛光等作业的工业机器人,工作过程中要求机器人手爪与作业对象接触的同时保持一定的压力。图2-66给出了关节的力/力矩控制框图。

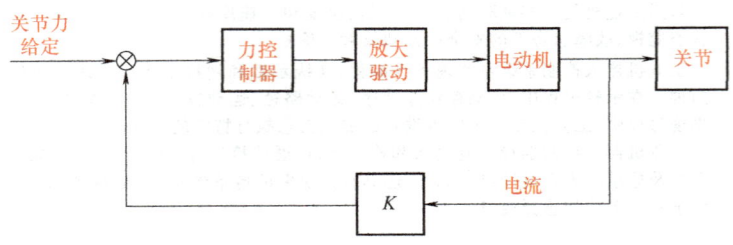

图2-66　关节的力/力矩控制框图

(3) 智能控制　实现智能控制的工业机器人可通过传感器获得周围环境的信息,并根据自身内部的知识库做出相应的决策。采用智能控制技术可使工业机器人具有较强的环境适应性及自学习能力。智能控制技术的发展有赖于近年来神经网络、基因算法、遗传算法、专家系统等人工智能技术的迅速发展。其中,最常见的神经网络算法框图结构如图2-67所示。

4. 控制系统的结构

工业机器人控制系统有集中控制、主从控制和分布控制三种结构。

(1) 集中控制方式　集中控制方式是用一台计算机实现全部控制功能,其结构简单、成本低,但实时性差、难以扩展。在早期的工业机器人中常采用这种结构,如图2-68所示。

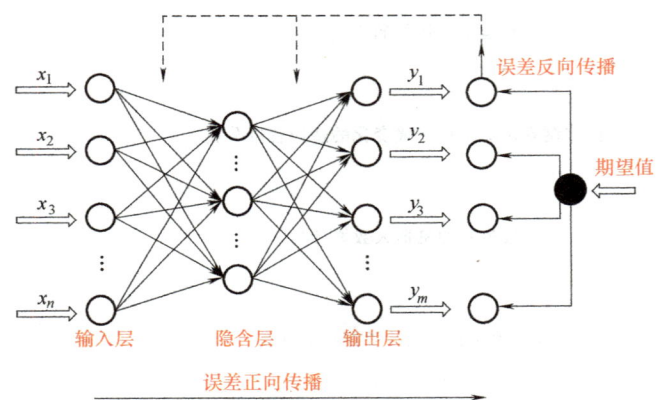

图2-67　神经网络算法框图

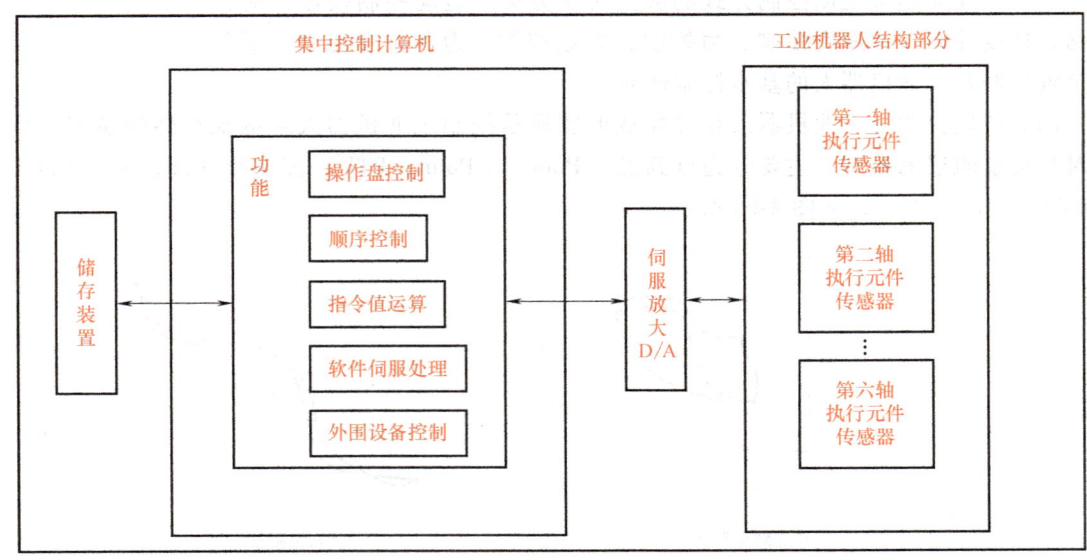

图2-68　集中控制构成框图

（2）主从控制方式 主从控制方式采用主、从两级处理器实现系统的全部控制功能，如图 2-69 所示。主 CPU 实现管理、坐标变换、轨迹生成和系统自诊断等；从 CPU 实现所有关节的动作控制。主从控制方式系统实时性较好，适用于高精度、高速度控制。

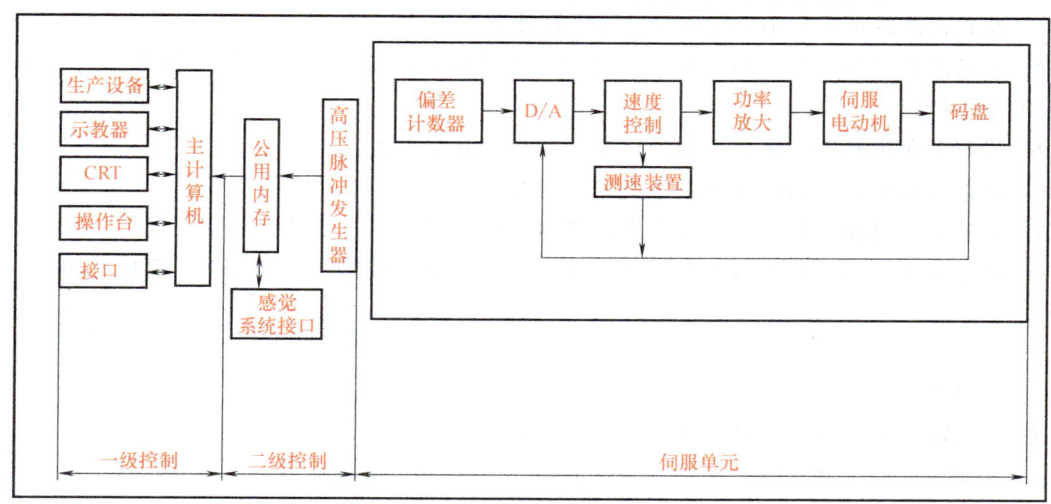

图 2-69 主从控制构成框图

（3）分布控制方式 分布控制方式按系统的控制层级关系将系统控制分成几个模块，每个模块具有不同的控制任务和控制策略，各模块之间可以是跨层级的主从关系，也可以是同层级的平等关系。其构成如图 2-70 所示。这种方式实时性好，易于实现高速、高精度控制，易于扩展，可实现智能控制，是目前流行的方式。其主要思想是"分散控制，集中管理"。

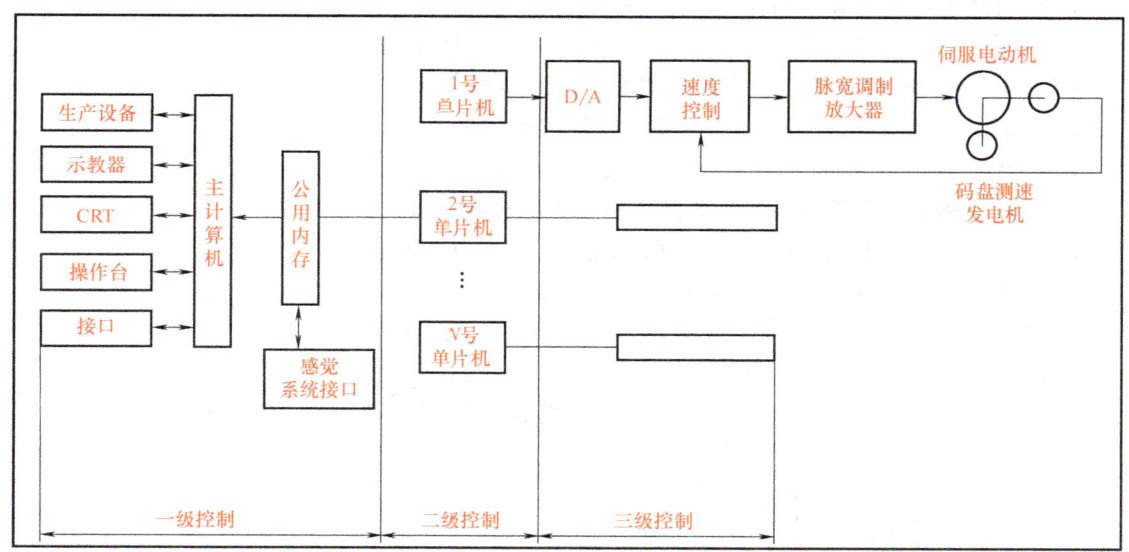

图 2-70 分布控制构成框图

知识回顾

【知识点总结】

1. 了解工业机器人结构的定义及基本组成要素。

2. 熟悉三种常见的结构形式：垂直串联工业机器人、平面关节（水平串联）工业机器人和并联工业机器人。

3. 了解工业机器人的驱动系统及其构成。

4. 熟悉谐波减速器和 RV 减速器的结构及技术特点。

5. 熟悉工业机器人常见的三种驱动方式：电动机驱动、液压驱动和气压驱动的技术特点及各自的优劣势。

6. 了解工业机器人末端执行器的定义、特点及分类方式。

7. 熟悉常见夹持式和吸附式手爪类末端执行器。

8. 了解工业机器人控制系统的特点、基本功能、控制方式及结构。

9. 熟悉主从结构工业机器人的控制系统，熟悉其位置控制和轨迹控制的实现方法。

【思考与练习】

1+X 初级真题

1. 选择题

（1）六轴工业机器人是典型的垂直（　　）工业机器人。

A. 串联　　　　B. 并联　　　　C. 关联　　　　D. 相连

（2）腕部能实现对空间（　　）个坐标轴 X、Y、Z 的旋转运动。

A. 3　　　　　B. 4　　　　　C. 5　　　　　D. 6

（3）通常使用连杆并联机构驱动末端执行器移动的工业机器人类型为（　　）。

A. 串联工业机器人　　　　　　B. 并联工业机器人

C. 直角坐标工业机器人　　　　D. 球坐标工业机器人

（4）谐波减速器主要应用在（　　）负载部位。

A. 小臂　　　　B. 大臂　　　　C. 肩部　　　　D. 腰部

（5）（　　）电动机主要运用在电动玩具、工具和家电。

A. 永磁式直流　　　　　　　　B. 无铁心转子式

C. 直流有刷　　　　　　　　　D. 交流笼形

（6）液压驱动是将液压泵产生的液压油压力能转换成（　　）。

A. 热能　　　　B. 机械能　　　C. 动能　　　　D. 电能

（7）图 2-71 中编号 5 所表示的零部件是（　　）。

A. 工件　　　　B. 支架　　　　C. 传动机构　　D. 手指

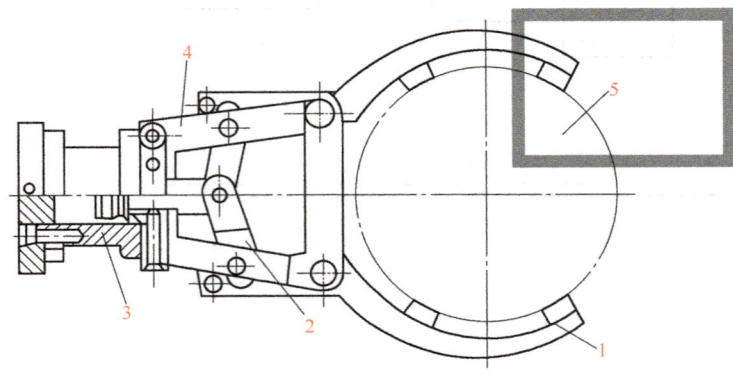

图 2-71　工业机器人夹持式手爪示意图

(8) 控制系统的主要任务是控制工业机器人在工作空间中的（　　）。
A. 运动位置　　　　　　　　B. 姿态和轨迹
C. 操作顺序及动作的时间　　D. 数据的传输
(9) 控制系统的基本功能包括（　　）。
A. 示教再现功能　　　　　　B. 坐标设置功能
C. 与外围设备联系功能　　　D. 位置伺服功能
(10) 工业机器人控制系统的常见组成结构有哪几种？（　　）
A. 集中控制　　B. 主从控制　　C. 分布控制　　D. 环形控制
答案：(1) A (2) A (3) B (4) A (5) A (6) B (7) A (8) ABC
　　　(9) ABCD (10) ABC

2. 判断题
(1) 六轴工业机器人是典型的垂直串联关节工业机器人，由关节和连杆依次串联而成。（　）
(2) 并联工业机器人也称为 Delta 机器人。（　）
(3) 工业机器人的减速器是工业机器人关键的机械核心部件。（　）
(4) 液压驱动的优点是不累积误差，调速范围相对较小。（　）
(5) 直流有刷电动机主要运用在电动玩具、工具和家电。（　）
(6) 末端执行器是工业机器人手腕上直接安装的执行作业部件。（　）
(7) 在工业机器人的末端不可以安装视觉传感器。（　）
(8) 串联关节工业机器人通常分为垂直串联型和水平串联型两种。（　）
(9) 工业机器人控制系统的控制方式，按运动坐标控制方式分为关节坐标空间运动控制和直角坐标空间运动控制。（　）
(10) 工业机器人控制系统的控制方式，按运动控制方式的被控对象不同分为单控系统和群控系统。（　）
(11) 工业机器人的控制系统所控制的对象，通常包含有位置、速度、力和力矩。（　）

答案：(1) √ (2) √ (3) √ (4) × (5) × (6) √ (7) × (8) √
　　　(9) √ (10) × (11) √

任务2.3　搬运码垛工作站认知

任务描述

在学习了工业机器人系统构成的知识后，吴师傅带着小明来到工厂的车间，对自动化生产线进行观摩学习。小明在惊叹工业机器人严丝合缝生产节拍的同时，对工业机器人生产线上下料工序的搬运码垛工作站进行了初步的学习和了解。吴师傅要求小明对工业机器人的搬运码垛工作站技术文档和作业手册进行学习，形成自己的一个整体性认知，为后续的工业机器人操作和运维技术学习打下坚实的基础。

任务目标

1. 了解工业机器人搬运码垛工作站的基本知识,包括工业机器人搬运码垛工作站的基本构成,各个构成要素(如末端执行器)的常见形式。
2. 了解搬运码垛工作站的常见运用场景,如纸箱的搬运和码垛。

知识平台

2.3.1 搬运码垛工作站的基本构成

工业机器人的搬运码垛工作站是一种用于自动化搬运和码垛操作的工作站,如图2-72所示。该工作站通常由一个或多个工业机器人、输送线、传感器和控制系统组成。工业机器人在搬运码垛工作站上执行精确的抓取和搬运动作,将物料从传送带或生产线上取出,按照预设的堆垛规则将它们有序地堆叠成码垛。

图 2-72 工业机器人搬运码垛工作站

1. 搬运工作站的基本构成

搬运作业是指用一种设备握持工件,从一个加工位置移动到另一个加工位置的过程。如果采用工业机器人来完成这个任务,通过给搬运工业机器人安装不同的末端执行器,可以完成不同形态和状态的工件搬运工作,搬运工作站的基本构成如图2-73所示。

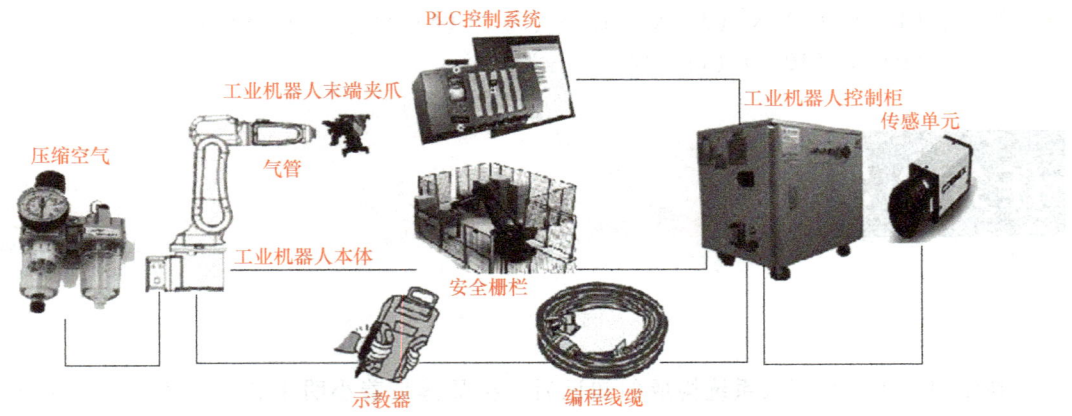

图 2-73 工业机器人搬运工作站的基本构成

2. 码垛工作站的基本构成

码垛作业就是把物体按照一定的模式码放,将零散物体集成化,这样可以使物体的存放、移动等物流活动变得简单、易于操作,进而提高生产效率。码垛工作站包括码垛工业机器人系统、末端执行器及码垛工作站外围设备。

(1) 码垛工业机器人系统　码垛工业机器人需要相应的辅助设备组成一个柔性化系统才能进行码垛作业。以串联式码垛工业机器人为例,常见的码垛工业机器人主要由码垛工业机器人本体、用于取放工件的手爪、底座、控制系统(码垛工业机器人控制柜、示教器)、码垛系统(气体发生装置、真空发生装置)和安全保护装置组成。码垛工作站的工业机器人系统如图 2-74 所示。

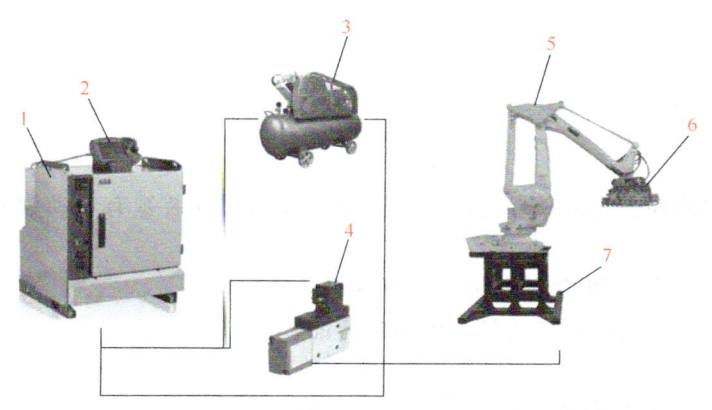

图 2-74　码垛工作站的工业机器人系统

1—码垛工业机器人控制柜　2—示教器　3—气体发生装置　4—真空发生装置
5—码垛工业机器人本体　6—吸附式手爪　7—底座

(2) 末端执行器　码垛工业机器人的末端执行器是一种夹持物体移动的装置,常见的形式有吸附式手爪、夹板式手爪、抓取式手爪及组合式手爪。

吸附式手爪根据吸附力的不同可分为气吸附手爪和磁吸附手爪,码垛主要采用气吸附手爪。吸附式手爪如图 2-75 所示。

夹板式手爪是码垛过程中最常用的一类手爪,常见的有单板式手爪和双板式手爪。夹板式手爪如图 2-76 所示。

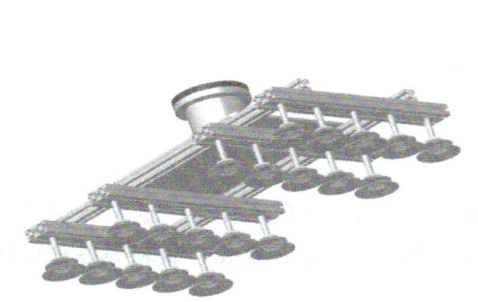

图 2-75　码垛工作站的吸附式手爪　　　图 2-76　码垛工作站的夹板式手爪(双板式)

抓取式手爪是一种可灵活适应不同形状和具备灵活容量的手爪。抓取式手爪采用不锈钢制作,可胜任极端条件下的作业要求,如图 2-77 所示。

组合式手爪是一种通过组合获得各单组手爪优势的手爪，其灵活性较大，各单组手爪之间既可单独使用又可配合使用，可以同时满足对多个工位的码垛，组合式手爪如图2-78所示。

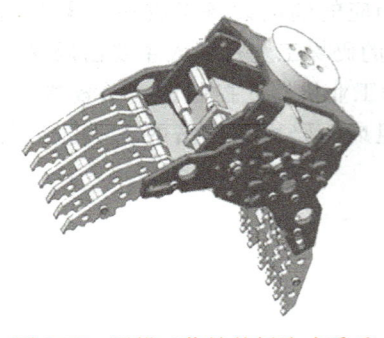

图 2-77 码垛工作站的抓取式手爪

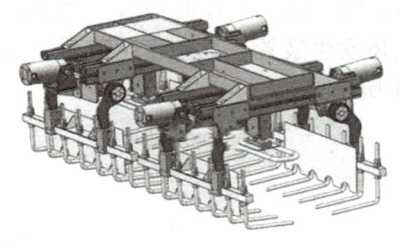

图 2-78 工业机器人码垛工作站的组合式手爪

（3）码垛工作站外围设备　常见的码垛工业机器人辅助装置有自动剔除机、倒袋机和传送带等。

自动剔除机安装在金属检测机和质量复检机之后，主要用于剔除含金属异物的质量不合格的产品，自动剔除机如图2-79所示。

倒袋机将输送过来的袋装码垛物按照预定程序进行输送、倒袋、转位等操作，使码垛物按流程进入后续工序，倒袋机如图2-80所示。

传送带是自动化码垛生产线上必不可少的环节，针对不同的条件，可以选择多种形式的传送带，如图2-81所示。

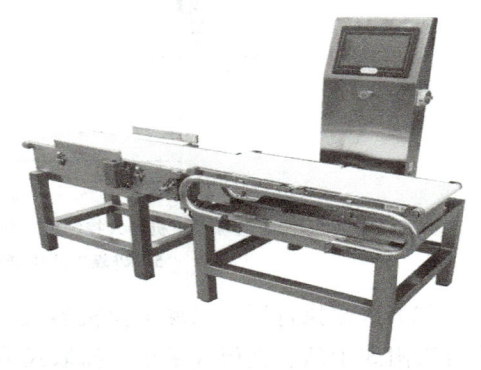

图 2-79 自动剔除机示意图

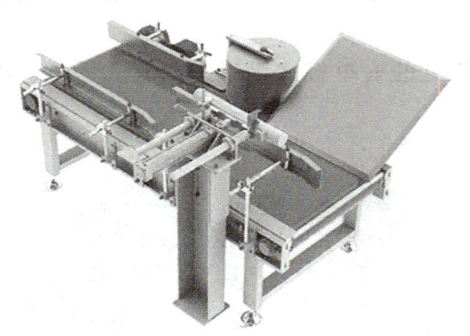

图 2-80 倒袋机示意图

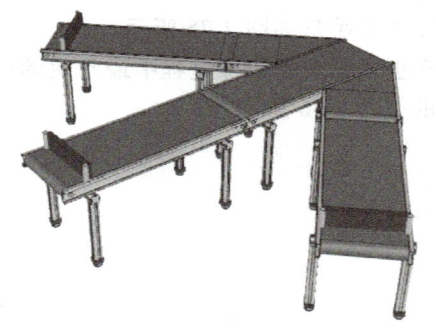

图 2-81 传送带示意图

2.3.2 搬运码垛工作站的应用场景

搬运码垛工作站的应用场景

搬运码垛工业机器人应用范围非常广泛，适应于化工、饮料、食品、啤酒、塑料、空调等生产企业对纸箱、袋装、罐装、盒装、瓶装等各种形状的成品进行搬运和码垛。

码垛工业机器人跟人工相比，有着超大的负载能力（分为小负载与大负载的工业机器人搬运机型），可适应较为脏污、杂乱或具备其他危害性环境的场景。可良好替代劳动力密集型的重复性重载搬运工作。因此，码垛工业机器人可以实现不同的产品、不同的搬运位置更换等功能。完成恶劣环境下的工件搬运任务。

（1）小型工业机器人码垛场景　ABB公司的IRB 120工业机器人属于小型工业机器人，最大负荷为3.5kg，可以使用吸盘工具或夹爪对小型工件进行搬运和码垛，如图2-82所示。

（2）编织袋搬运码垛场景　高速码垛工业机器人在对编织袋进行高速搬运过程中，使用了高速编织袋手爪，码垛系统中的高速码垛工业机器人具有4个自由度，其本体较小、手臂细长且灵活，如图2-83所示。

图2-82　小型工业机器人码垛场景

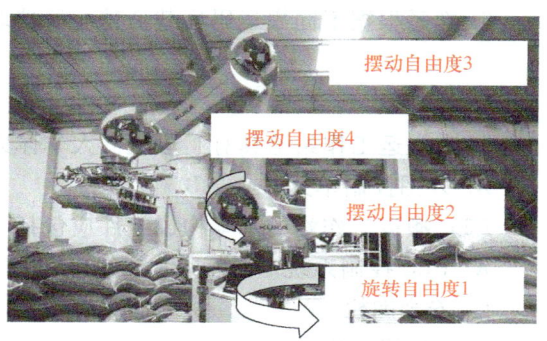

图2-83　编织袋搬运码垛场景

（3）轻型纸箱搬运码垛场景　在较轻纸箱包装产品的情景下，高速码垛工业机器人在搬运过程中配合海绵式吸盘手爪进行作业。海绵适配性强，结实耐用，海绵吸盘吸取各种不同箱子时不需要调整，粗糙或者不平整的表面均适用，如图2-84所示。

海绵吸盘的自动感应开关使其不管是抓取整层或者部分、单个物件，都可以自动关闭未接触到的单向阀，实现了同一套吸具的通用。

（4）重型纸箱搬运码垛场景　在纸箱包装产品比较重的情况下，纸箱码垛系统工业机器人配合的吸盘手爪自带底托，纸箱物件被吸取后，能够由底托支撑住，搬运码垛的安全性与可靠性得到了有效保障，如图2-85所示。

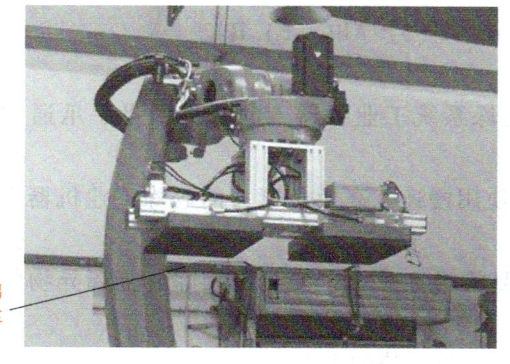

图2-84　轻型纸箱搬运码垛场景

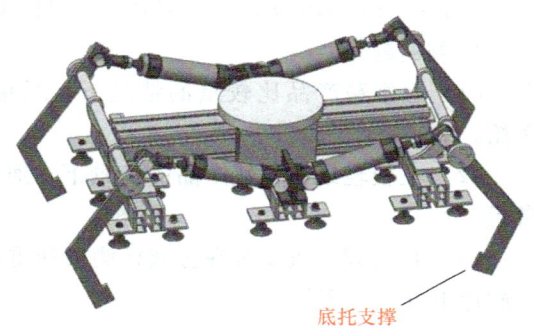

图2-85　重型纸箱搬运码垛所使用的吸盘手爪

知识回顾

【知识点总结】

1. 了解工业机器人搬运码垛工作站的基本构成，包括工业机器人系统、末端执行器和外围辅助设备。
2. 熟悉常见搬运码垛工作站所使用末端执行器的结构形式，包括吸附式手爪、夹板式手爪、抓取式手爪和组合式手爪。
3. 熟悉常见的搬运码垛工作站使用的外围设备，包括自动剔除机、倒袋机和传送带等。
4. 了解搬运码垛工作站的常见应用场景，包括编织袋、轻型纸箱和重型纸箱的搬运码垛。
5. 熟悉根据不同搬运码垛载荷情况所选取工业机器人型号的特点。

【思考与练习】

1. 选择题

(1) 搬运工作站除具有工业机器人本体以外，还要有（　　）。

A. 外围控制单元　　B. 传感系统　　C. 气动系统　　D. 安全系统

(2) 搬运工作站的基本构成组件应包括（　　）。

A. PLC 控制系统　　　　　　　　B. 工业机器人本体

C. 安全围栏　　　　　　　　　　D. 工业机器人控制柜

(3) 码垛工作站的基本构成组件应包括（　　）。

A. 气体或真空发生装置　　　　　B. 工业机器人本体

C. 工业机器人手爪　　　　　　　D. 工业机器人控制柜

(4) 轻型纸箱码垛工作站应用中，工业机器人通常使用（　　）作为末端执行器。

A. 海绵式吸盘手爪　　　　　　　B. 夹板式手爪

C. 抓取式手爪　　　　　　　　　D. 磁吸附式手爪

(5) 常见的码垛工业机器人辅助装置有（　　）。

A. 自动剔除机　　　　　　　　　B. 倒袋机

C. 传送带　　　　　　　　　　　D. 立体仓储装置

(6) 适合用于搬运外形不统一的铁质构件的工业机器人末端执行器通常为（　　）。

A. 气吸附式手爪　　　　　　　　B. 磁吸附式手爪

C. 夹板式手爪　　　　　　　　　D. 抓取式手爪

答案：(1) ABCD (2) ABCD (3) ABCD (4) A (5) ABC (6) B

2. 判断题

(1) 在纸箱产品比较重的情况下，纸箱码垛系统工业机器人配合的吸盘手爪通常自带底托。（　　）

(2) 在较轻纸箱包装产品的情景下，通常使用慢速、高负载能力的码垛工业机器人进行搬运。（　　）

(3) 自动剔除机安装在金属检测机和重量复检机之后，主要用于剔除含金属异物的产品里质量不合格的产品。（　　）

(4) 夹板式手爪是一种通过组合获得各单组手爪优势的手爪。（　　）

答案：(1) √ (2) × (3) √ (4) ×

项目总结

项目2总结

分析能力
- 分析工业机器人的分类
- 分析工业机器人的运动结构
- 分析工业机器人的性能指标
- 分析工业机器人的驱动系统

规划能力
- 通过各种标准对工业机器人进行分类的规划
- 通过关节结构辨识工业机器人结构的规划
- 通过机械结构辨识工业机器人末端执行器的规划
- 通过应用场景辨识搬运码垛工业机器人工作站基本构成的规划

应用能力
- 识读工业机器人运动结构简图
- 根据工业机器人的结构特征进行分类
- 根据工业机器人的控制方式进行分类
- 根据工业机器人的驱动方式进行分类
- 根据工业机器人的外形判断其结构类型
- 区分工业机器人常用坐标系及其概念
- 区分谐波减速器和RV减速器的结构和特点
- 区分各型工业机器人末端执行器的结构和特点
- 区分工业机器人控制系统的三种控制结构
- 根据应用场景辨识工业机器人搬运码垛工作站

项目 3

工业机器人的安装

项目引入

项目3导学

今天公司又买了一台 ABB IRB 120 型号工业机器人本体，打算在包装流水线末端加个搬运码垛工作站来提高工作效率。吴师傅作为公司自动化生产线的技术骨干，自然承担该工作站的搭建和测试工作。

小明听说了这件事高兴极了，兴奋地找到吴师傅说："师傅，听说公司要增加一个搬运码垛的工作站是吗？我可以跟着您一起完成吗？"

吴师傅说："我正想去找你说这事呢，没想到你这么主动就来了，我们师徒俩想到一块去了。"吴师傅看到小明这么积极主动，欣慰地笑了。

小明说："能见证和参与一个工业机器人工作站从无到有的过程，是个多么难得的机会啊！我肯定要牢牢抓住这个学习的好机会，认真跟着师傅您学习真本事。"

吴师傅说："很好，后生可畏啊！接下来我们要从拆工业机器人的外包装开始，一步一步将系统的设备和器件安装完成，然后再对系统的电气线路和气路进行连接和测试，最后完成工作站码垛台的安装，这样就基本完成工作站的搭建了。"

小明兴奋地说："那我们现在先把工业机器人的外包装拆了吧。"

吴师傅说："我先给你介绍我们会用到的工具，然后你还得学习看相关的说明和图样，这些工作完成后才可以进行工作站的搭建呢！现在就开始认识工具吧。"

项目目标

1. 认识工业机器人机械安装与测量工具的使用方法和注意事项。
2. 认识工业机器人电气安装与测量工具的使用方法和注意事项。
3. 识读工业机器人系统的机械、电气、液压、气动和工作站图样。
4. 掌握工业机器人系统外部包装的拆包步骤。
5. 掌握工业机器人本体和码垛工作站设备的安装步骤。
6. 掌握控制柜和示教器电气线路的连接步骤。
7. 掌握工业机器人工作站电磁阀的安装与电气线路的连接步骤。
8. 掌握末端执行器快换装置的安装和控制气路的连接步骤。
9. 掌握双通道吸盘和单通道吸盘工具气路的连接步骤。
10. 掌握末端执行器的安装和测试方法。

项目3 工业机器人的安装

知识图谱

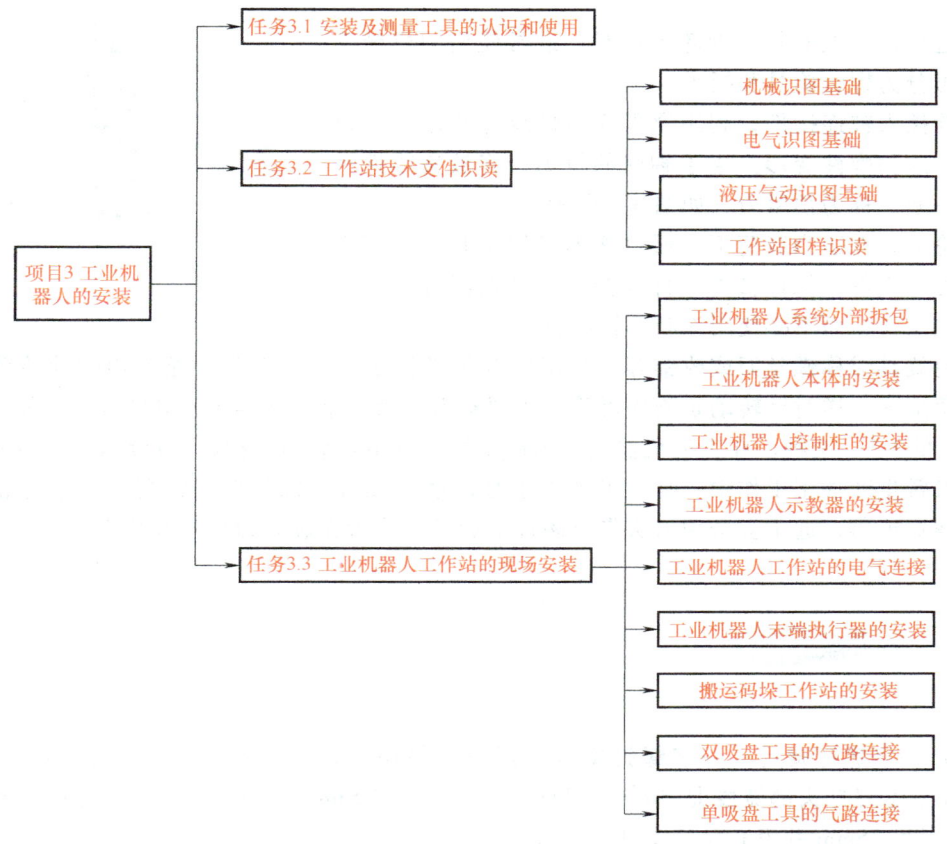

任务3.1 安装及测量工具的认识和使用

任务描述

在进行工业机器人安装之前,吴师傅拎出了工具箱,里面工具的摆放井然有序,显然,吴师傅十分重视并爱惜这些工具。小明看着种类繁多的工具,不禁一件件向吴师傅请教,哪怕是那些日常生活中常见的工具,小明也问得很详细。吴师傅也详细地对工具进行了介绍。下面就跟着小明一起来学习工业机器人安装和测量所需的工具吧。

安装及测量工具的认识和使用

任务目标

1. 了解拆装工业机器人需使用的机械和电气安装及测量工具。
2. 重点掌握游标卡尺的正确读数方法及扭力扳手的使用方法。

知识平台

1. 机械安装工具

在进行机器人安装与拆卸工作时,最常使用的机械工具大致可分为螺钉旋具和扳手。

螺栓插入被连接件,利用螺母或内螺纹拧紧使螺栓拉伸变形,这种弹性变形产生了轴向的拉力,将被夹零件挤压在了一起,称为预紧力,如图3-1所示。

理论上,在适当载荷下,通过施加足够预紧力所产生的夹紧力,就可以保证被夹零件在振动、高低温等恶劣环境下安全工作,而不必使用涂胶等辅助方法。

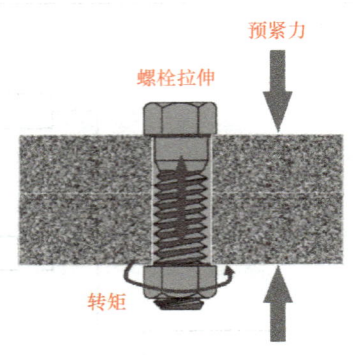

图 3-1 预紧力示意图

螺钉旋具俗称螺丝刀或改锥等,是用以旋紧或旋松螺钉的工具。通常顺时针转动螺钉旋具是旋紧加固,逆时针转动是旋松拆除,主要有刀尖为一字(负号)(见图3-2)和十字(正号)(见图3-3)两种。在工业机器人的拆卸维护过程中还会用到梅花螺钉旋具(见图3-4)。

在日常生产加工工作中,常会出现人手难以触及螺钉紧固位置的情况,为了防止在安装过程中螺钉掉落,通常会选用刀头带有磁性的旋具,或者在旋具刀杆上吸附上一颗磁铁。

图 3-2 一字螺钉旋具　　　　图 3-3 十字螺钉旋具　　　　图 3-4 梅花螺钉旋具

(1)一字螺钉旋具　一字螺钉旋具的规格一般用刀杆头部宽度×刀杆长度表示,例如,3×75mm 表示刀杆头部宽度是 3mm,刀杆整体长度是 75mm。但整个螺钉旋具的长度并不是 75mm,因为 75mm 并没有包括手柄的长度。

刀头宽度一般有 1.5mm、1.7mm、2.5mm、3mm、4.5mm、5mm、5.5mm、6mm、7mm 及 8mm 等。

刀杆长度一般有 60mm、75mm、80mm、100mm、150mm、200mm、250mm 及 300mm 等。

(2)十字螺钉旋具　十字螺钉旋具从小到大一般有 7 个规格,分别为 PH000、PH00、PH0、PH1、PH2、PH3、PH4,这些代表了螺钉旋具刀头的十字槽号。还有用槽号×刀杆长度表示的,PH0×100mm 表示十字槽口号是 PH0,刀杆长度是 100mm。

PH000~PH4 对应的刀杆直径分别为 1.5mm、2mm、3mm、4.5mm 或 5mm、6mm、8mm、10mm。

十字螺钉旋具的刀杆长度一般和一字螺钉旋具相同。

(3)梅花螺钉旋具　梅花螺钉旋具主要用来拆装梅花形的螺钉(又称为星形)。梅花头的设计能够施加类似尺寸的一般六角螺钉头能承受的更高扭矩,而不会损坏螺钉头部和工具。例如,可以使用该工具打开控制柜计算机单元盖板,如图3-5所示。

(4)组合型螺钉旋具　一种把螺钉旋具头和柄分开的螺钉旋具,当需安装不同类型的螺钉时,只需把螺钉旋具头换掉即可,不需要携带大量螺钉旋具。优点是可以节省空间,但容易遗失螺钉旋具头,如图3-6所示。

扳手是利用杠杆原理拧转螺栓、螺钉、螺母和其他螺纹紧固件的手工工具。扳手通常在

图 3-5　梅花刀头

图 3-6　组合型螺钉旋具

柄部的一端或两端制有夹持螺栓或螺母的开口或套孔。使用时，沿螺纹旋转方向在柄部施加外力，就能拧转螺栓或螺母。

在工业机器人安装拆卸工作中常用的扳手是内六角扳手、扭力扳手和活扳手等。

拓展：什么是扭矩？

物体在外力的作用下，围绕某点旋转或产生某种程度的扭转变形，这种外力和作用距离的乘积称为扭转力矩，简称扭矩。扭矩是使物体绕轴心旋转或具有旋转趋势的力系统。

公式：扭矩 $T = F \times L$

（5）内六角扳手　如图 3-7 所示，内六角扳手是呈 L 形的六角棒状扳手，专用于拧转内六角螺钉。内六角扳手的型号是按照六方的对边尺寸来规定的，螺栓的尺寸有国家标准 GB/T 70.1—2008。图 3-7 中有 2、2.5、3、4、5、6 六种规格，常用的是三号、四号规格的扳手。

通过扳手手柄可以施加对螺钉的扭矩作用力，大大降低了使用者的用力强度。

手握扳手的长端进行操作可以增加扭矩，但操作并不方便；手握扳手的短端可快速旋转螺栓，减少操作时间，但扭矩较小可能无法拧动紧固件。

（6）扭力扳手　扭力扳手是一种带有扭矩测量机构的拧紧计量器具，它用于紧固螺栓和螺母，并能测出拧紧时的扭矩值。在拧转螺栓或螺母时，能显示出所施加的扭矩；或当施加的扭矩到达规定值后，会发出光或声响信号。扭力扳手适用于对扭矩大小有明确规定的装置。

扭力扳手按驱动动力可以分为手动扭力扳手（见图 3-8）、气动扭力扳手、电动扭力扳手和液压扭力扳手等。

图 3-7　内六角扳手

图 3-8　手动扭力扳手

根据定扭方式，可将手动扭力扳手分为表盘式、打滑式、响声式等多种。下面介绍响声式手动扭力扳手的操作步骤。

① 设定所需的扭矩值，并将锁紧装置锁死。调节扭矩须从小到大调节，消除齿轮间隙

误差。

② 在使用前,请先满量程预载三次,检查扭力扳手套筒是否合适并装配稳固。

③ 施力应平稳缓慢,听到声响后立即停止施力。

④ 使用后,须将设定值调回最小刻度。

注意：扳手与螺栓所在平面夹角不得超过3°,实际施力方向与扳手施力点垂直方向夹角不得超过10°,如图3-9所示。

2. 机械测量工具

工业机器人的运动控制是在空间坐标系中点对点的运动,在配置多个相同的工业机器人工作站时,每个工件的位置是统一固定的,相应的工件坐标也是固定的。

在安装工业机器人本体及工作站各工件时,都需要使用机械测量工具——卷尺及游标卡尺进行位置的测量。

（1）卷尺　卷尺是日常生活中常用的量具,又称为挠性尺或拉尺。卷尺能卷起来是因为卷尺里面装有弹簧,在拉出测量长度时,实际是拉长刻度尺及弹簧的长度,一旦测量完毕,卷尺里面的弹簧会自动收缩,刻度尺在弹簧力的作用下也跟着收缩。

卷尺主要分为5个部分：把爪、紧固件、壳体、挂绳、刻度尺,如图3-10所示。

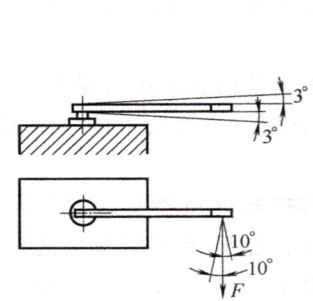

图3-9　扭力扳手处于水平

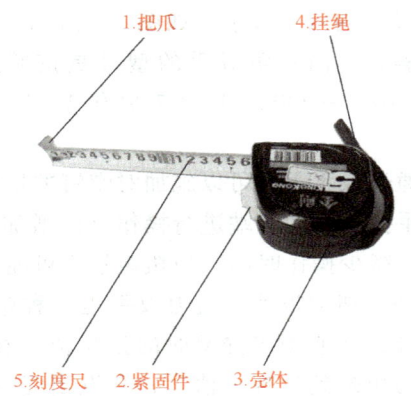

图3-10　卷尺

表3-1是卷尺的构件及其功能。

表3-1　卷尺的构件及其功能

代号	构件名称	主要功能
1	把爪	测量外部长度时起卡紧作用
2	紧固件	对刻度尺起固定的作用
3	壳体	对刻度尺起保护作用,同时起装饰作用
4	挂绳	起防止意外掉落损坏作用
5	刻度尺	起测量物品规格作用

（2）游标卡尺　游标卡尺是用于测量长度、内外径、深度的精度较高的量具。游标卡尺主要由尺身和附在尺身上能滑动的游标尺两部分构成。

具体结构如图3-11所示。

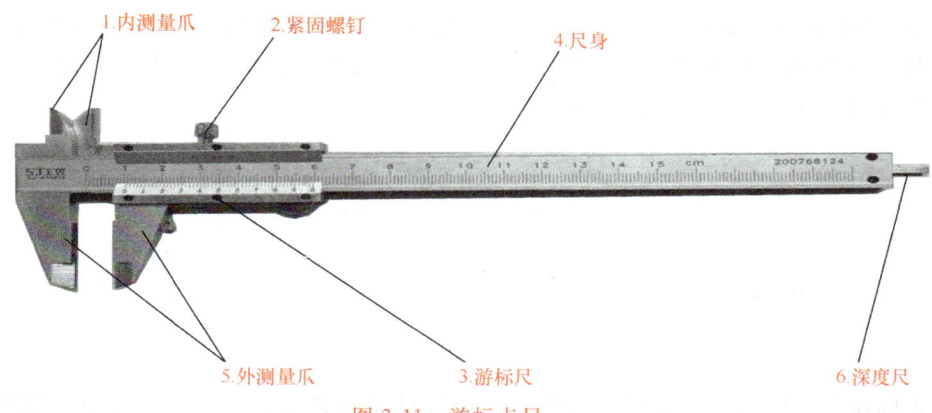

图 3-11 游标卡尺

表 3-2 是游标卡尺的构件及其功能。

表 3-2 游标卡尺的构件及其功能

代号	构件名称	主要功能
1	内测量爪	测量内部长度时起卡紧作用
2	紧固螺钉	对显示尺起固定的作用
3	游标尺	起调节测量距离与读数作用
4	尺身	起把持和读数作用
5	外测量爪	测量外部长度时起卡紧作用
6	深度尺	测量深度时起卡紧作用

使用游标卡尺可以方便地测量外径、内径和深度，如图 3-12 所示。

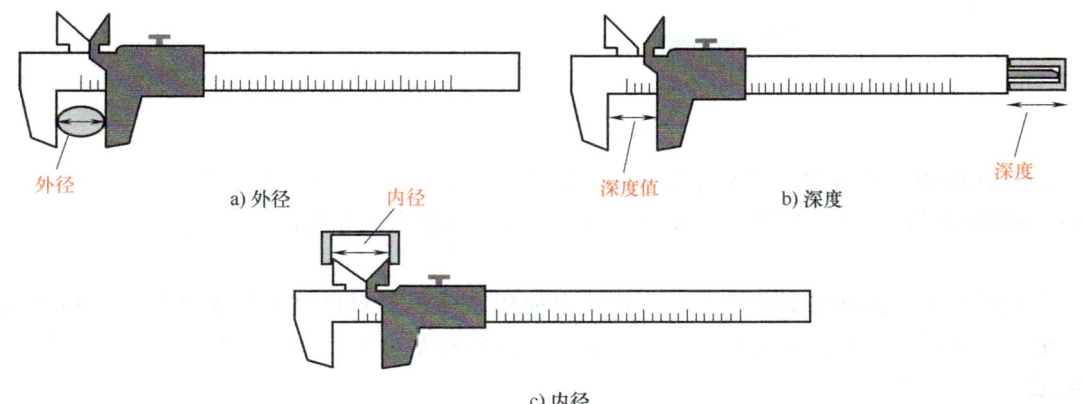

图 3-12 游标卡尺作用示意图

游标卡尺一般分为 10 分度、20 分度和 50 分度三种。10 分度的游标卡尺可精确到 0.1mm，20 分度的游标卡尺可精确到 0.05mm，而 50 分度的游标卡尺则可以精确到 0.02mm。

读数方法：

① 看游标尺总刻度确定准确级（10 分度、20 分度、50 分度的准确级）。

② 读出游标尺零刻度线左侧的主尺整毫米数（X）。

③ 找出游标尺与尺身刻度线"正对"的位置，并在游标尺上读出对齐线到零刻度线的小格数（n）（不要估读）。

④ 按读数公式读出测量值。测量值(L)= 尺身读数(X)+游标尺读数(n×准确级）

如图 3-13 所示，观察可得游标卡尺为 20 分度游标卡尺，每一小格为 0.05mm，则测量值 (L)= 10mm+17×0.05mm = 10.85mm

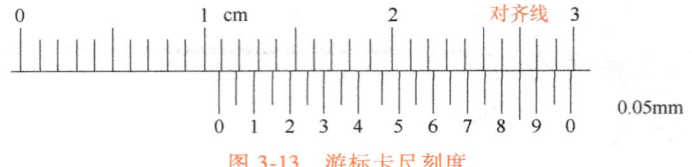

图 3-13　游标卡尺刻度

3. 电气安装工具

工业机器人工作站除了要安装本体和工件等机械装置外，还需要进行电气安装。这就需要用到尖嘴钳、斜口钳、压线钳等工具。

（1）尖嘴钳　尖嘴钳也称为修口钳、尖头钳、尖咀钳，是一种运用杠杆原理的典型工具之一，如图 3-14 所示。

尖嘴钳的尖头可以用来夹持零件，以及给单股导线接头弯圈；刀口可以切断线径较细的单股与多股线，还可以用来剥导线的塑料绝缘层等。尖嘴钳是电气安装工具，绝缘和耐高压的属性可确保在带电作业情况下的人员安全。**需注意的是**：带电作业时，手与尖嘴钳的金属部分须保持 2cm 以上的距离。

（2）斜口钳　斜口钳的钳口有刃口，而且尖部为圆形，不具备夹持零件的作用，能用于切割金属丝、导线、气管，还可用于剥线、修边等，如图 3-15 所示。

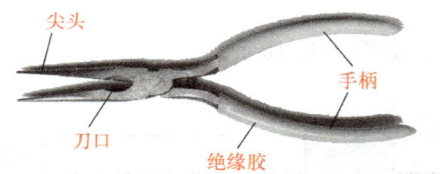　　　　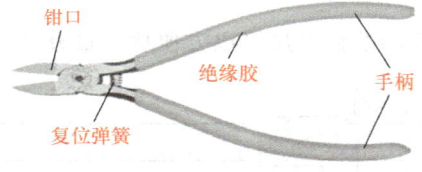

图 3-14　尖嘴钳　　　　　　　　　图 3-15　斜口钳

（3）压线钳　压线钳是用来压制导线"线鼻"（接线端子）的专用工具（见图 3-16）。小线径压线钳的钳口有多个半圆、六棱形牙口，将线鼻压制嵌入导线内。

4. 电气测量工具

工业机器人工作站完成装配之后，在通电使用之前需要对电路进行安全排查，检查电路的导通情况及是否有短路的现象。此时，需要用到两种专用的工具：万用表（见图 3-17）和测电笔（见图 3-18）。

　　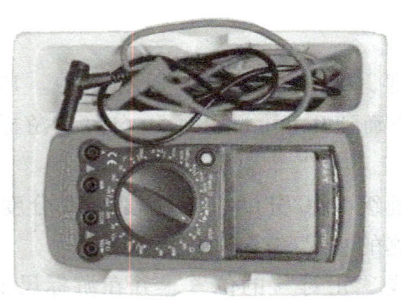　　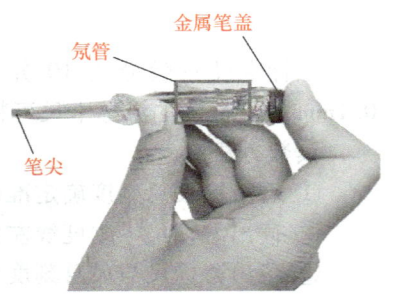

图 3-16　压线钳　　　　图 3-17　数字式万用表　　　　图 3-18　测电笔

（1）万用表　万用表是一种多用途的电工仪表，常用的万用表具有测量直流电压、交流电压、直流电流、交流电流、电阻值等功能。万用表可分为指针式和数字式，图3-17所示为数字式万用表。

数字式万用表在使用过程中需注意以下事项。

① 档位的选择，在不知道具体参数时，优先选用大量程。

② 测量电压与电流的不同接入方式，测电压使用并联接入，测电流使用串联接入。

（2）测电笔　测电笔也称为验电笔，俗称电笔，主要用来检测导线、电器和电气设备的金属外壳是否带电。其测量范围在60～500V之间。

使用测电笔时，以中指和拇指持测电笔笔身，食指接触笔尾金属体或笔挂，如图3-18所示。当带电体与接地之间电位差大于60V时，氖泡产生辉光，证明有电。

注意：人手接触电笔部位一定要在测电笔的金属笔盖或笔挂，绝对不能接触试电笔的笔尖金属体，以免发生触电。

知识回顾

【知识点总结】

1. 工业机器人机械安装与测量工具。
2. 工业机器人电气安装与测量工具。
3. 安装工具的使用方法和注意事项。
4. 测量工具的使用方法和注意事项。

【思考与练习】

1+X 初级真题

1. 选择题

（1）内六角扳手属于（　　）工具。

A. 机械安装　　　B. 电气安装　　　C. 机械测量　　　D. 电气测量

（2）下列工具中，（　　）即可以作为安装工具，又可以对紧固件的扭矩/扭力值进行测量和设定。

A. 内六角扳手　　B. 游标卡尺　　　C. 水平尺　　　　D. 扭力扳手

（3）用游标卡尺测量某一物体的厚度，如图3-19所示，正确的读数是（　　）。

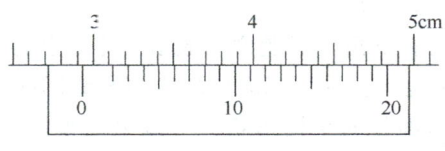

图3-19　题（3）图

A. 29.35cm　　　B. 29.30cm　　　C. 29.35mm　　　D. 29.30mm

答案：（1）A　　（2）D　　（3）C

2. 判断题

（1）内六角加长球头扳手通过扳手短柄可以施加对螺钉的扭矩，提高了使用者的用力强度。　　　　（　　）

（2）测电笔在使用时，手指要按住金属笔盖，用笔尖接触被测的导线。　　　　（　　）

答案：（1）×　　（2）√

任务 3.2　工作站技术文件识读

任务描述

在介绍完相应的工具之后，吴师傅拿出了一沓图样递给了小明，要求小明按照图样要求进行装配。小明一脸疑惑地看向吴师傅，这些图样要怎么去识读呢？

任务目标

1. 掌握机械图样的识图步骤。
2. 掌握电气图样的识图步骤。
3. 掌握气动原理图的识图步骤。
4. 掌握工作站机械布局图的识图步骤。
5. 能识别图形符号所代表的含义。
6. 了解气动控制的原理。
7. 了解气动系统的组成。

知识平台

机械识图基础

3.2.1　机械识图基础

1. 机械图样的概念

机械图样是生产中最基本的技术文件，是设计、制造、检验、装配产品的依据，是进行科技交流的工程技术语言。它的主要内容为一组用正投影法绘制成的机件视图，还有加工制造所需的尺寸和技术要求，而零件图是最常见的机械图样。

任何机械都是由多种零件组成的，制造机器就必须先制造零件。零件图就是制造和检验零件的依据，它依据零件在机器中的位置和作用，对零件在外形、结构、尺寸、材料和技术要求等方面都提出了一定的要求，如图 3-20 所示。

（1）标题栏　位于图样的右下角。标题栏一般填写零件名称、材料、数量、图样的比例、代号、图样的责任人签名及单位名称等。标题栏的方向与看图的方向应一致。

（2）一组图形　用以表达零件的结构形状，可以采用视图、剖视、剖面等规定画法和简化画法表达。

（3）必要的尺寸　反映零件各部分结构的大小和相互位置关系，满足零件制造和检验的要求。

（4）技术要求　给出零件的表面粗糙度、尺寸公差、几何公差及材料的热处理和表面处理等要求。在工业机器人的安装过程中，机械图样主要用于工件的安装和零件的装配，并不需要对零件进行加工处理，因此图样中一般不会出现技术要求。

2. 识读机械图样的基本步骤

识图的基本步骤是：看标题栏、分析图样、分析尺寸和看技术要求。

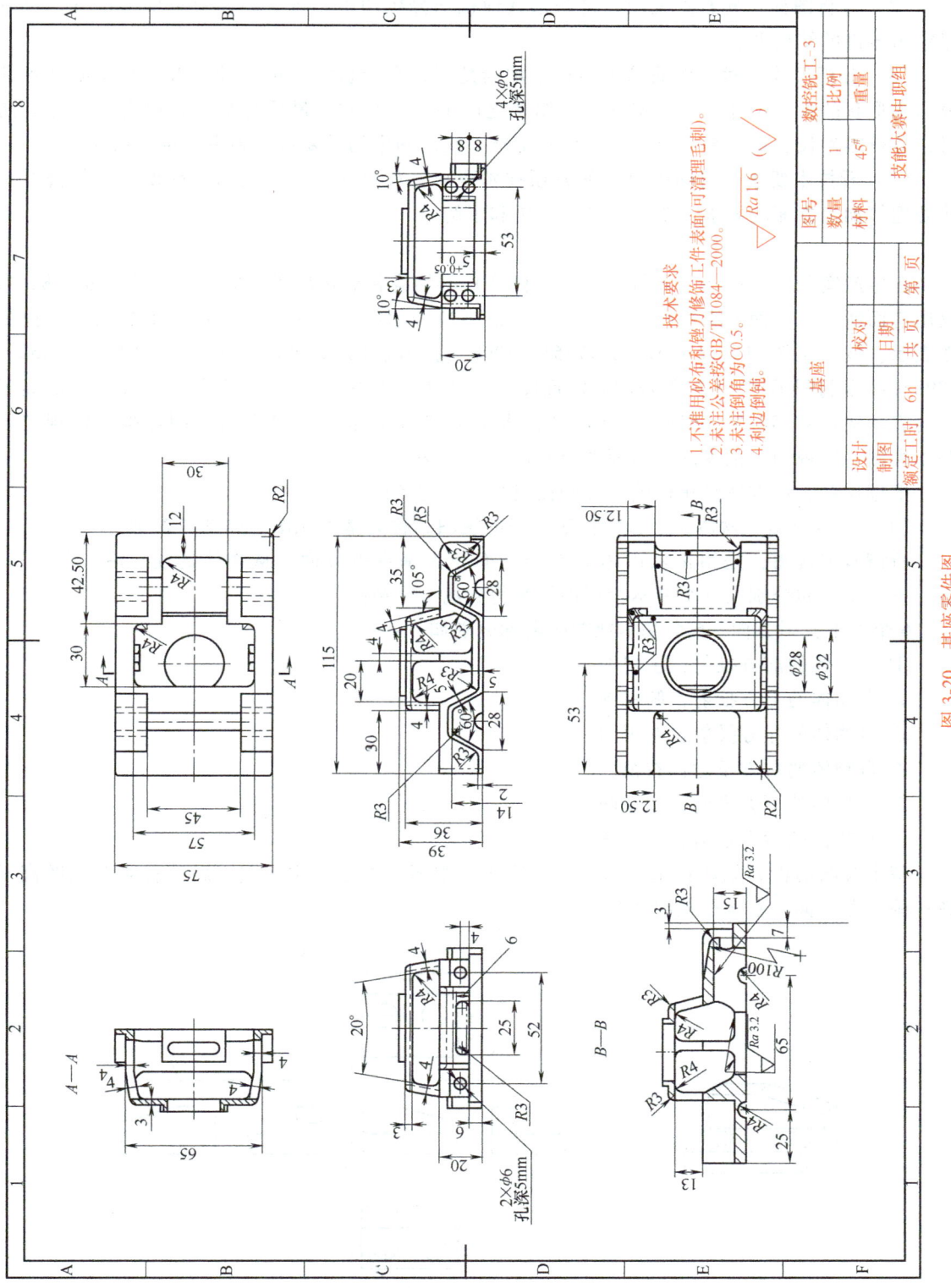

图 3-20 基座零件图

（1）看标题栏　通过标题栏可以知道零件的名称、比例、材料及加工方法等。

（2）分析图样　先看主视图，再联系其他视图分析图中剖视、剖面及重要部位等，可以想象出零件的结构形状。

（3）分析尺寸　对零件的基本结构了解清楚后，再分析零件的尺寸。首先确定零件各部分结构形状的大小尺寸，再确定各部分结构之间的位置尺寸，最后分析零件的总体尺寸。同时，分析零件长、宽、高3个方向的尺寸基准，找出图中的重要尺寸和主要定位尺寸。

（4）看技术要求　对图中出现的各项技术要求，如尺寸公差、表面粗糙度、几何公差及热处理等加工方面的要求，要逐个进行分析和了解。

3. 图样内容

在生产实践中，机件（零件、部件、机器）的结构和形状是多种多样的，关于复杂机件，仅用前面所学的三面投影图则不能将其完整清晰地表示出来，而有些机件又不必用三幅投影图表示。技术制图国家标准GB/T 17451—1998《技术制图 图样画法 视图》、GB/T 17452—1998《技术制图 图样画法 剖视图和断面图》、GB/T 17453—2005《技术制图图样画法剖面区域的表示法》和GB/T 16675.1—2012《技术制图 简化表示法 第1部分：图样画法》规定了基本视图、向视图、剖视图、断面图及其他表示方法。

把握这些表示方法是正确绘制和阅读机械图样的条件。

（1）基本视图　物体向投影面投射所得的视图，称为基本视图，如图3-21所示。

所谓基本视图，是用正六面体的6个平面作为基本投影面，从物体的前、后、左、右、上、下6个方向分别向6个基本投影面投影得到的6个视图。

6个基本投射方向、6个基本视图的名称分别如下：

① 自物体的前方投射：主视图。

② 自物体的上方投射：俯视图。

③ 自物体的左方投射：左视图。

④ 自物体的右方投射：右视图。

⑤ 自物体的下方投射：仰视图。

⑥ 自物体的后方投射：后视图。

基本视图的投影规律：主、俯、后、仰4个视图长对正；主、左、后、右4个视图高平齐；俯、左、仰、右4个视图宽相等。

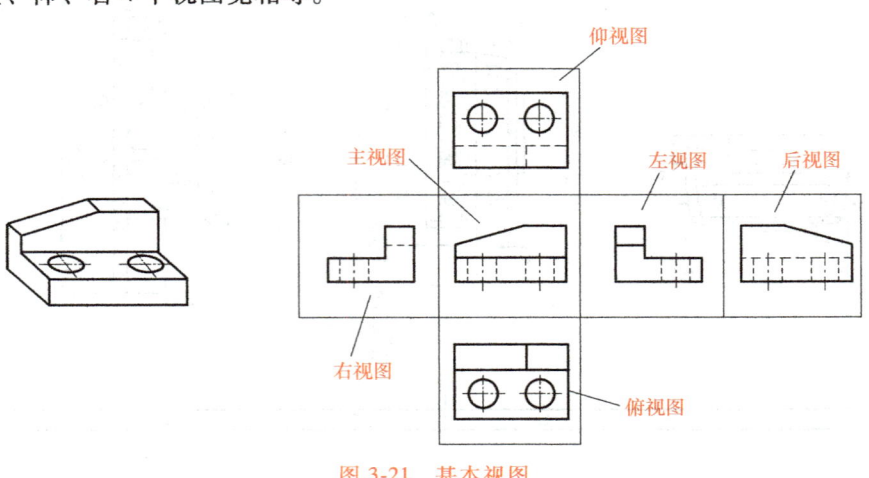

图3-21　基本视图

（2）向视图　向视图是可自由配置的视图。在实际设计绘图过程中，因专业需要和图形布局，往往不能同时将6个基本视图都画在同一张图样上，此时可按向视图配置视图。

配置向视图时，应在向视图上方用大写拉丁字母标出视图名称"×"，在相应的视图邻近用箭头指明投射方向，并标注相同的字母，如图3-22所示。

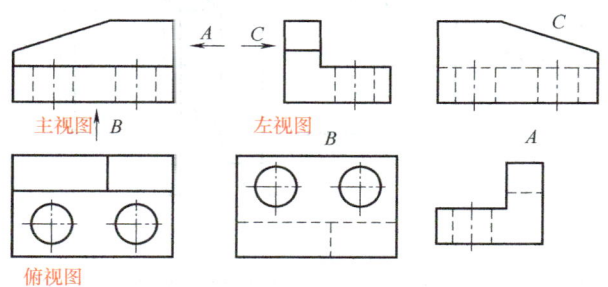

图 3-22　向视图

配置向视图时应该注意以下两点。

① 向视图的视图名称"×"为大写拉丁字母，不管是箭头旁的字母，还是视图上方的字母，均应与正常的读图方向一致，以便于识别。

② 由于向视图是基本视图的另一种配置形式，因此表示投射方向的箭头应尽可能配置在主视图上。在绘制以向视图方式配置的后视图时，应将表示投射方向的箭头配置在左视图或右视图上，以便所获视图与基本视图一致。

（3）剖视图　视图主要是表达机件的外部结构形状，而机件内部的结构形状在前述视图中是用虚线表示的。当机件内部结构比较复杂时，视图中就会显现较多的虚线。为了清晰地表示物体的内部形状，避免在视图中显现过多的虚线，在绘制图样时，可采纳"剖视"画法，如图3-23所示。

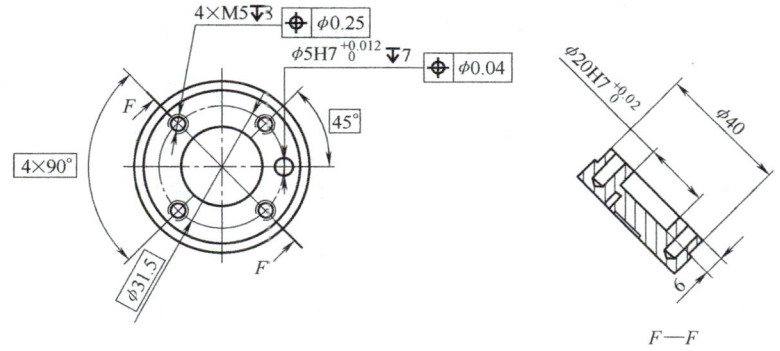

图 3-23　工业机器人法兰端机械接口

4. 尺寸识读

我国国家标准 GB/T 4458.4—2003《机械制图　尺寸注法》详细规定了机械制图的尺寸注法。线性尺寸的数字一般注写在尺寸线的上方，也允许注写在尺寸线的中断处。在识图时，须分辨尺寸数字对应的尺寸线，如图3-24所示。

标注直径时，应在尺寸数字前加注符号"ϕ"；标注半径时，应在尺寸数字前加注符号"R"；标注球面的直径或半径时，应在符号"ϕ"或"R"前再加注符号"S"，如图3-25a所示。

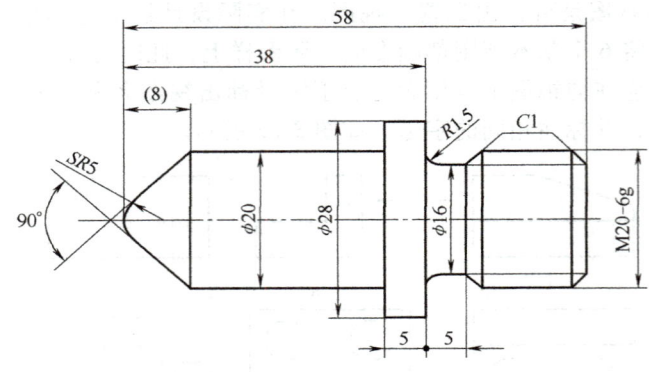

图 3-24 尺寸数字与尺寸线

对于轴、螺杆、铆钉及手柄等的端部,在不致引起误解的情况下,可省略符号"S",如图 3-25b 所示。

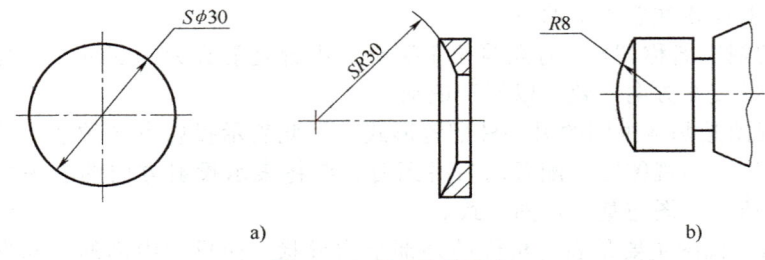

图 3-25 球面尺寸注法

标注尺寸时,应尽可能使用符号和缩写词。常用的符号和缩写词见表 3-3。

表 3-3 标注尺寸的常用符号及缩写词

序号	含义	符号或缩写词	序号	含义	符号或缩写词
1	直径	ϕ	9	深度	↓
2	半径	R	10	沉孔或锪平	⊔
3	球直径	$S\phi$	11	埋头孔	∨
4	球半径	SR	12	弧长	⌒
5	厚度	t	13	斜度	∠
6	均布	EQS	14	锥度	◁
7	45°倒角	C	15	展开长	↻
8	正方形	□	16	型材截面形状	(按 GB/T 4656—2008)

5. 装配图识读

在产品或部件的制造过程中,先根据零件图进行零件加工和检验,再按照装配图所制定的装配工艺规程将零件装配成机器或部件;在产品或部件的使用、维护及维修过程中,也经常要通过装配图来了解产品或部件的工作原理及构造。

通过一张装配图可以了解装配体的工作原理和使用性能,弄清零件间的装配关系、连接方式和各零件的主要结构、作用及拆装顺序等。装配图的零、部件编号与明细栏如图 3-26 所示。

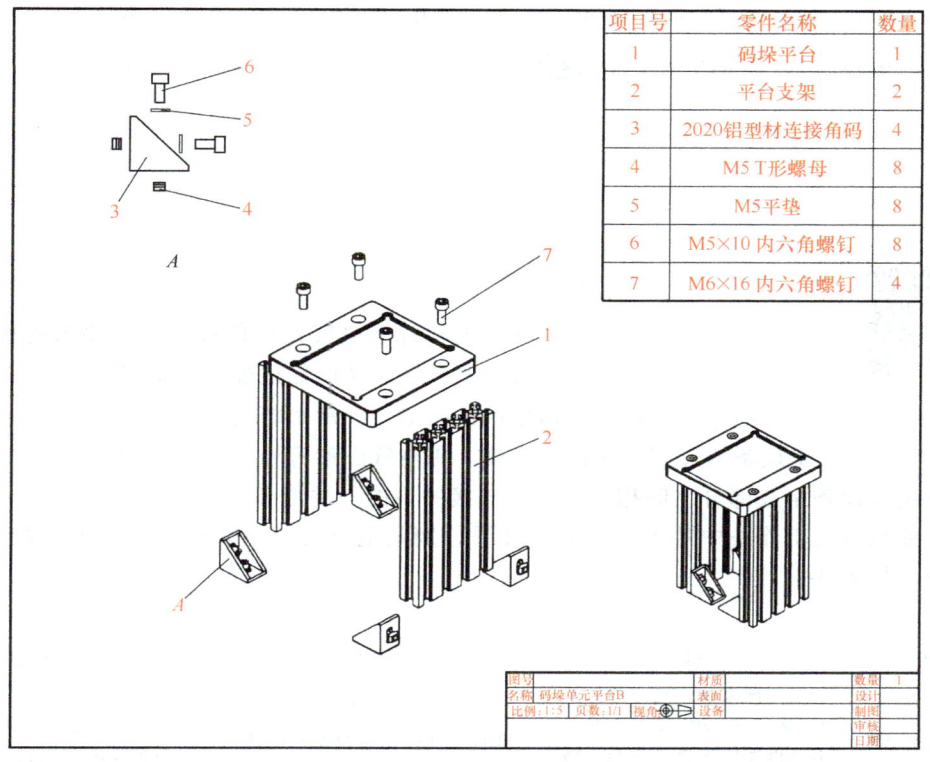

图 3-26　码垛平台装配图

6. 装配图中零、部件序号及其编排方法（GB/T 4458.2—2003）

（1）一般规定

① 装配图中所有的零、部件都有各自序号。

② 装配图中一个部件可以只有一个序号；同一装配图中相同的零、部件只编写一次。

③ 装配图中零、部件序号，要与明细栏中的序号一致。

（2）明细栏　如图 3-27 所示，明细栏中共有零件 7 种，通过明细栏还可以了解到每一种零件的名称、数量和材料、标准件的规格等，并大致了解装配体的复杂程度。

项目号	零件名称	数量
1	码垛平台	1
2	平台支架	2
3	2020 铝型材连接角码	4
4	M5 T 形螺母	8
5	M5 平垫	8
6	M5×10 内六角螺钉	8
7	M6×16 内六角螺钉	4

图 3-27　码垛平台装配图明细栏

(3)标题栏　在标题栏中将标注装配图图号、装配体名称、比例、日期等相关信息,有的还会标注一般公差,如图3-28所示。

图号			材质		数量	1
名称	码垛单元平台B		表面		设计	
比例:1:5	页数:1/1	视角:	设备		制图	
					审核	
					日期	

图3-28　码垛平台装配图标题栏

3.2.2　电气识图基础

1. 电气图的定义

电气识图基础

电气控制系统是由电动机和若干电气元器件按照一定要求连接组成的,用于实现对某个或某些对象的控制,从而保证被控设备安全、可靠地运行。

电气图是用于表达生产机械电气控制系统的组成及工作原理,同时也便于设备的安装、调试和维修,用电气图形符号、带注释的围框或简化外形表示电气系统或设备组成部分之间相互关系及连接关系的一种图形。

在工业机器人工作站中常用的三种电气图分别是电器元件布置图、电气安装接线图、电气原理图,见表3-4。

表3-4　电气图样的分类及其作用

电气图样		概念	作用	图中内容
电气控制系统图	电气原理图	是用国家统一规定的图形符号、文字符号和线条连接来表明各个电器的连接关系和电路工作原理的示意图	是分析电气控制原理、绘制和识读电气控制接线图和电气元件布置图的主要依据	设备电气工作原理及各电器元件的作用、相互之间的关系
	电器元件布置图	是根据电器元件在控制板上的实际安装位置,采用简化的外形符号(如方形等)绘制的一种简图	表明电气设备上所有电器的实际位置	项目代号、端子号、导线号、导线类型、导线截面等
	电气安装接线图	电气设备和电器元件的位置、配线方式和接线方式	是安装接线、线路检查和线路维修的主要依据	电气线路中所含元器件及其排列位置,各元器件之间的接线关系

2. 识图的基本方法和步骤

(1)基本方法　结合电工基础知识识图:要想准确、迅速地看懂电气图,必须具备一定的电工基础知识。

结合电器元件的结构和工作原理识图:应了解这些元器件的性能、结构、工作原理、相互控制关系及在整个电路中的地位和作用。

例如,配电电路中的负荷开关、低压断路器、熔断器、互感器及仪表。电力拖动电路中常用的各种继电器、接触器和各种控制开关等。电子电路中常用的各种二极管、晶体管、晶闸管、电容器、电感器及各种集成电路等。

结合典型电路识图:典型电路就是常见的基本电路。

结合有关图样说明识图:有助于了解电路的大体情况,便于抓住看图的重点。

结合电气图的制图要求识图:规则和要求是为了加强图样的规范性、通用性和示意性提出的。

电气图样应该符合相应的国家标准,电气简图用图形符号标准:GB/T 4728.1~GB/T 4728.13;电气技术用文件的编制标准:GB/T 6988.1~GB/T 6988.5。

(2) 基本步骤

① 看图样说明:图样说明包括图样目录、技术说明、元器件明细栏和施工说明等。

② 看主标题栏:了解电气图的名称及标题栏中有关内容。

③ 看电气原理图:先要分清主电路和控制电路、交流电路和直流电路,其次按照先看主电路,再看控制电路的顺序读图。

④ 看电气安装接线图:电气安装接线图是以电气原理图为依据绘制的,因此要对照电气原理图看电气安装接线图。电气安装接线图中的线号是电器元件间导线连接的标记,线号相同的导线原则上都可以接在一起。

⑤ 看电器元件布置图:看电器元件布置图有利于了解设备的空间位置分布,有时可结合剖面图进行分析,这对安装接线的整体规划和具体安装是十分必要的。

3. 常见低压用电器

(1) 低压断路器　低压断路器又称为空气开关或自动开关,如图 3-29 所示。

功能:是一种既有手动开关作用又能自动进行欠电压、失电压、过载和短路保护的电器。

特点:不频繁通断。

断路器文字符号:QF。

(2) 熔断器　熔断器作为金属导体串联在电路中,当电流超过规定值时,以电流热效应产生的热量使其熔体熔断,从而断开电路,达到保护电路的效果,如图 3-30 所示。

功能:短路和严重过电流保护。

特点:熔断器构造简单、使用便捷、反应速度快。

熔断器文字符号:FU。

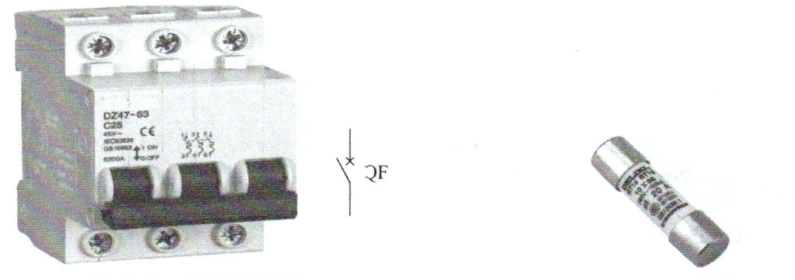

图 3-29　低压断路器　　　　　　　　图 3-30　熔断器

(3) 热继电器　热继电器是利用电流的热效应原理及金属元件的热膨胀原理制成的一种保护电器,如图 3-31 所示。

功能:常作为电动机的过载保护元件。

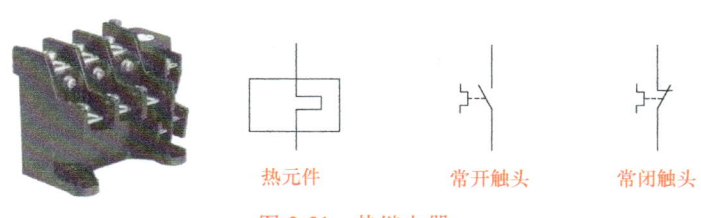

图 3-31　热继电器

注意：热继电器中发热元件有热惯性，在电路中不能做瞬时过载保护，更不能做短路保护。

热继电器文字符号：FR。

（4）接触器　接触器是一种用于中远距离频繁地接通与断开交、直流主电路及大容量控制电路的一种自动开关电器，如图 3-32 所示。

接触器文字符号：KM。

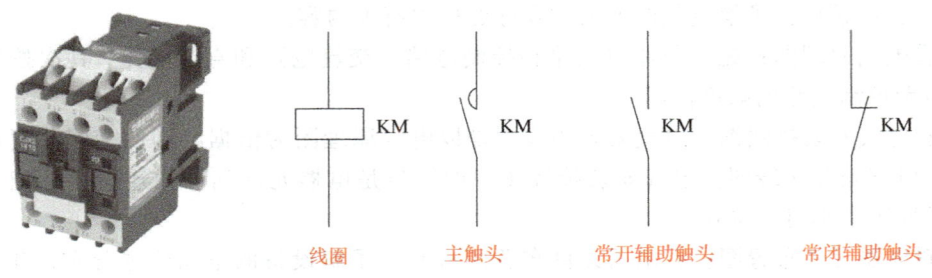

图 3-32　接触器

接触器主要由电磁机构和触头系统组成。当电磁机构得电时，触头系统动作；当电磁机构失电时，触头系统复位。

功能：主要对电动机进行通、断电控制。接触器线圈接在控制电路上；接触器触头系统由主触头和辅助触头两部分组成；主触头用于通断主电路；辅助触头分为常开辅助触头和常闭辅助触头，用于控制电路中。

特点：容量大，过载能力强，寿命长，简单经济。

（5）中间继电器　中间继电器的结构和原理与交流接触器基本相同，与接触器的主要区别在于：接触器的主触头可以通过大电流，而中间继电器一般是没有主触头的，全部都是辅助触头，只能通过小电流，只能用于控制电路中，如图 3-33 所示。

文字符号：KA。

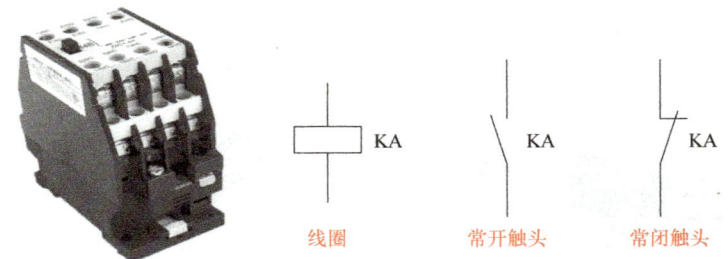

图 3-33　中间继电器

（6）按钮　按钮是一种简单的开关，用于控制机器或过程的某些方面，常用来接通或断开控制电路，从而达到控制电动机或其他电气设备运行目的的一种开关，如图 3-34 所示。

图 3-34　按钮

在实际应用中,通常根据所需要的触头数量、使用场合及颜色来选择按钮。"停止"和"急停"按钮必须是红色。"启动"按钮多采用绿色。"点动"按钮多采用黑色。

按钮文字符号:SB。

4. 电气原理图

电气原理图主要是用来表明设备电路的工作原理及各电器元件的作用、相互之间的关系的一种图形,可分为主电路、控制电路和辅助电路,由连接线、图形符号和文字符号构成,如图3-35所示。

(1)识读顺序及方法　先读电气原理图的说明书,再读电气原理图。

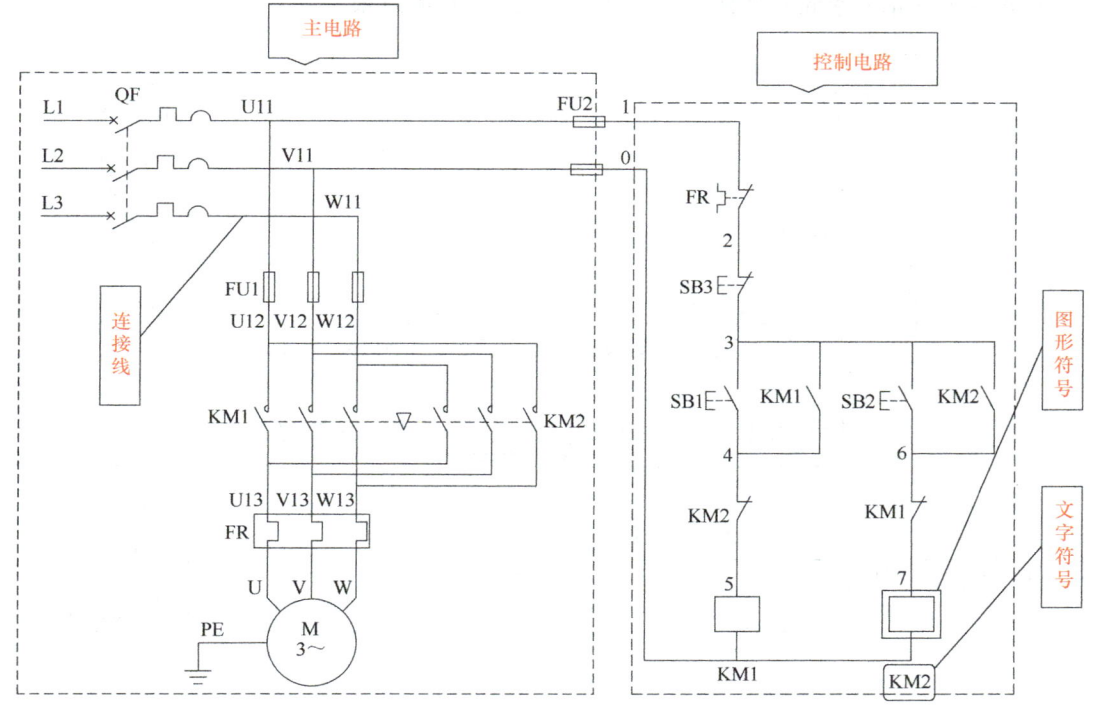

图 3-35　电机正反转控制电气原理图

① 读电气原理图时先读主电路,再读控制电路,最后读信号电路和照明电路。

② 读图中的每部分时,按自上而下、从左至右的顺序依次识读。

(2)识读内容

① 电气原理图的组成。

② 图中所含各低压电器及其作用。

③ 各电器之间的联动关系。

④ 电气原理图的理论工作过程。

在图3-35中,合上低压断路器QF,为电路供电。当按下按钮SB1,继电器KM1线圈得电,KM1主触头闭合,电动机M正转;KM1常开辅助触头闭合,实现自锁;KM1常闭辅助触头断开,此时按下SB2,继电器KM2线圈无法得电,实现正反转互锁。

按下停止按钮SB3,控制电路供电断开,所有继电器复位。此时再按下按钮SB2,继电器KM2线圈得电,KM2主触头闭合,电动机M反转;KM2常开辅助触头闭合,实现自锁;KM2常闭辅助触头断开,此时按下SB1,继电器KM1线圈无法得电,实现正反转互锁。

当电路出现问题，电流过大时，热继电器 FR 动作，常闭触头断开，控制电路供电断开，所有继电器复位，电动机停转；待一段时间后，热继电器热量散去，其常闭触头复位，方能再次启动电路。

5. 电气安装接线图

电气安装接线图只用来表示电气设备和电器元件的位置、配线方式和接线方式，而不明显表示电气动作原理。主要用于安装接线、线路的检查维修和故障处理的指导。

电气安装接线图主要提供以下信息：

1）单元或组件元器件之间的物理连接（内部）。

2）组件不同单元之间的物理连接（外部），如图 3-36 所示。

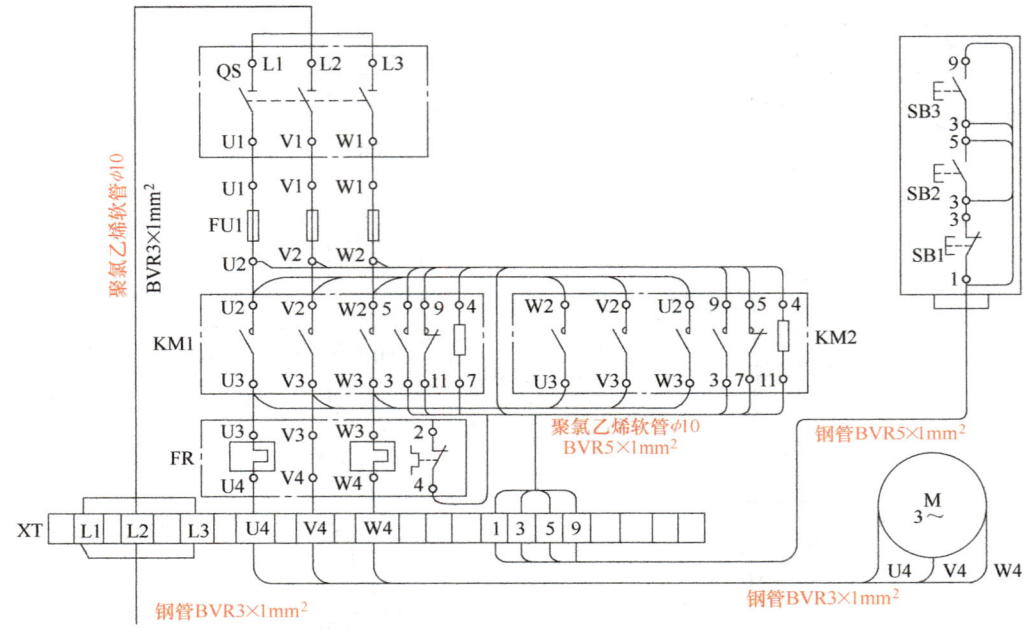

图 3-36　正反转控制电气安装接线图

3）到一个单元的物理连接（外部）端子接线图，如图 3-37 所示。

电路接线图的识读方法如下。

（1）识读顺序及方法

① 先熟悉电气原理图和布线规律，再识读电气安装接线图。

② 识读电气安装接线图时，先读主电路，后读控制电路和其他电路。

③ 识读主电路时，根据电流方向从电源引入处开始，从上至下依次进行。识读控制电路或其他电路时，根据假定电流方向从某一相电源出发，从上至下，从左至右，按照线号经有关元器件回到另一相电源。

（2）识读内容

① 图中所含元器件及其型号、规格、数量、布线方式。

② 各种导线的型号、规格、数量。

③ 被安装电器的进线来源、出线的去向及导线编号原理图的组成。

在工业机器人控制柜 DSQC 652 板卡 X12~X15 端子共有 32 个输出端口与工作站外围设备

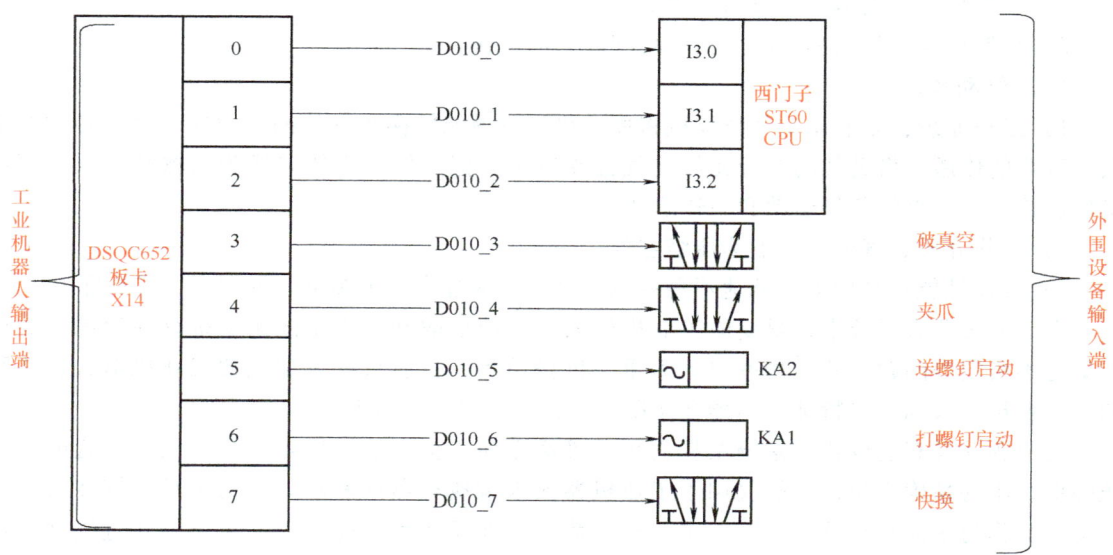

图 3-37 工业机器人数字量输出信号接线图

相连。在图 3-37 中，ABB IRB 120 机器人控制柜上的 DSQC652 板卡 X14 板卡有 8 个输出端口，前 3 个端口 0~2 与西门子 CPU 相连，剩余的端口主要与快换工具的电磁阀输入端相连接。

6. 电器元件布置图

电器元件布置图主要是用来表明电气设备上所有电器的实际位置，为生产机械电气控制设备的制造、安装、维修提供依据，如图 3-38 所示。

电器元件布置安装要求和注意事项如下：

1）按国标规定，电气柜内的电器元件必须位于离地面 0.4~2m 之间。

2）电气柜内按照用户要求制作的电气装置，最少要留出 10% 的备用面积，以供装置改进或局部修改。

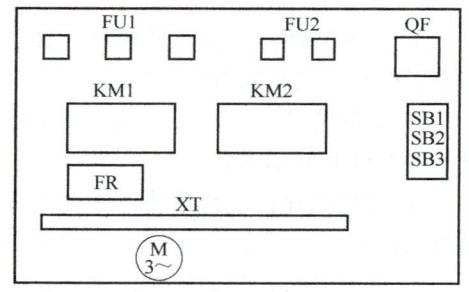

图 3-38 正反转控制电路元件布置图

3）电气柜的门上除了人工控制开关、信号和测量部件外，不能安装任何元器件。

4）电源开关最好安装在电气柜内右上方，其操作手柄应装在电气柜前面或侧面。电源开关上方最好不安装其他电器。

5）发热元件安装在电气柜内的上方，并注意将发热元件和感温元件隔开，以防误动作。

6）应尽量将外形与结构尺寸相同或相近的电气元器件安装在一起，既便于安装和布线处理，又可使电气柜内的布置整齐美观。

3.2.3 液压与气动识图基础

1. 液压与气动的原理

（1）液压系统

1）工作原理：是利用液压泵将原动机的机械能转换为液体的压力能，经过各种控制阀和管路的传递，借助液压执行元件（液压缸或马达）把液体压力能转换为机械能，从而驱动工作机构，实现直线往复运动和回转运动。

液压气动识图基础

2）工作介质：液体，一般为矿物油。
3）控制性能：易漏油、噪声大、功率高、响应快。
（2）气动系统
1）工作原理：是利用空气压缩机将原动机的机械能转换为气体的压力能，经过各种控制阀和管路的传递，借助气动执行元件（气缸或马达）把气体压力能转换为机械能，从而驱动工作机构，实现直线往复运动和回转运动。
2）工作介质：气体，一般为压缩空气。
3）控制性能：精度低、低速不易控制、气体压缩性大、无黏度、低刚度、成本低。

在工业机器人系统中，早期的工业机器人采用液压驱动。由于液压系统存在泄漏、噪声和低速不稳定等问题，并且功率单元笨重、价格昂贵，目前只有大型重载工业机器人、并联加工工业机器人和一些特殊应用场合使用液压驱动的工业机器人。

气压驱动具有速度快、系统结构简单、维修方便、价格低等优点。但是气压装置的工作压强低，不易精确定位，一般仅用于工业机器人末端执行器的驱动。气动手爪、旋转气缸和气动吸盘作为末端执行器，可用于中、小负荷的工件抓取和装配。接下来主要通过气动图样展开学习。

2. 气动图样的识读

气动图样是使用压缩空气将机械零件连接起来的一种图样。它通常用于自动化控制和气动系统中，实现各种机械操作。

1）要识读气动图样需要了解以下几点。

① 气动元件：气动元件包括气缸、电磁阀、气阀及气管等。它们的功能和用途各不相同，需要了解它们的作用和使用方法。

② 图形符号：气动图样通常使用特定的图形符号来表示元件和连接方式。需要了解这些符号的含义和表示方法。

③ 系统流程：气动系统通常由许多元件连接而成，形成一个完整的流程。需要了解整个系统的流程，包括空气的来源、压缩过程及控制方式等。

④ 控制电路：气动系统通常需要与控制电路配合使用，因而需要了解控制电路的原理和连接方式，以实现自动化控制。

2）在识读气动图样时，需要注意以下几点。

① 仔细检查图样：气动图样通常比较复杂，需要仔细检查，确保理解正确。

② 了解应用场景：气动系统应用的场景各不相同，需要了解特定场景下的气动系统和元件。

③ 学习新知识：气动系统是机械领域的一个分支，需要不断学习新知识，以适应不断变化的技术需求。

总之，识读气动图样需要一定的专业知识和经验。如果不熟悉气动系统或元件，建议先学习相关知识，以便更好地理解气动图样。

3. 气动基础知识

（1）气源装置　用于获得压缩空气的装置。其主体部分是空气压缩机（简称"空压机"），它将原动机供给的机械能转换为气体的压力能，其工作流程如图3-39所示。

按空压机输出压力大小的不同，空气压缩机可分为低压空压机（0.2~1.0MPa）、中压空压机（1.0~10MPa）、高压空压机（10~100MPa）和超高压空压机（>100MPa）。

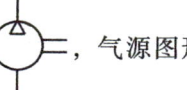

图 3-39 空气压缩机工作流程

空气压缩机图形符号: ，气源图形符号: 。

（2）压力的概念

1）绝对压力：相对于绝对真空的压力值。

2）表压力：相对于大气压的压力，比大气压高。

3）真空度：相对于大气压的压力，比大气压低。

4）标准大气压：温度为 0℃，纬度为 45°，海平面的大气压，现在已规定为 1.01325×10^5 Pa。

压力的单位有基本单位 Pa（N/m^2），常用单位 MPa、Bar，工程单位 kgf/cm^2，英制单位 psi（bf/in^2）。

在工业机器人的正常使用中，通常会将气路压力调整到 0.4~0.6MPa。如图 3-40 所示，压力表中的压力值约等于 0.75MPa。

（3）辅助元件 是保证压缩空气的净化、元件的润滑、元件间的连接及消声等必需的，它包括减压阀、过滤器、油雾器、接头及消声器等。

减压阀的作用是将较高的输入压力调到规定的输出压力，并能保持输出压力稳定，不受空气流量变化及气源压力波动的影响。

图 3-40 压力表

过滤器的作用是当压缩空气从入口进入到过滤器内部后，在离心力作用下，压缩空气中混有的大颗粒固体杂质和液态水滴等被甩到滤杯的内表面上，在重力作用下沿壁面沉降至底部，清洁的空气便从出口输出。

油雾器在使用中一定要垂直安装，它可以单独使用，也可以和过滤器、减压阀联合使用，组成气源处理装置（通常称之为气动三联件），使之具有过滤、减压和油雾润滑的功能。

联合使用时，其连接顺序应为过滤器—减压阀—油雾器，不能颠倒，安装时，气源处理装置应尽量靠近气动设备附近，距离不应大于 5m。气源处理装置的外形及图形符号如图 3-41 所示。

（4）执行元件 是将气体的压力能转换成机械能的一种能量转换装置，包括气缸、气马达和摆动马达。可以实现往复直线运动和往复摆动运动的气动执行元件称为气缸，可以实现连续旋转运动的气动执行元件称为气马达。

单作用气缸在缸盖一端气口输入玉缩空气，使活塞杆伸出（或缩回），而另一端靠弹簧、自重或其他外力等使活塞杆恢复到初始位置。它主要用在夹紧、退料、阻挡、压入、举起和进给等操作上。

双作用气缸在缸盖两端气口输入压缩空气，使活塞杆伸出和缩回，实现双向控制。

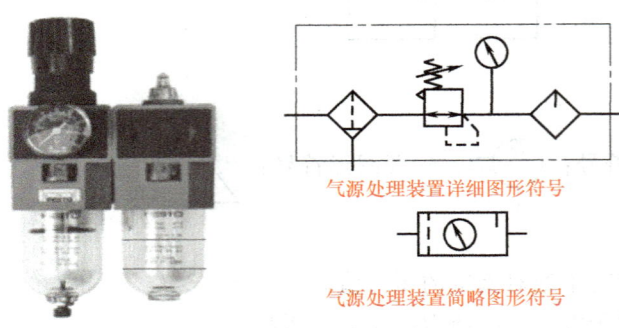

图 3-41 气源处理装置

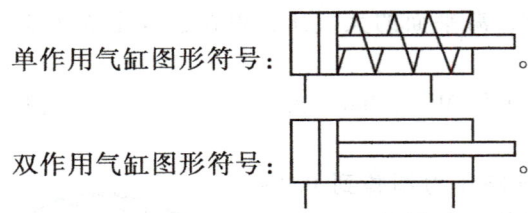

单作用气缸图形符号：　　　　　　　。

双作用气缸图形符号：　　　　　　　。

（5）控制元件　用来控制压缩空气的压力、流量和流动方向，以便使执行机构完成预定的工作循环。它包括各种压力控制阀、流量控制阀和方向控制阀等。

控制和调节压缩空气压力的元件称为压力控制阀。

控制和调节压缩空气流量的元件称为流量控制阀。

改变和控制气流流动方向的元件称为方向控制阀。

1）电磁阀——用来控制流体的运动方向，是自动化基础元件，在工厂的液压、气动机械装置中普遍使用。工业机器人工作站中主要使用二位五通电磁阀，二位是两个位置可控：开-关。阀的切换通口包括入口、出口和排气口。按切换通口数目分，有二通阀、三通阀、四通阀、五通阀及五通以上的阀。

二位五通电磁阀具有一个进气孔（接进气气源）、一个正动作出气孔和一个反动作出气孔（分别提供给目标设备一正一反动作的气源）、一个正动作排气孔和一个反动作排气孔（安装消声器）。

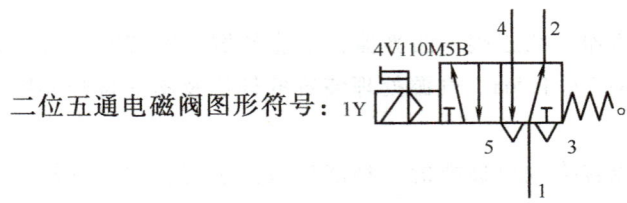

二位五通电磁阀图形符号：

2）节流阀——节流阀是通过改变节流截面或节流长度以控制流体流量的阀门。将节流阀和单向阀并联可组合成单向节流阀。

节流阀图形符号：　　　　　　　。

3）真空发生器——真空发生器是利用正压气源产生负压的一种新型、高效、清洁、经济、小型的真空元器件。

真空发生器广泛应用在工业自动化中机械、电子、包装、印刷、塑料及工业机器人等领域。真空发生器的传统用途是和真空吸盘配合,进行各种物料的吸附、搬运,尤其适合于吸附易碎、柔软、薄的非金属材料或球形物体。

真空发生器图形符号：

4. 气动系统识图

如图 3-42 所示,气动系统原理图由控制电路、气动回路、元件列表三部分组成。

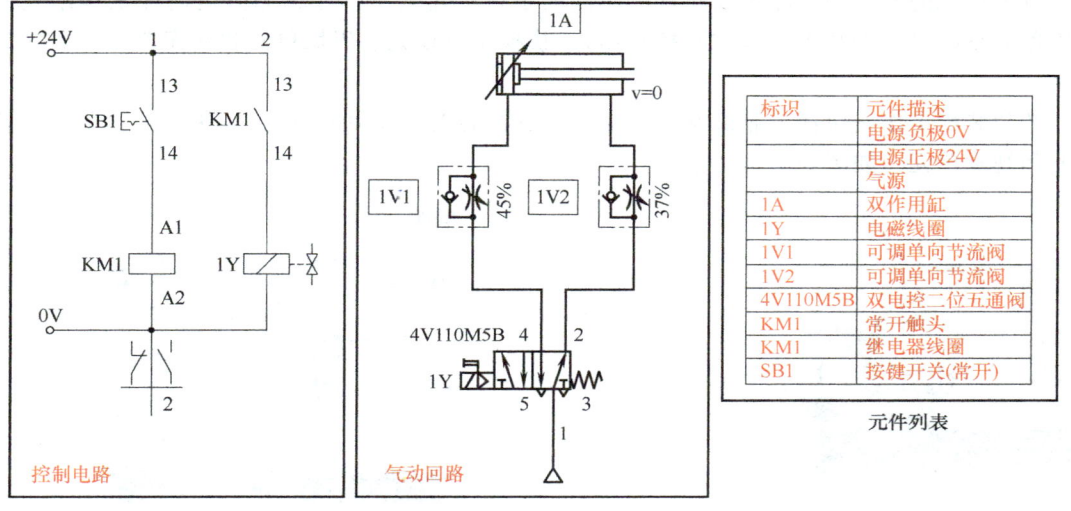

图 3-42　气动系统原理图

按下按钮 SB1,线圈 KM1 得电,常开触头 KM1 闭合,电磁阀 1Y 得电。压缩气体从 4 号通道流出,经过 1V1 节流阀后推动气缸 1A 推出。

当松开 SB1 按钮时,线圈 KM1 失电,常开触头 KM1 断开,电磁阀 1Y 失电。压缩气体从 2 号通道流出,经过 1V2 节流阀后推动气缸 1A 缩回。

在工业机器人的安装过程中,需要对本体快换装置进行气路连接,如图 3-43 所示。

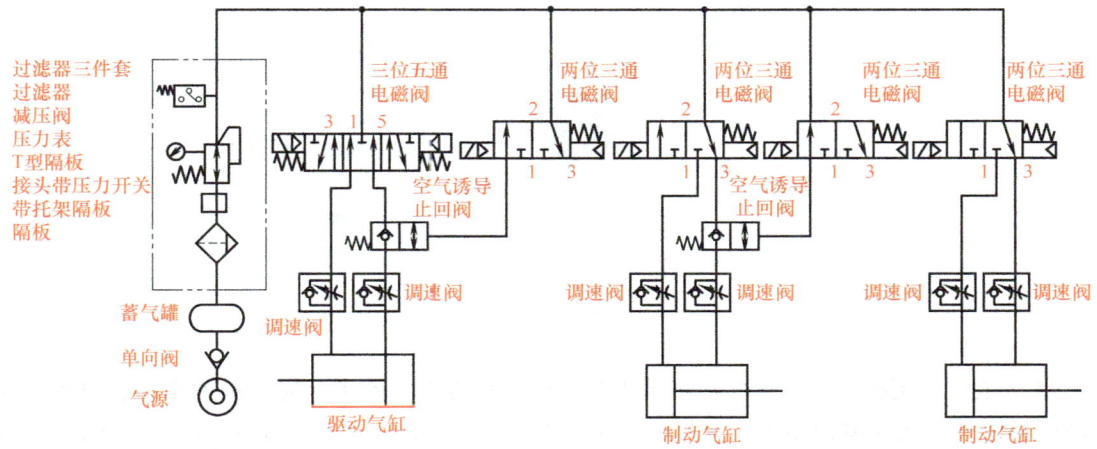

图 3-43　快换装置气动系统原理图

3.2.4 工作站图样识读基础

1. 工作站介绍

工作站图样识读基础

工业机器人工作站是指以一台或多台工业机器人为主,配以相应的周边设备,如变位机、输送机、工装夹具等,或借助人工辅助操作完成相对独立的一种作业或工序的一组设备。

以华航唯实 CHL-KH01 工作站举例,该工作站包括工业机器人单元、涂胶单元、码垛单元、装配单元、视觉单元、仓库单元、气电快换单元、快换工具单元、桌面平台单元(PLC 控制单元、人机交互单元)。

以上单元的不同组合即可以配置出不同的工业机器人工作站,如搬运码垛工作站包括工业机器人系统(工业机器人本体和控制器)、快换工具单元、码垛单元和仓库单元,如图 3-44 所示。

芯片装配工作站包括工业机器人系统(工业机器人本体和控制器)、快换工具单元、装配单元和视觉单元,如图 3-45 所示。

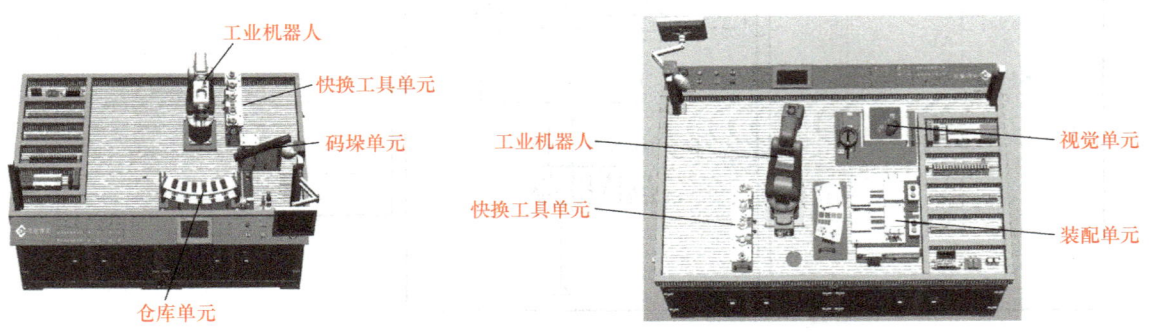

图 3-44 搬运码垛工作站　　图 3-45 芯片装配工作站

涂胶工艺工作站包括工业机器人系统(工业机器人本体和控制器)、快换工具单元和涂胶单元,如图 3-46 所示。

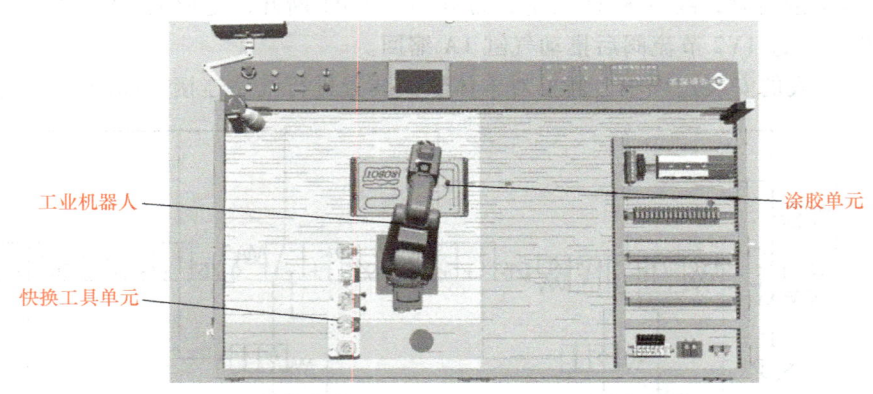

图 3-46 涂胶工艺工作站

2. 工作站图样识读

(1)工作站图样　在搭建工业机器人工作站的过程中,除了上述的机械图样、电气图样、气动图样之外,还需要使用到工业机器人工作站机械布局图(见图 3-47)。由于工业机器人本身活动范围的限制,在识读工作站机械布局图时须灵活应对,防止在完成安装后,工业机器

项目3 工业机器人的安装

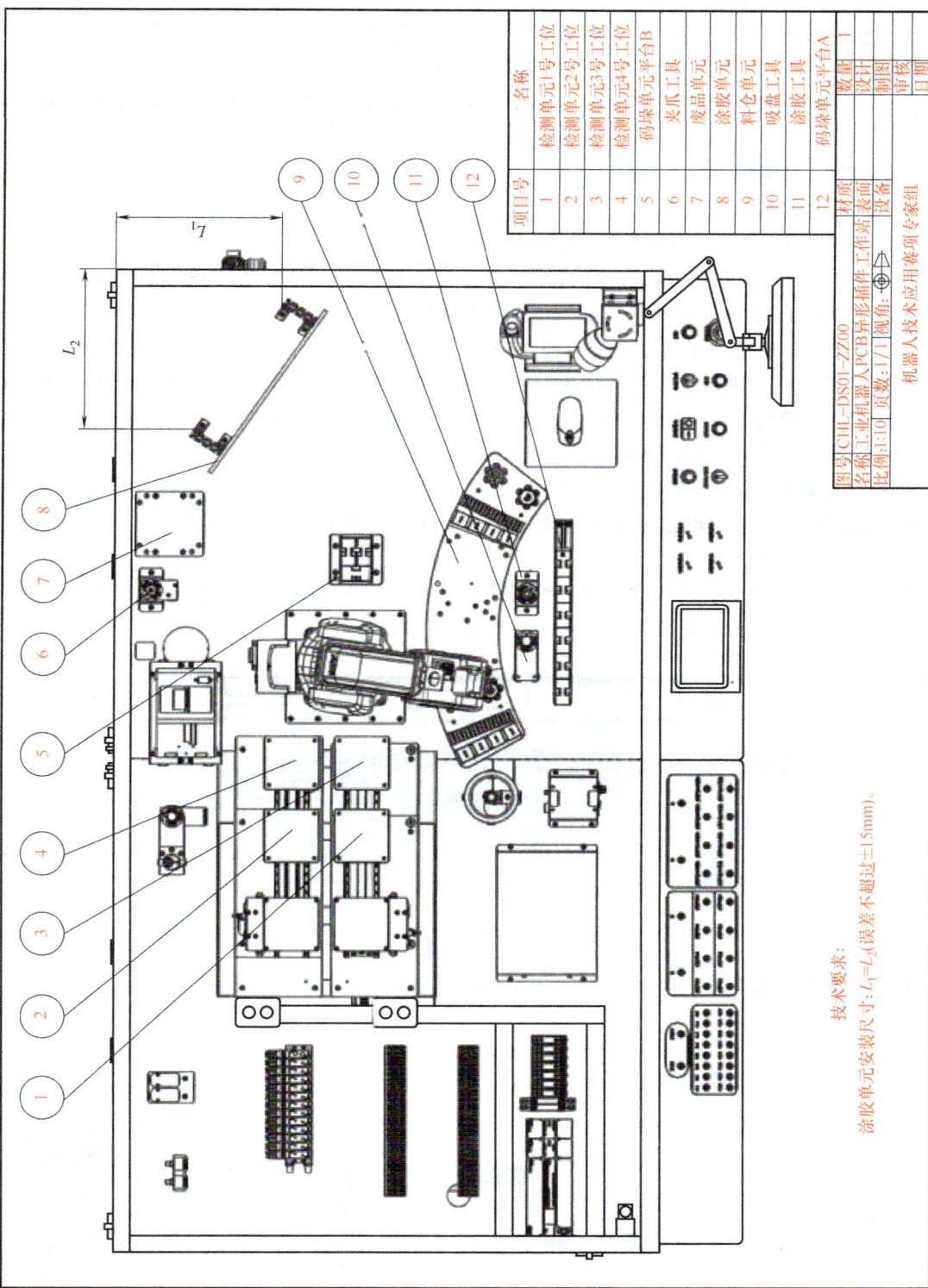

图 3-47 工作站机械布局图

人在运动过程中发生碰撞，或出现无法到达任务指定位置的情况。此时，就需要工程师对整个工作站具有详细的了解。

（2）识图步骤　看标题栏，了解设备的名称、绘图比例、图样张数及绘图日期等内容。

看明细栏，概括了解设备中各单元的名称和数量。

看设备的设计配置表及技术要求，概括了解设备在设计、制造、检验等方面的其他技术要求。

看原理图：识别图中每个图样对应的单元，以及摆放的方向，不同的摆放方向所需的程序不同，完成的工艺路径也不同。

（3）识图实例　接下来将对图 3-47 进行识图。

① 首先，观察标题栏，确认图样日期，通过日期确认是否是最新图样版本。识读图样名称"工业机器人 PCB 异形插件工作站"，了解工作站的主要功能，当安装过程中发现不合理之处时，须及时与标题栏中的设计师沟通协调。

② 观察明细栏，确认需要安装的单元数目及单元内容，并在图样中找到每个单元的相对位置。检查材料情况，一一比对材料及其数目。如有缺失，须及时联系仓管进行补足。需注意的是，标题栏项目号的顺序并不代表安装顺序。

③ 观察设备配置表和技术要求，图中要求涂胶单元安装尺寸：$L_1 = L_2$，且误差不超过 ±15mm，通过技术要求可确定涂胶单元须第一个安装，并根据涂胶单元的位置合理安排其余单元的有效摆放位置。

④ 在每个单元的安装过程中，须仔细确认单元的对应摆放方向。如图 3-48 所示，码垛单元平台 A 的摆放方向是左侧，是平台底，右侧是平台顶。

图 3-48　工作站台面布局要求

除了需要安装的单元，台面其他单元同样需要识别，见表 3-5。

表 3-5　工作站相关单元

名字	实物	符号
视觉单元	环形光源、鼠标、工业相机、CCD控制器、光源控制器、模块底板	

（续）

名字	实物	符号
西门子 PLC		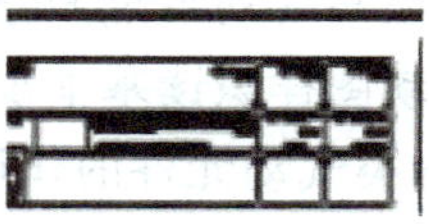
电磁阀	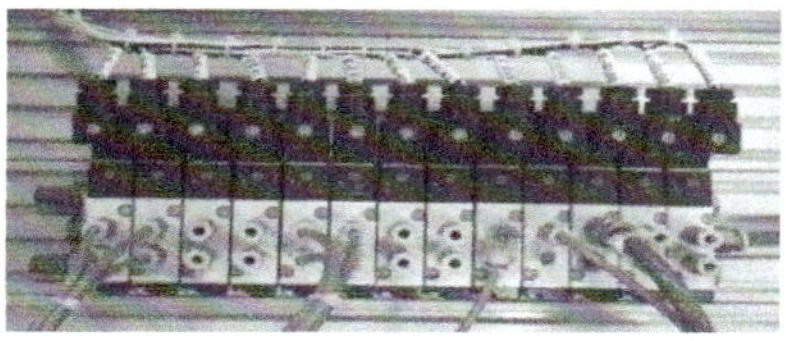	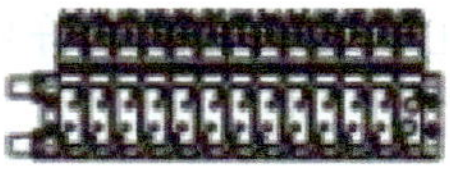
真空表		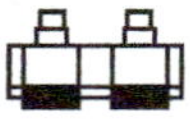
真空发生器		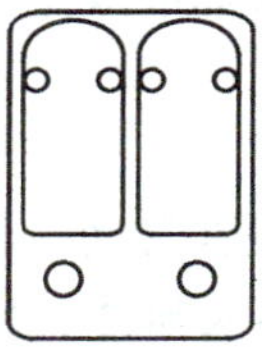
螺钉机		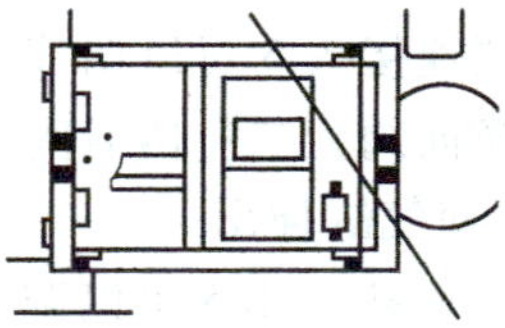
触控屏		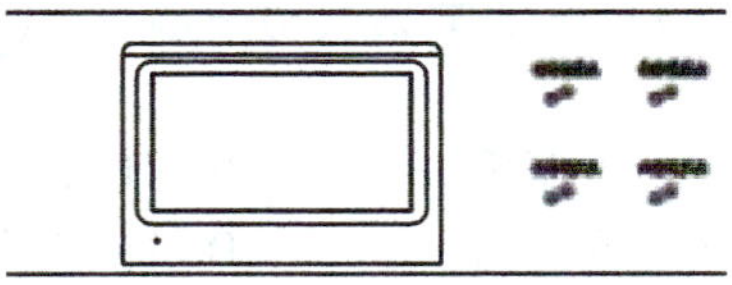

知识回顾

【知识点总结】

1. 机械图样：零件图和装配图的概念。
2. 机械图样的识读。
3. 机械图样中尺寸及相关符号的识别。
4. 装配图的识读与分析。
5. 电气图样：各类图样的概念及作用。

6. 电气图样识读的基本步骤。
7. 不同电气图样的侧重点及关联。
8. 液压与气动系统的原理及概念。
9. 气动图样识读基本步骤。
10. 各类气动元件的作用及图形符号。
11. 工业机器人工作站类型。
12. 工作站机械布局图识读步骤。
13. 工作站单元图形符号。

【思考与练习】

1+X 初级真题

1. 单选题

（1）主视图、俯视图、仰视图及后视图的（　　）。
A. 长对正　　　B. 高平齐　　　C. 宽相等　　　D. 以上都不对

（2）国家标准规定采用（　　）来表达机件的内部结构形状。
A. 视图　　　　B. 剖视图　　　C. 断面图　　　D. 局部放大图

（3）国家标准规定了各种尺寸的标注方法，直径尺寸的标注必须在尺寸数字前加注直径符号（　　）。
A. D　　　　　B. d　　　　　C. φ　　　　　D. L

（4）能根据气动、液压原理图正确安装气动、液压零部件是工业机器人辅件安装的重要技能。图 3-49 为某气动换向回路原理图，下列说法正确的是（　　）。

A. 气缸 6 为双作用气缸
B. 调速接头 5 可以调节气缸伸出的速度
C. 换向阀为二位四通阀，当至左位时可连通气缸的无杆缸，从而使气缸伸出
D. 调速接头 4/5 可以调节气缸伸出的压力值

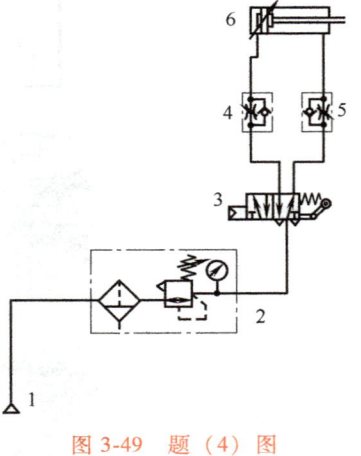

图 3-49　题（4）图

（5）图示常见气动图形符号　　是（　　）。

A. 压缩机　　　B. 气马达
C. 单向阀　　　D. 冷却器

（6）下列关于电气线路识图说法不正确的是（　　）。
A. 电气原理图是详细表示电路、设备或成套装置的全部接线组成和连接关系的简图
B. 电气原理图不涉及电器元件的结构尺寸、材料选用数据
C. 各电器元件的触头位置都按已经受外力作用时的常态位置画出
D. 电路各点标记、数字与图形符号组合，数字在后

（7）下列关于电气线路识图说法不正确的是（　　）。
A. 电气原理图不涉及安装位置和实际配线方法
B. 电气原理图一般分为电源电路、主电路和辅助电路 3 部分
C. 主电路原理图是指受电的动力装置及控制、保护电路支路

D. 电气安装接线图主要用于安装接线、线路检查和故障处理

（8）中间继电器的符号是（　　）。

A. KA　　　　　B. KM　　　　　C. FU　　　　　D. FR

（9）电气图是用电气符号、带注释的围框或简化外形表示电气系统或设备中组成部分之间相互关系及连接关系的图。在电气图样中，能够表达各元器件图形、实际形状、实际安装位置及实际连接关系的是（　　）。

A.

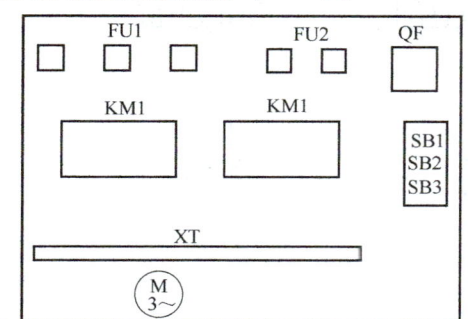

B.

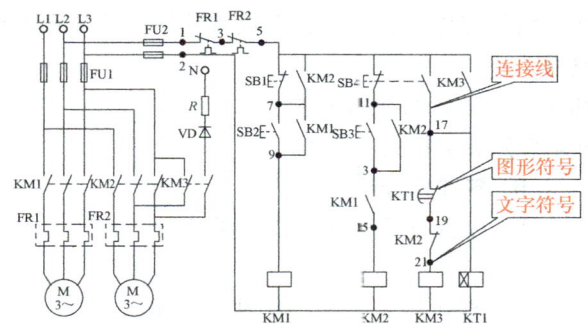

C.

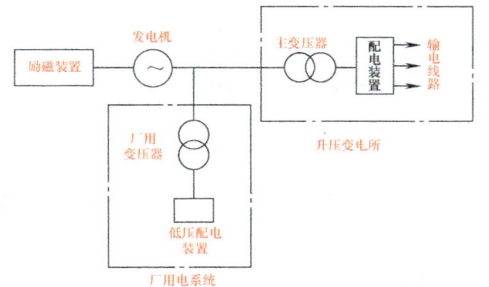

D.

(10) 下列关于电气符号正确的是（　　）。
A. 图形符号　　　B. 文字符号　　　C. 项目代号　　　D. 以上都是

(11) 半径的符号是（　　）。
A. φ　　　　　　B. R　　　　　　C. M　　　　　　D. C

(12) 下列符号表示二位五通换向阀的是（　　）。
A.　　　　　　　B.　　　　　　　C.　　　　　　　D.

(13) （　　）表示节流阀符号。
A.　　　　　　　B.　　　　　　　C.　　　　　　　D.

(14) 以下选项中表示普通按钮的是（　　）。
A.　　　　　　　B.　　　　　　　C.　　　　　　　D.

(15) 以下关于工业机器人驱动装置中气动驱动控制性能的描述，错误的是（　　）。
A. 阻尼效果好　　B. 精度低　　　C. 低速不易控制　　D. 气体压缩性大

答案：(1) A　(2) B　(3) C　(4) A　(5) A　(6) C　(7) C　(8) A　(9) B　(10) D　(11) B　(12) C　(13) D　(14) D　(15) A

2. 多选题

(1) 电气制图与识图首先应了解和熟悉图形符号的（　　），这是看懂电路图的基础。
A. 形式　　　　　B. 内容　　　　　C. 含义　　　　　D. 之间的关系

(2) 阅读工作站图样应达到（　　）。
A. 了解各零部件的材料、结构形状、尺寸及零部件间的装配关系，装拆顺序
B. 根据设备中各零部件的主要形状、结构和作用，了解整个设备的结构特征和工作原理
C. 了解设备上气动元件的原理和数量
D. 了解设备在设计、制造、检验和安装等方面的技术要求

(3) 阅读工作站机械图样的方法中详细分析包括（　　）。
A. 视图分析　　　　　　　　　B. 零部件分析
C. 分析工作原理　　　　　　　D. 分析技术特性和技术要求

(4) （　　）属于视觉检测单元。
A. 触摸屏　　　　B. 视觉控制器　　C. 光源　　　　　D. 相机和镜头

(5) 电气原理图包括（　　）。
A. 连接线　　　　B. 图形符号　　　C. 文字符号　　　D. 实物照片

答案：(1) ABCD　(2) ABCD　(3) ABCD　(4) BCD　(5) ABC

3. 填空题

(1) 视图包括＿＿＿、＿＿＿、＿＿＿及＿＿＿等。

(2) 主、俯、仰、后视图＿＿＿对正；主、左、右、后视图＿＿＿平齐；左、俯、右、仰视图＿＿＿相等。

(3) 在装配图中，每种零件或部件只编＿＿＿个序号。

（4）液压传动是以_____为工作介质，利用液体的_____来实现运动和动力传递的一种传动方式。

（5）气压传动系统一般由_____、_____、_____和_____组成。

答案：（1）基本视图、向视图、剖视图、断面图

（2）长、高、宽

（3）一

（4）液体、压力能

（5）气源装置、控制元件、执行元件、辅件元件

4. 判断题

（1）气压传动与机械、电气传动相配合时，不易实现较复杂的自动工作循环。（　　）

（2）气压传动系统适宜在传动比要求严格的场合采用。（　　）

（3）节流阀是辅助元件。（　　）

（4）图样是表示信息的一种技术文件，必须有一定的格式和共同遵守的规定。（　　）

（5）看工作站电气图样展开图时，一般先看各展开回路名称，然后从上到下、从左到右识读。（　　）

（6）看有关电气图的步骤是：从标题栏、技术说明到图形、元器件明细栏，从总体到局部，从电源到负载，从辅助电路到主电路，从电源到元器件，从上到下，从左到右。（　　）

（7）电器元件布置图能够帮助技术人员了解每个端口的接线路径。（　　）

（8）电器元件布置图主要用来表明电气设备上所有电动机及电器的实际位置。（　　）

（9）工业机器人工作站图样并非特指工作站机械图样。（　　）

答案：（1）×　（2）×　（3）×　（4）√　（5）√　（6）×　（7）×　（8）√　（9）√

5. 简答题

阅读电气原理图中的控制电路时应当注意什么问题？

任务 3.3　工业机器人工作站的现场安装

任务描述

前两天小明认真地认识了工业机器人安装所需的工具，也学习了机械图样、电气图样、液压与气动图样、工作站图样的识读方法，并顺利地通过吴师傅的测试。今天，吴师傅认为可以让小明正式接触工作站的安装工作了。

小明得知终于可以动手操作，兴奋地说："太好了，终于可以动手操作了，师傅，我们是不是先把工业机器人的外部包装拆了？"

吴师傅说："是的，接下来你要非常认真地学习和操作，正确、合理地搭建一个功能完好的工作站系统是搬运码垛工作站能高效完成搬运码垛功能的硬件保障。"

小明认真地说："师傅，您放心吧！我一定会认真学习，细心操作的。"

任务目标

1. 熟悉工业机器人安装环境要求。
2. 掌握工业机器人外部包装拆包方法。
3. 能根据安装步骤完成工业机器人本体和码垛工作站的搭建。
4. 能根据连接步骤完成控制柜和示教器的电气线路连接。
5. 能根据连接步骤完成工业机器人工作站电磁阀的安装与电气线路的连接。
6. 能根据连接步骤完成末端执行器快换装置的安装和控制气路的连接。
7. 能根据连接步骤完成双通道吸盘和单通道吸盘工具的气路连接。
8. 会手动安装末端执行器。
9. 能手动测试夹爪工具、双通道吸盘和单通道吸盘工具的功能。

知识平台

工业机器人系统外部拆包

3.3.1 工业机器人系统外部拆包

工业机器人工作站是指使用一台或多台工业机器人，配以相应的外围设备，完成某一特定工序作业的独立生产系统，也称为工业机器人工作单元。常见的工业机器人工作站有搬运工作站、码垛工作站、焊接工作站及抛光打磨工作站等。

工业机器人工作站主要由工业机器人、电气控制系统、工装系统、人机界面、专用系统等辅助设备及其他外围设备组成。

1. 安装环境要求

工业机器人工作站除了要满足项目 1 所指出的安全工作环境要求外，还要满足安装环境要求，主要有以下几点。

1）环境温度要求：工作温度为 0°~45℃，运输储存温度为 -10~60℃。
2）相对湿度要求：20%~80%RH。
3）动力电源：三相 AC200V/220V（+10%~-15%）。
4）接地电阻：小于 100Ω。
5）工业机器人工作区域须有防护措施（安全围栏），如图 3-50 所示。
6）灰尘、泥土、油雾、水蒸气等必须保持在最小限度。
7）环境必须没有易燃、易腐蚀液体或气体。
8）设备安装要远离撞击和振源。
9）工业机器人附近不能有强的电子噪声源。
10）振动等级必须低于 $0.5g$（$4.9m/s^2$）。

2. 拆装注意事项

机械装置的拆卸是为了进一步了解、检查机械装置内部的工作情况，对运动部件进行调整，对损坏的零件进行维修或更换。如果拆卸方法不当，或拆卸程序不正确，将使机械装置的零部件受损，甚至无法修复。因此，为了保证拆卸质量，在拆卸机械装置前，必须制定合理的拆卸方案，对可能遇到的问题进行预测，做到有步骤地进行拆卸。机械装置的拆卸一般要遵循下列原则和要求。

图 3-50 安全围栏

1）遵循"恢复原机"的原则，即在拆卸前，应测试机械装置的主要参数，为再装配后提供依据，确保性能与原机相同，即保证原机的完整性、准确性和密封性等。

2）熟悉机械装置的构造和工作原理。

3）以部件总成为单元进行拆卸。

4）使用正确的拆卸方法。

5）记录拆卸过程。

3. 工业机器人外部拆包实操步骤

1）准备拆包所需工具，见表3-6。

表3-6 拆包所需工具

名字	工具	名字	工具	名字	工具
美工刀		剪刀		活扳手	
十字螺钉旋具		纯棉手套			

2）工业机器人外部拆包任务实操。使用工具对工业机器人进行拆包时，由于工业机器人的包装木箱体积比较大，作业中至少需要两个操作人员协同配合完成拆包。拆包过程中，须注意自身的安全及避免与工业机器人本体、控制柜等内部产品发生磕碰。

工业机器人外部拆包任务操作表见表3-7。

表3-7 工业机器人外部拆包任务操作表

工序	操作步骤	图片
1. 拆前检查	工业机器人运达安装现场后，安装人员应该第一时间检查包装箱外观是否有破损，是否有进水等异常情况，如果发现有问题需要马上联系厂家及物流公司进行处理	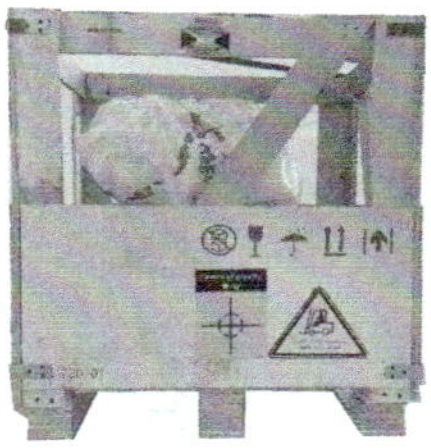 机器人本体包装柜 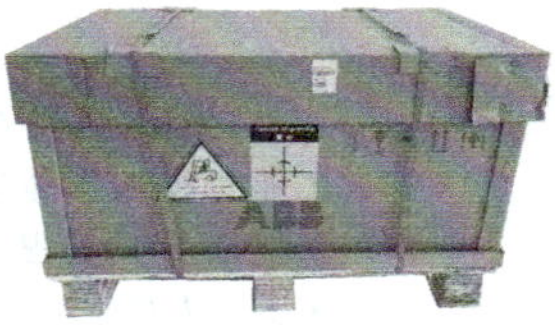　控制柜包装箱 　示教器包装箱

（续）

工序	操作步骤	图片
2. 拆机器人本体包装箱	（1）使用十字螺钉旋具拧下木箱盖四周的螺钉	
	（2）根据箭头方向，两名操作人员将箱体向上抬起，与包装底座分离，然后放置到一边	
	（3）尽量保证箱体的完整，以便日后重复使用	
	（4）使用美工刀辅助拆除工业机器人本体上的包装袋，注意不要刮伤工业机器人本体	
	（5）使用活扳手卸下固定在工业机器人本体底座上的4个螺母，拆除过程中需要另一名操作人员辅助扶稳本体，防止本体突然侧翻砸伤操作人员	
	（6）工业机器人本体拆包完成	

（续）

工序	操作步骤	图片
3. 拆控制柜包装箱	（1）使用剪刀剪断箱体包装带	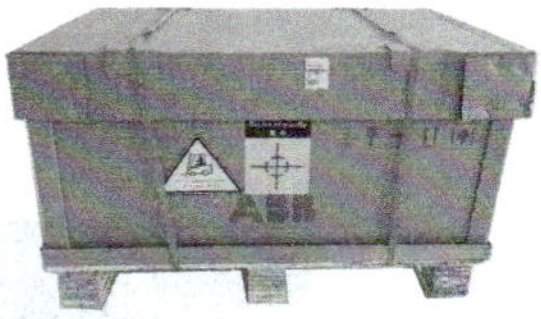 
	（2）打开箱子盖和拆除四周的箱体；打开电缆箱，取出电缆	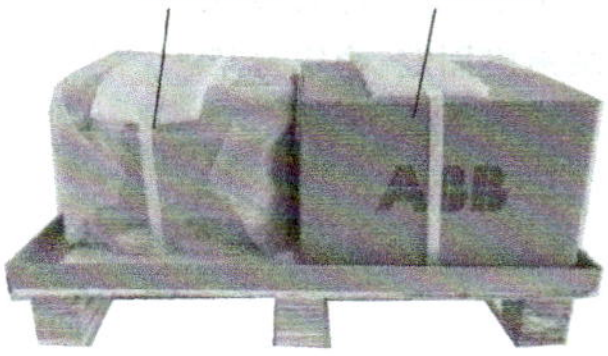 控制柜　电缆箱
4. 拆示教器箱	使用美工刀打开示教器箱，取出示教器	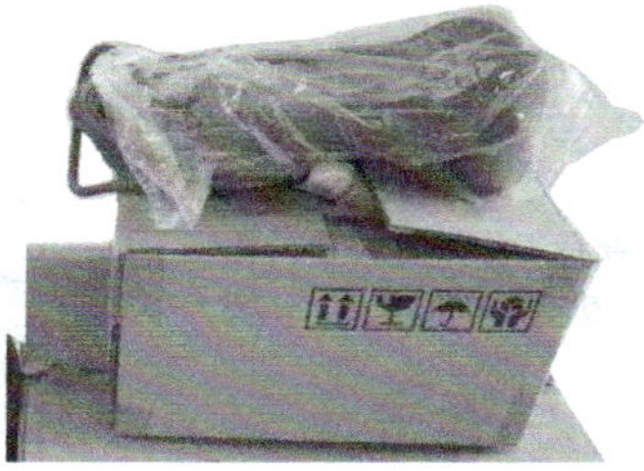
5. 拆后检查	拆包完成后，可以看到4个部分：工业机器人本体、示教器、线缆配件及控制柜	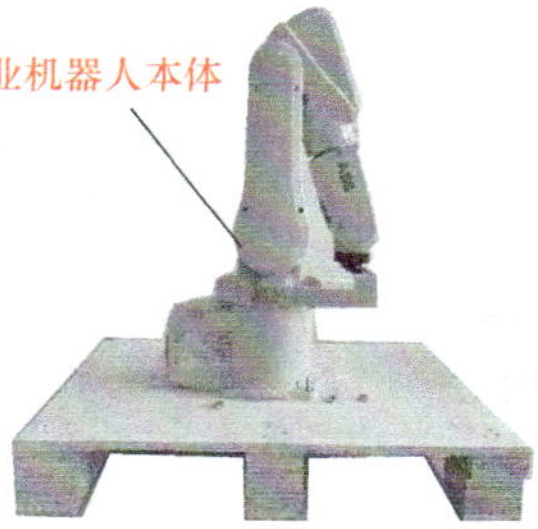 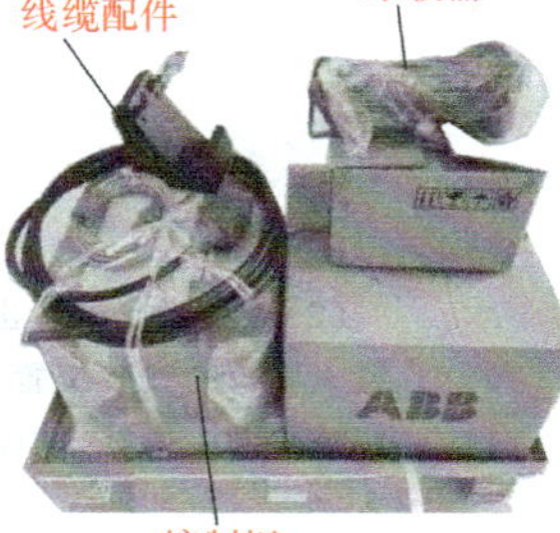 工业机器人本体　线缆配件　示教器　控制柜

3.3.2 工业机器人本体的安装

1. 安装前检查

1）目测检查工业机器人，确保其未受损。
2）确保所用吊升装置适合于搬运工业机器人的质量。
3）如果工业机器人未直接安装，则必须按照规定的环境指标储存。
4）确保工业机器人的预期操作环境符合规范要求。
5）将工业机器人运到其安装现场前，请确保该现场符合安装和防护条件。
6）移动工业机器人前，请先查看工业机器人的稳定性。

工业机器人本体的安装

7) 满足这些先决条件后,即可将工业机器人运到其安装现场。

8) 准备好安装所要求的所有工具和配件。

2. 工业机器人本体安装实操步骤

工业机器人本体安装任务操作表见表3-8。

表3-8 工业机器人本体安装任务操作表

工序	操作步骤	图片
1. 固定工作台	根据工作站安装位置要求将工作站地脚固定,稳定台架	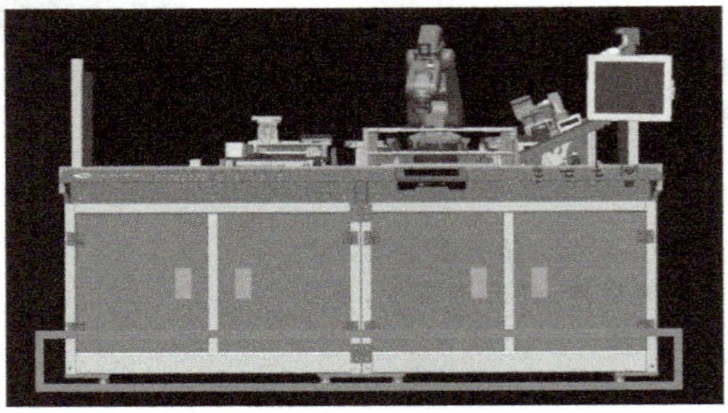
2. 确定安装位置	(1)查看工作站机械布局图上工业机器人底板的安装位置	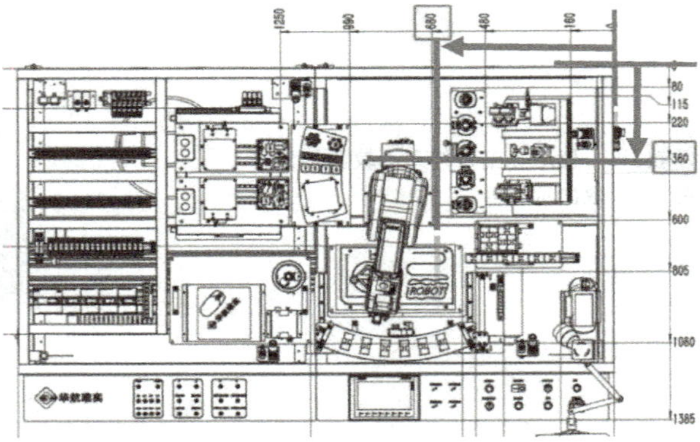
	(2)使用卷尺测量出工业机器人底板的安装位置,并在工作站台面上做好相应的记号	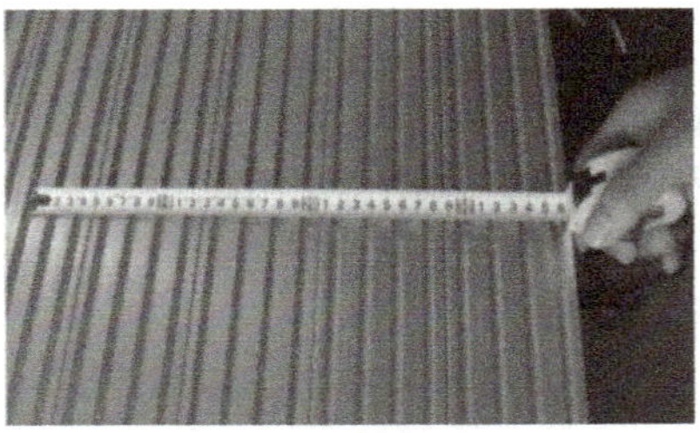
3. 安装底板	(1)将M5内六角圆柱头螺钉、T形螺母先装到底板的固定孔位上,以便于后续的安装	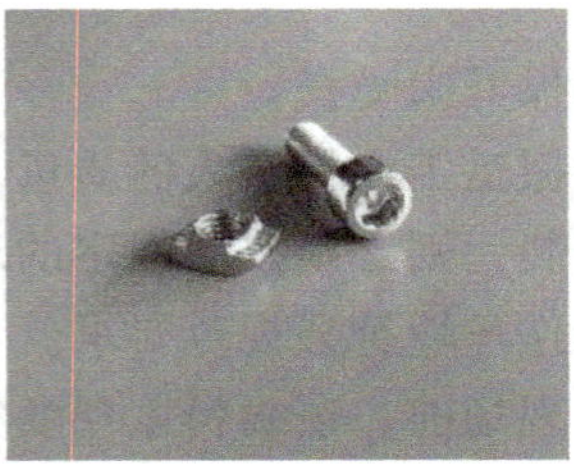 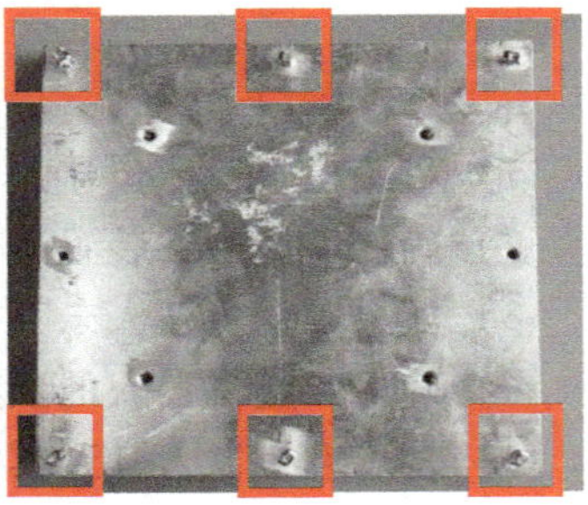

项目3 工业机器人的安装

（续）

工序	操作步骤	图片
3. 安装底板	（2）调整T形螺母角度，使其进入工作台的U形槽内，将底板放置到已经测量出的台面安装位置上	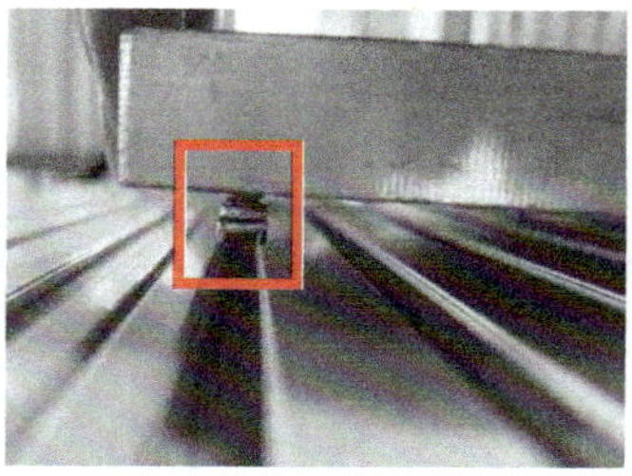 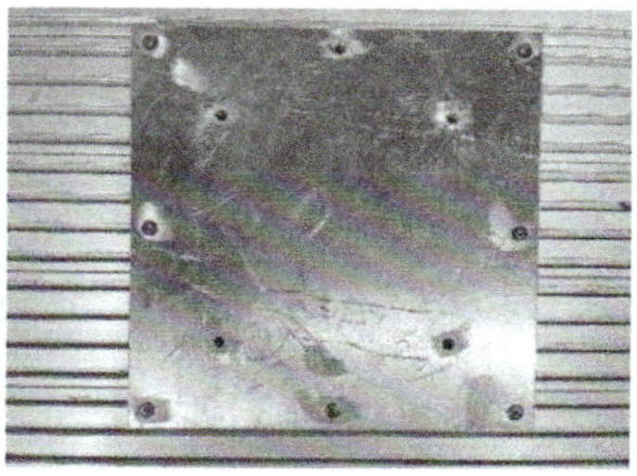
	（3）使用规格为4mm的内六角扳手锁紧螺钉，固定工业机器人底板。考虑受力平衡的问题，锁紧时须以十字对角的顺序锁紧螺钉	
4. 安装机器人本体	（1）安装两个φ6×20的销钉，用于对工业机器人进行定位	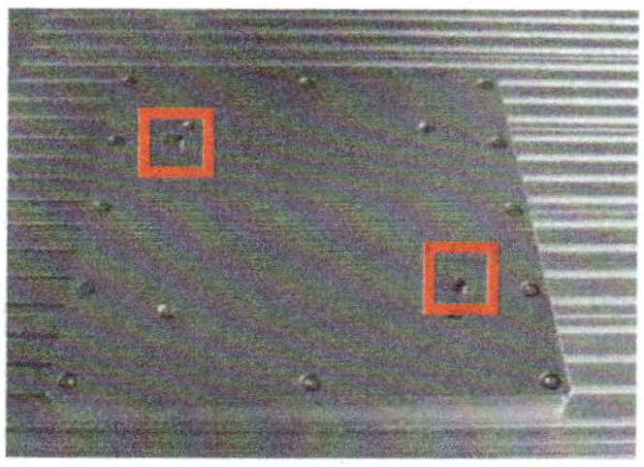
	（2）使用高架起重机吊升工业机器人，在工业机器人表面与圆形吊带直接接触的地方垫放厚布，避免对工业机器人的表面造成磨损	 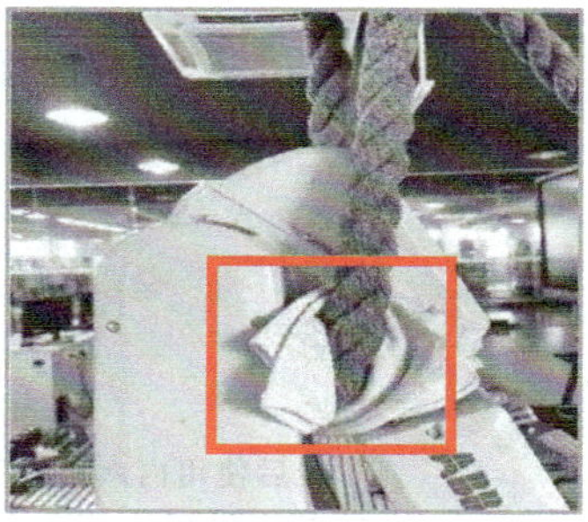
	（3）将工业机器人本体底部的4个安装孔对准底板的4个安装孔	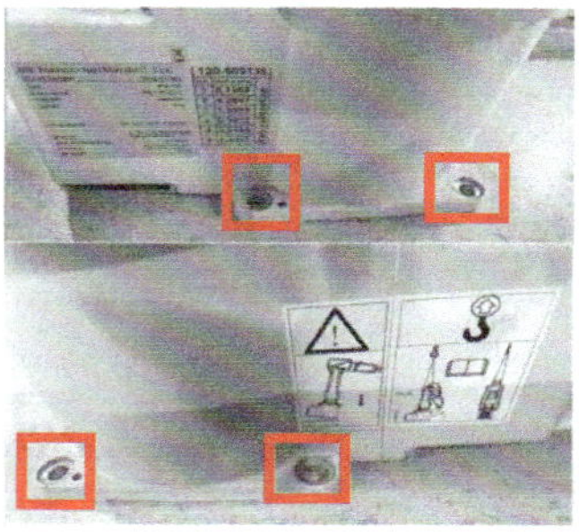 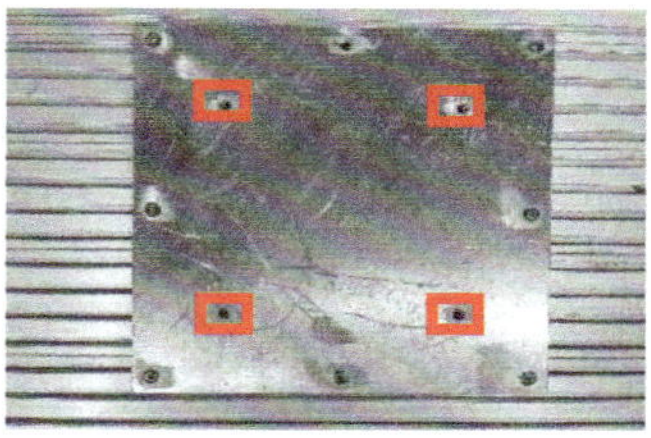

（续）

工序	操作步骤	图片
4. 安装机器人本体	（4）紧固最好用内六角扭力扳手。旋转调节扭力扳手的力矩，拧紧力矩要求达到35N·m	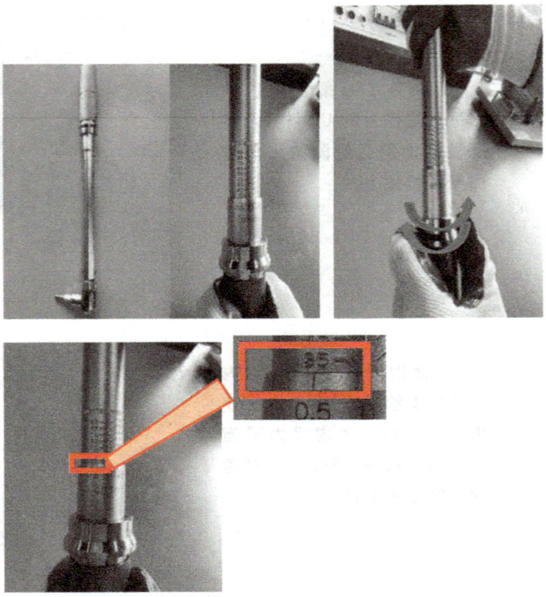
	（5）选择M10的螺栓紧固机器人本体底座，将机器人安装到工作台上	 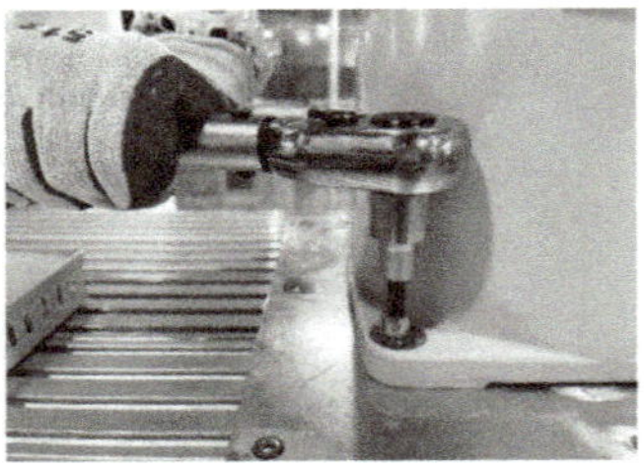
5. 拆除支架	最后使用内六角扳手将固定工业机器人姿态的支架拆除 工业机器人本体的安装完成	 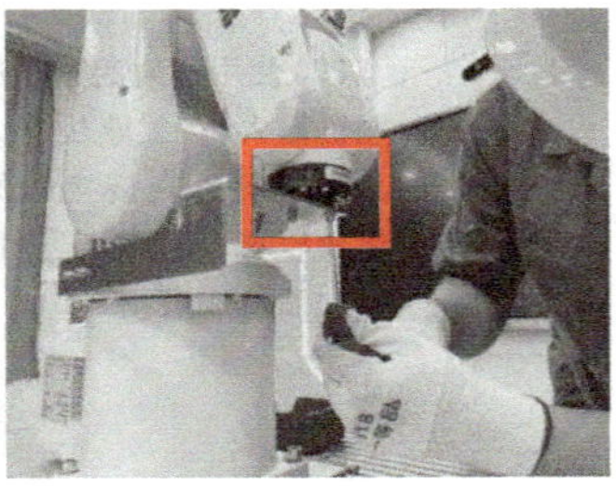 

3.3.3 ABB工业机器人紧凑型控制柜的安装

工业机器人控制柜是工业机器人必不可少的组成部分，其内部包括控制柜系统、伺服电动机驱动器、低压器件等精密元器件，是决定工业机器人功能和性能的重要组成部分，对工业机器人的安全和稳定运行起了至关重要的作用。工业机器人控制柜的基本功能有记忆、位置伺服和坐标设定。

工业机器人控制柜的安装

1. ABB工业机器人紧凑型控制柜的面板

ABB工业机器人紧凑型控制柜的面板如图3-51所示，其功能说明见表3-9。

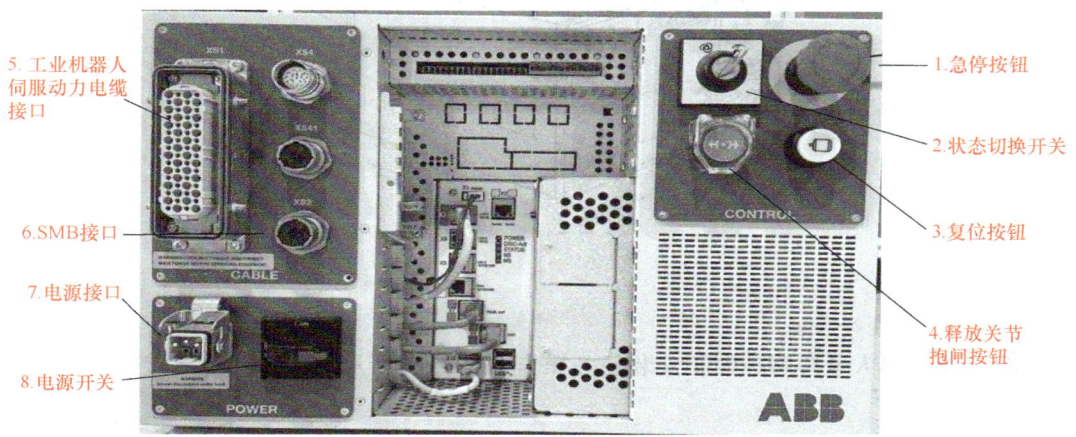

图3-51 ABB工业机器人紧凑型控制柜的面板

表3-9 ABB工业机器人紧凑型控制柜的面板部分功能说明

序号	部件名称	功能描述
1	急停按钮	紧急情况下，按下急停按钮可停止工业机器人动作
2	状态切换开关	用于切换工业机器人运动模式是自动运行或手动运行模式
3	复位按钮	用于从紧急停止状态恢复到正常状态
4	释放关节抱闸按钮	用于紧急情况下不能通过示教器操作移动工业机器人时，需要通过按下释放关节抱闸按钮松开各轴抱闸来移动工业机器人。只对IRB 120有效
5	工业机器人伺服动力电缆接口	用于连接工业机器人与控制柜的接口，为工业机器人本体伺服电动机提供动力电源
6	SMB接口	与工业机器人本体连接的接口，用于控制柜与工业机器人本体间的数据交换
7	电源接口	220V电源接入口
8	电源开关	主电源控制开关。用于关闭或启动工业机器人控制柜

2. 控制柜安装条件

在现场安装控制柜时，需要考虑安装场地的温度条件是否符合控制柜工作时允许的环境温度条件。表3-10为控制柜工作时允许的环境要求。

表3-10 控制柜安装环境要求

参数	要求值	参数	要求值
最低环境温度	0℃（32 ℉）	最大环境湿度	恒温下最大95% RH
最高环境温度	+45℃（113 ℉）		

在控制柜的周边要保留足够的空间与位置,保证控制柜工作时能够充分散热。如果控制器安装在桌面上(非机架安装型),则其左右两边各需要 50mm 的自由空间,控制器的背面需要 100mm 的自由空间,如图 3-52 所示。

注意:切勿将电缆放置在控制柜背部的风扇盖上,这将使检查难以进行并导致冷却不充分。

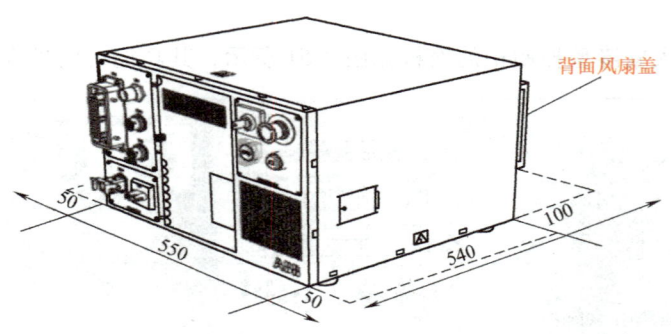

图 3-52 控制柜安装空间要求

3. ABB 工业机器人紧凑型控制柜安装实操步骤

ABB 工业机器人紧凑型控制柜安装任务操作见表 3-11 所示。

表 3-11 ABB 工业机器人紧凑型控制柜安装任务操作

工序	操作步骤	图片
1. 安装动力电缆	(1)将动力电缆标注为 XP1 的插头接入控制柜 XS1 的接口中	
	(2)安装时,注意接头的插针与接口的插孔对准,并锁紧插头	
	(3)将动力缆标有 R1.MP 的一头对准工业机器人本体背后的 R1.MP 插座上,注意对准凹凸槽	

（续）

工序	操作步骤	图片
1. 安装动力电缆	（4）使用一字螺钉旋具锁紧螺钉，考虑到受力平衡，锁紧时需要以十字对角的顺序锁紧螺钉	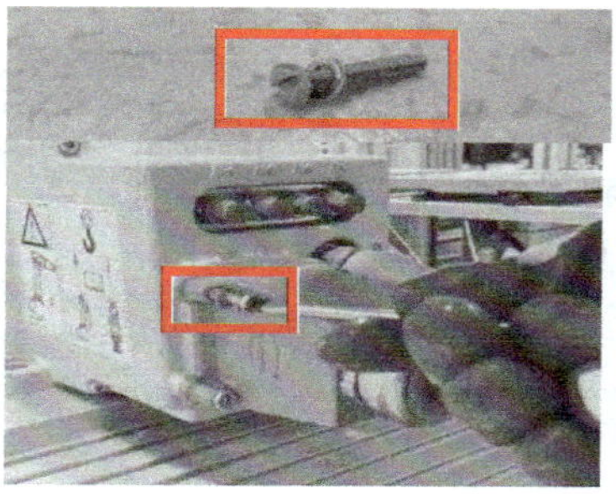 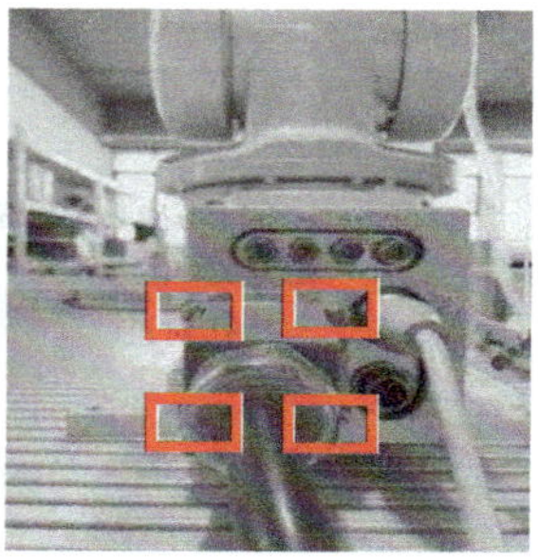
2. 安装SMB电缆	（1）将 SMB 电缆的针型插头插入控制柜 XS2 插孔中	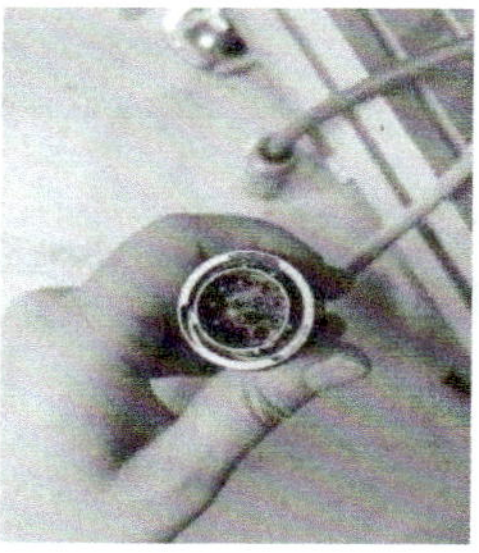 
	（2）安装时，注意插针与插孔对准，SMB 电缆上的凸起对准控制柜上 XS2 插座上的凹槽，插稳并且旋紧接头	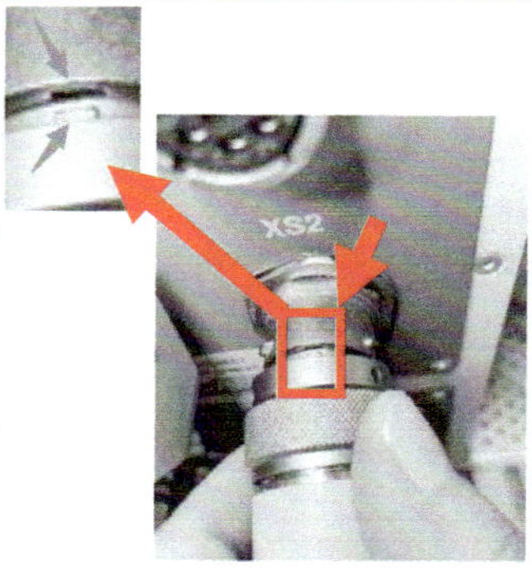 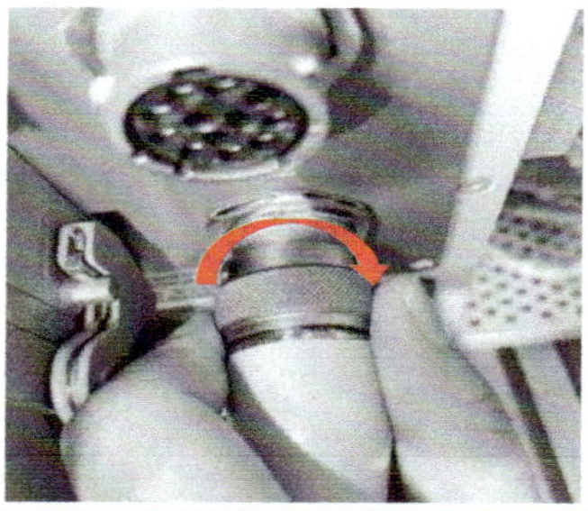
	（3）将 SMB 电缆针孔头插入工业机器人底座 R1.SMB 插孔中	 
	（4）安装时，注意插针与插孔对准，SMB 电缆上的凸起对准工业机器人底座 R1.SMB 的凹槽，并且旋紧接头	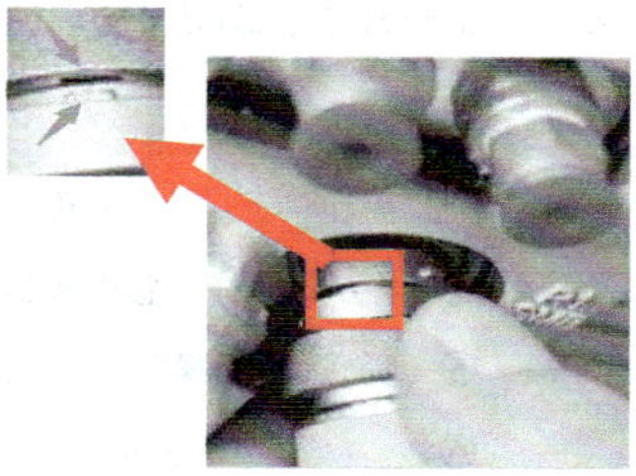 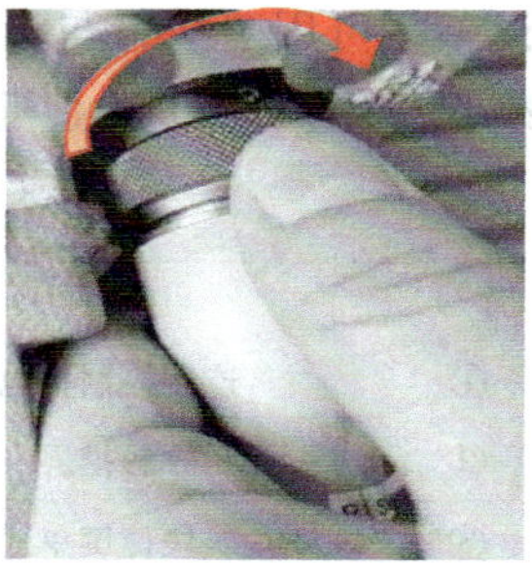

(续)

工序	操作步骤	图片
3. 安装电源电缆	（1）将电源接头插入控制柜 XP0 端口，安装时，注意插针与插孔对准	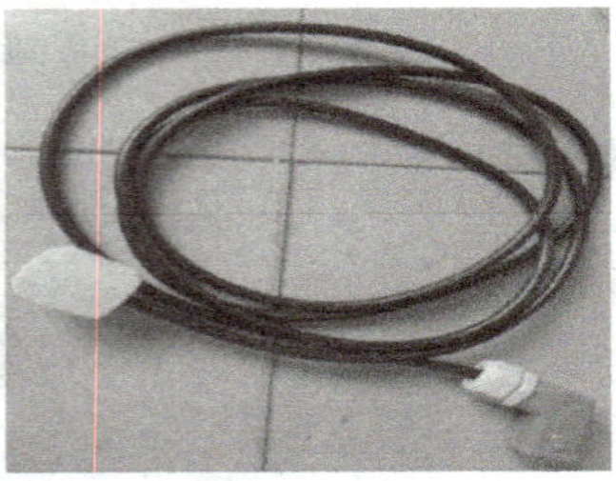 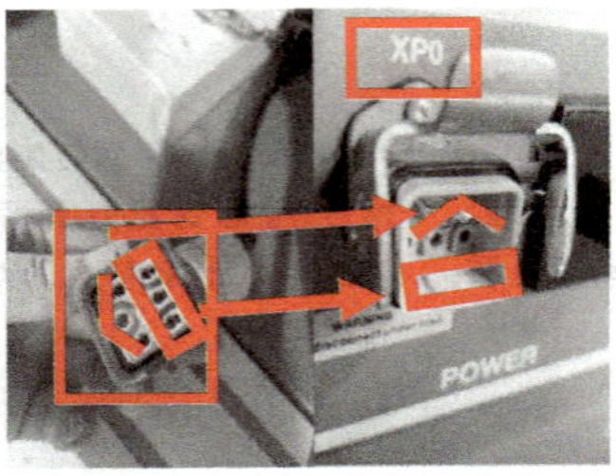
	（2）锁紧插头，IRC5 Compact 型控制柜的安装及接线完成	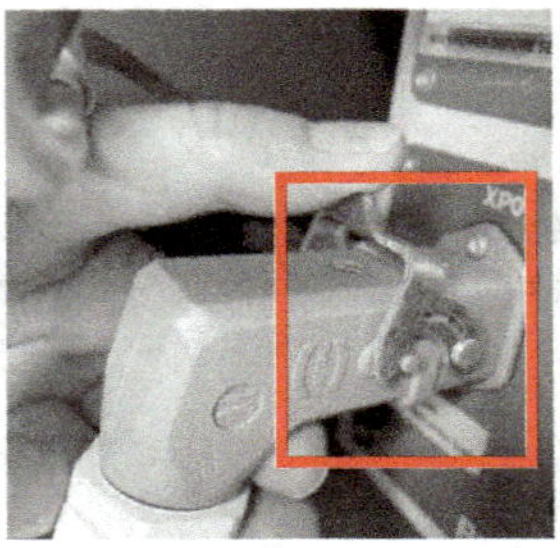 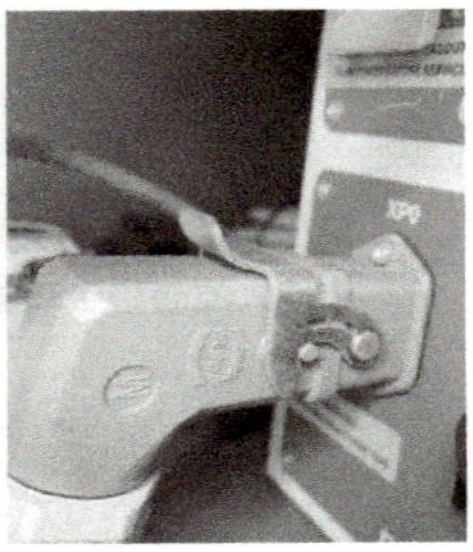
	（3）将电源接头的另一端插到插座上	

3.3.4 工业机器人示教器的安装

1. 示教器组成

工业机器人示教器的安装

在工业机器人的使用过程中，为了方便地控制工业机器人，并对工业机器人进行现场编程调试，工业机器人厂商一般都会配有自己品牌的手持编程器，作为用户与工业机器人的人机对话工具。工业机器人手持式编程器常被称为示教器。

示教器是工业机器人控制系统的核心部件，是一个用来注册和存储机械运动或处理数据的设备，可用于执行与操作工业机器人系统有关的许多任务：运行程序、手动操纵机器人和修改程序等。ABB 工业机器人示教器的组成如图 3-53 所示，图中标注说明见表 3-12。

表 3-12 ABB 工业机器人示教器组成

序号	名称	序号	名称	序号	名称
①	连接控制柜电缆	④	急停按钮	⑦	触摸屏用笔
②	触摸屏	⑤	手动操作摇杆（操纵杆）	⑧	示教器复位按钮
③	快捷键单元	⑥	使能器按钮	⑨	备份数据用 USB 接口

项目3 工业机器人的安装

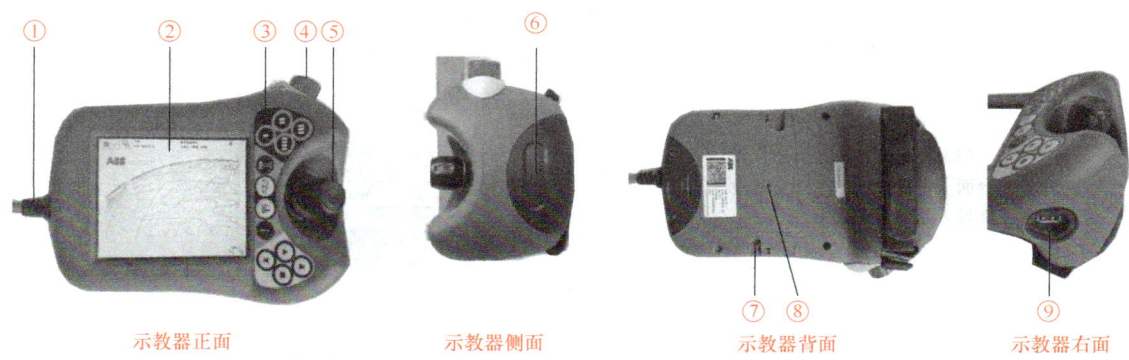

图 3-53　ABB 工业机器人示教器组成

特别注意：机器人示教器侧面的使能器按钮（ENABLE）为三位置安全关，按到中间点时为有效状态，机器人可以正常工作。当松开安全开关或用力将其握住时，机器人就会停止。

2. ABB 工业机器人示教器安装实操步骤

工业机器人控制柜与示教器通过专用电缆进行连接，电缆的一端连接在示教器侧面的接口处（即图 3-53 中的连接控制柜电缆），可以热插拔；电缆的另一端连接在控制柜面板上的示教器连接插槽内。工业机器人示教器安装及测试任务操作表见表 3-13。

表 3-13　工业机器人示教器安装及测试任务操作表

工序	操作步骤	图片
1. 安装连接电缆	将示教器电缆插头插到控制柜 XS4 插孔上 注意：连接时，注意对准插针和插孔，电缆上的"→"标志对准控制柜上 XS4 的字样，并将接口旋紧	
2. 整理	（1）对示教器线缆进行整理并悬挂到示教器线缆支架上	

— 95 —

（续）

工序	操作步骤	图片
2. 整理	（2）将示教器放置到工作站台面上的示教器支架上，工业机器人示教器安装完毕	
3. 启动工业机器人	（1）将控制柜上的总电源旋钮从"OFF"旋到"ON"位置	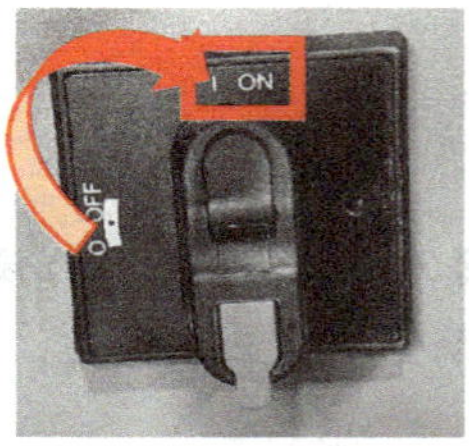
	（2）示教器上会出现待机画面	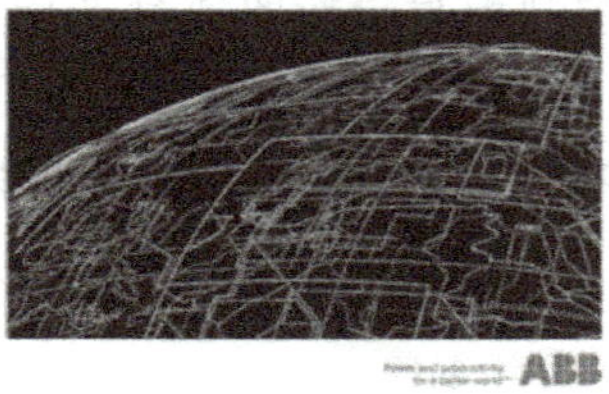
	（3）进入示教器的主界面，工业机器人系统启动完成	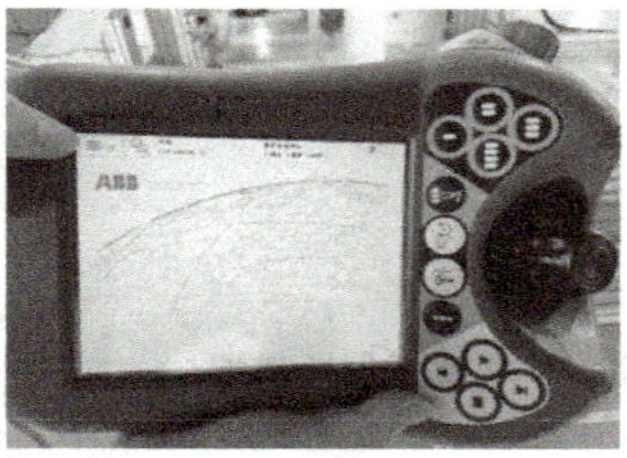
4. 关闭工业机器人	（1）单击示教器主界面左上角的菜单键。再单击菜单里的"重新启动"	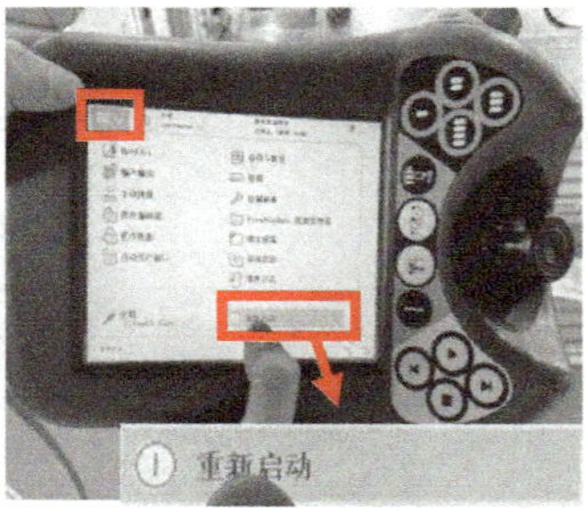
	（2）单击左下角的"高级…"按钮	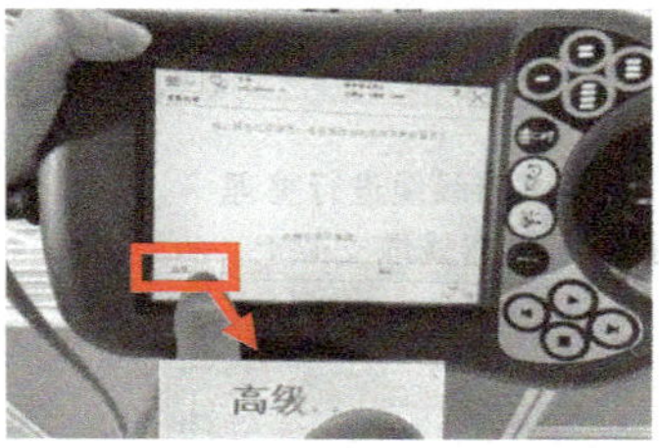

（续）

工序	操作步骤	图片
4. 关闭工业机器人	（3）选择"关闭主计算机"，单击"下一个"按钮	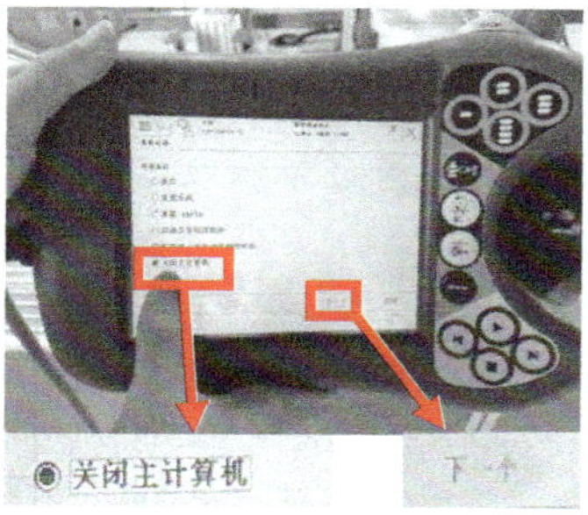
	（4）单击"关闭主计算机"按钮，等待示教器熄屏	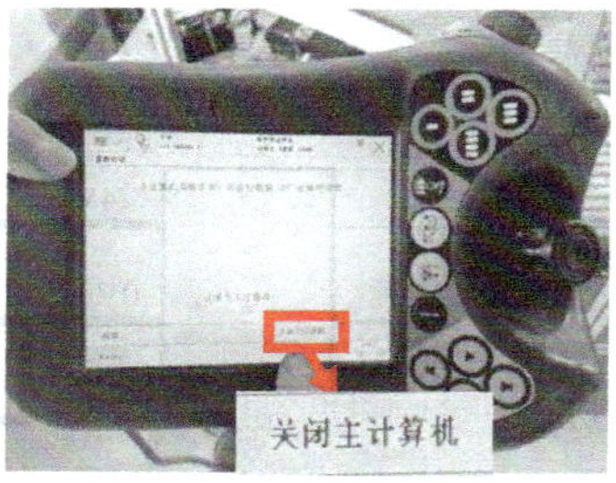
	（5）将控制柜电源开关由"ON"旋转至"OFF"的位置	

3.3.5　工业机器人工作站的电气连接

工业机器人工作站快换装置、夹爪工具、双吸盘工具、单吸盘工具及破真空等气路动作是由电磁阀通断电实现控制的，而电磁阀的通断电是由工业机器人控制柜输出控制的。图3-54所示为控制柜控制电磁阀电路。

工业机器人工作站的电气连接

1. 电磁阀的电气控制过程

1）开关电源通电工作后，输出24V直流电压，提供给工业机器人控制柜板卡，如图3-55所示。

2）通过程序控制或手动控制使工业机器人控制柜Robot X14模块对应的DO信号置1。

3）DO信号置1使对应的电磁阀线圈通电，带动电磁阀气动执行部件工作。

4）二位五通电磁阀进行气动工作，从而实现工作站的夹爪、吸盘、快换装置的工作。

2. 工业机器人工作站电磁阀电气连接实操步骤

根据图3-54所示进行控制柜控制电磁阀电路的连接。工业机器人工作站电磁阀电气连接任务操作见表3-14。

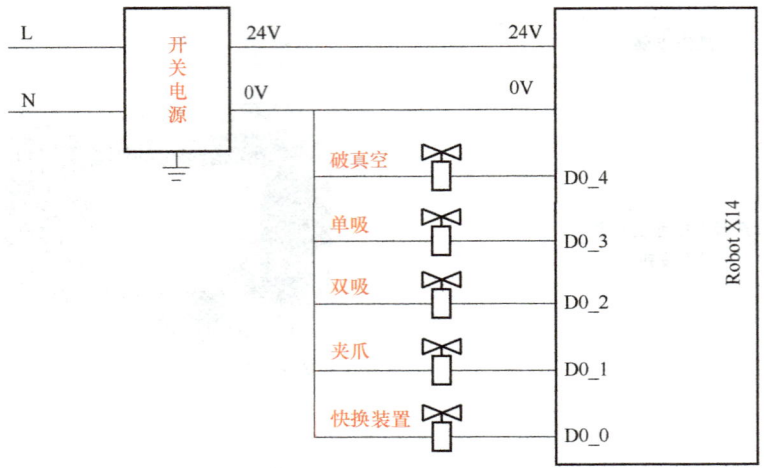

图 3-54 控制柜控制电磁阀电路

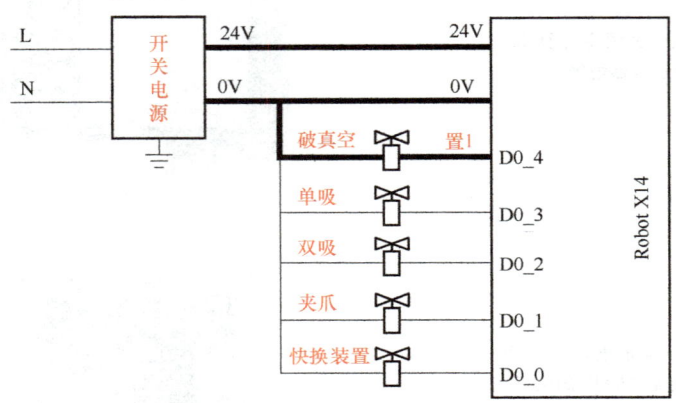

图 3-55 电磁阀的电气控制过程

表 3-14 工业机器人工作站电磁阀电气连接任务操作

工序	操作步骤	图片
1. 连接电源线	（1）根据工作站中工业机器人的工作内容选用 5 个二位五通电磁阀，根据电磁阀工作电压选用 24V 开关电源	
	（2）先对开关电源进行电路连接：棕线为相线，蓝线为中性线，绿-黄双色线为地线，分别连接到开关电源的 L 端、N 端和地端	

（续）

工序	操作步骤	图片
1. 连接电源线	（3）再将开关电源输出的24V电源与工业机器人通信板卡接线端子进行连接：0V（蓝色线）连接0V（第9号端口）、24V（白色线）连接24V（第10号端口）	 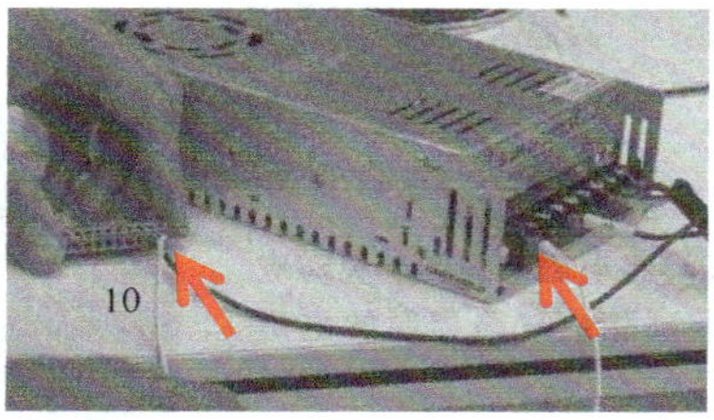
2. 连接电磁阀控制线路	（1）5个电磁阀的控制信号线与工业机器人通信板卡对应的接线端子连接，电磁阀的0V线都接到开关电源的0V端上	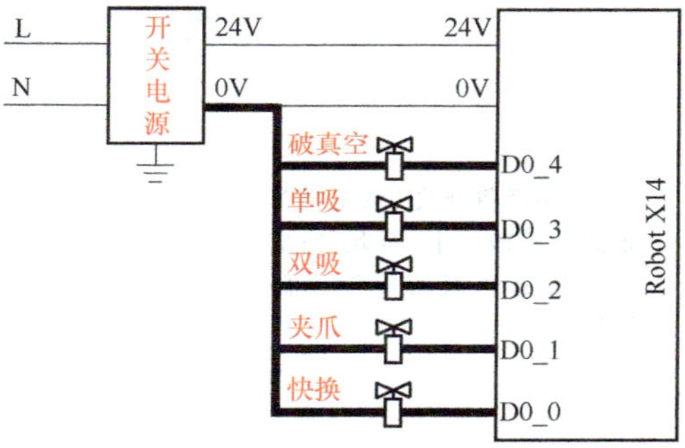 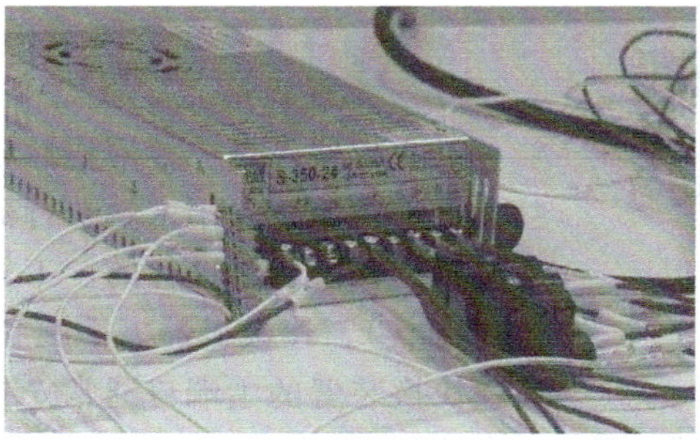
	（2）将端子排插入控制柜通信板卡的DO_0至DO7端子排插口上（第三排端子口）	 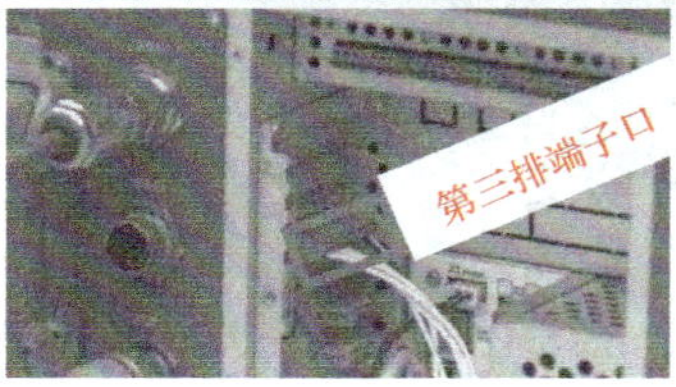

(续)

工序	操作步骤	图片
3. 安装电磁阀	(1)先将5个二位五通电磁阀固定在底座上,然后安装到工作站上	
	(2)将电磁阀线圈开关对应安装到相应气路控制的电磁阀上	
	(3)最后将开关电源的插头插到电源插座上,至此,完成工作站电磁阀的控制线路连接	

3.3.6 工业机器人末端执行器的安装

1. 工具快换装置的认知

工业机器人末端执行器的安装

工业机器人是一种通用性较强的自动化作业设备,可根据作业要求在法兰盘上安装各种专用末端执行器完成各种动作,而末端执行器的更换通常是通过工具快换装置进行的。工具快换装置是为方便工业机器人更换末端执行器(工具),连接机器人手腕和末端执行器的中间部件,如图3-56所示。

快换装置的主端口通常安装在工业机器人法兰盘上,快换装置的被接端口位于末端工具上,如图3-57所示。

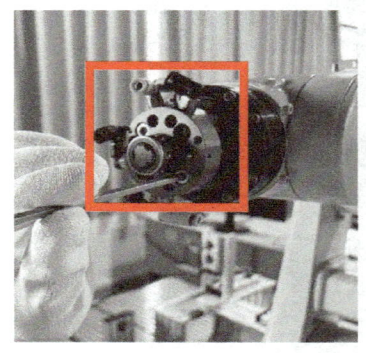

图 3-56 工具快换装置(一)

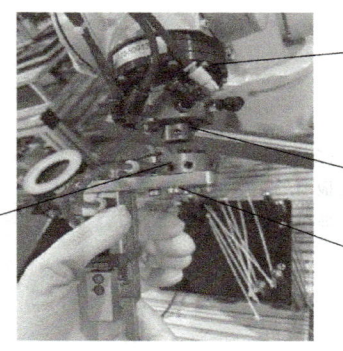

图 3-57 工具快换装置(二)

主端口与被接端口对接的定位位置有 3 个：如图 3-58 所示。
1）被接端口的限位凹槽与主端口限位钢珠之间的定位。
2）被接端口的定位销槽与主端口定位销的定位。
3）被接端口的 U 形口与主端口的 U 形口之间的定位。

此不对称结构的设计，可有效防止周向的错误配合，从而实现整个工具快换装置的精准定位。

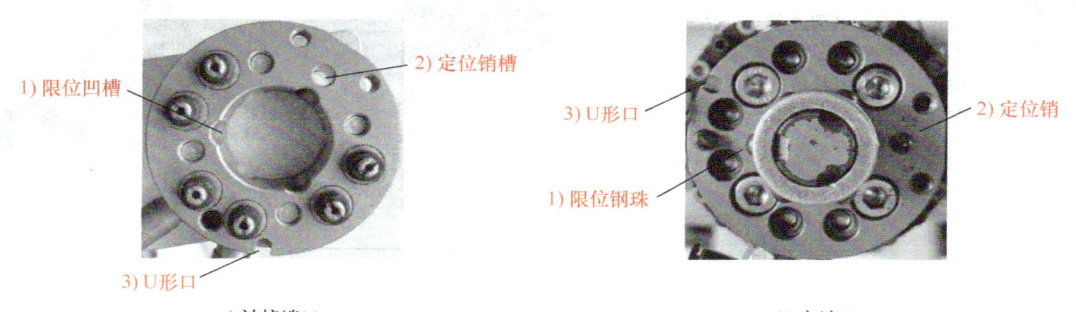

a）被接端口　　　　　　　　　　　　b）主端口

图 3-58　工具快换装置对接的定位位置

2. 工业机器人末端执行器的安装实操步骤

工业机器人末端执行器安装任务操作见表 3-15。

表 3-15　工业机器人末端执行器安装任务操作

工序	操作步骤	图片
1. 安装主端口	（1）将定位销（工业机器人附带配件）安装在 IRB 120 工业机器人法兰盘中对应的销孔中，安装时，切勿倾斜、重击，必要时可使用橡胶锤敲击	
	（2）将快换装置主端口上的销孔对准法兰盘上的定位销，对齐螺纹安装孔	

（续）

工序	操作步骤	图片
1. 安装主端口	（3）安装 M5×40 规格的内六角圆柱头螺钉，使用规格为 4mm 的内六角扳手锁紧螺钉，紧固快换装置主端口与法兰盘。考虑到受力平衡，锁紧时须采用十字对角的顺序锁紧螺钉	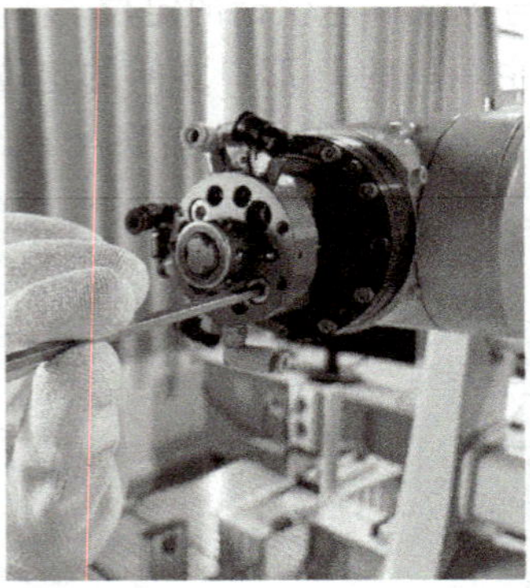 
2. 连接快换装置活塞控制气路	（1）查看气动原理图，确定气路连接顺序：快换控制电磁阀气口→本体底座气口→4轴气口→快换装置气口	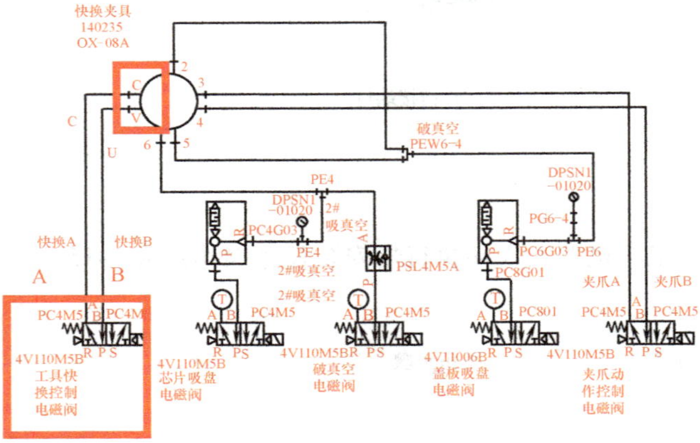
	（2）连接快换装置控制电磁阀气口至本体底座气口气路：使用气管连接工具连接快换电磁阀上的 A 气管接口和工业机器人底座上的 Air1 气管接口	 
	（3）连接快换装置控制电磁阀气口至本体底座气口气路：使用气管连接工具连接快换电磁阀上的 B 气管接口和工业机器人底座上的 Air2 气管接口	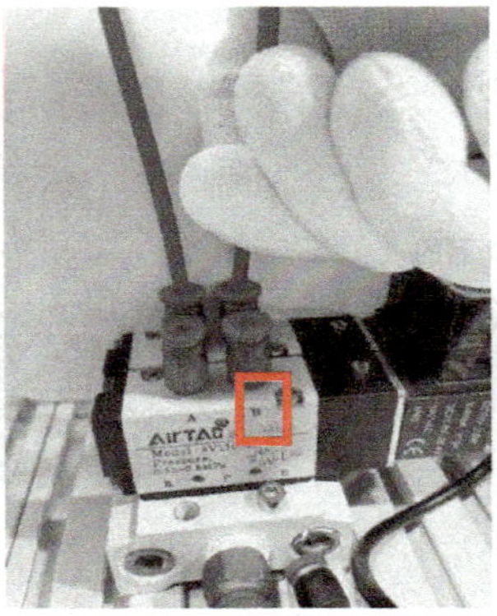 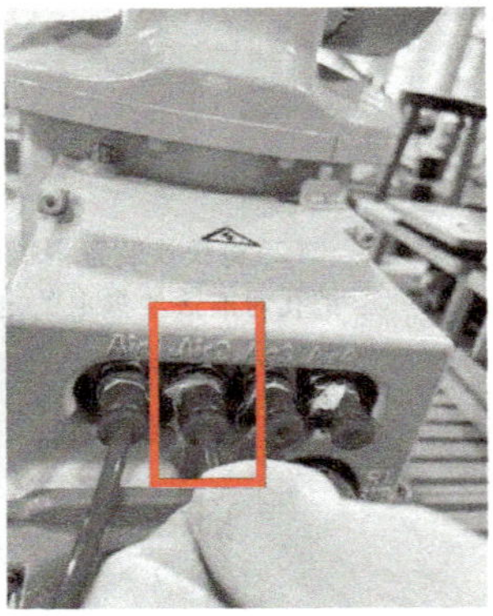

（续）

工序	操作步骤	图片
2. 连接快换装置活塞控制气路	（4）连接4轴气口至快换装置气口气路：查看4轴表面的气孔编号，然后使用气管连接工业机器人4轴上表面的1号气管接口和工具快换装置主端口上的C气管接口	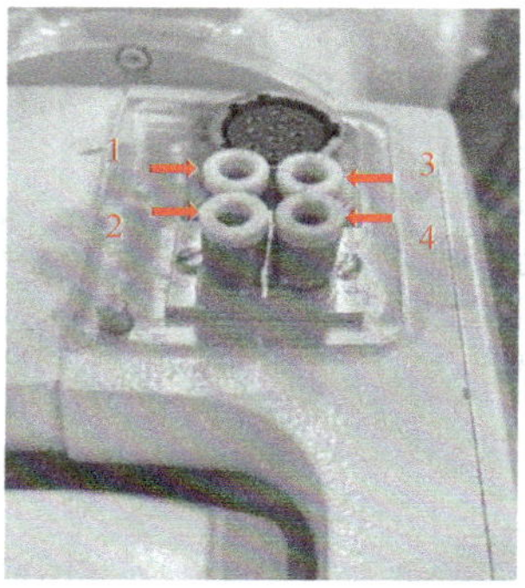  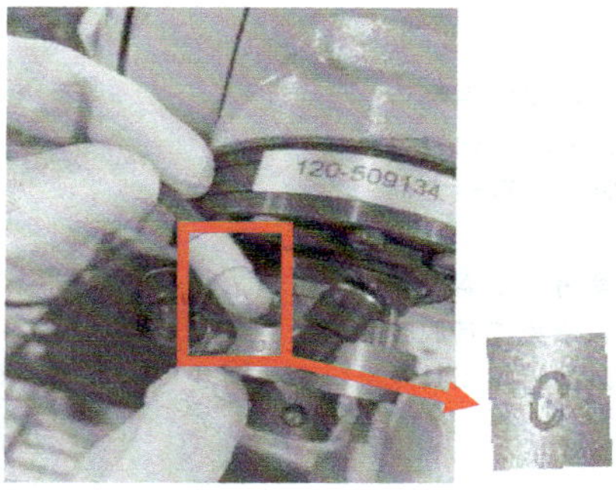
	（5）连接4轴气口至快换装置气口气路：使用气管连接工业机器人4轴上表面的2号气管接口和工具快换装置主端口上的U气管接口	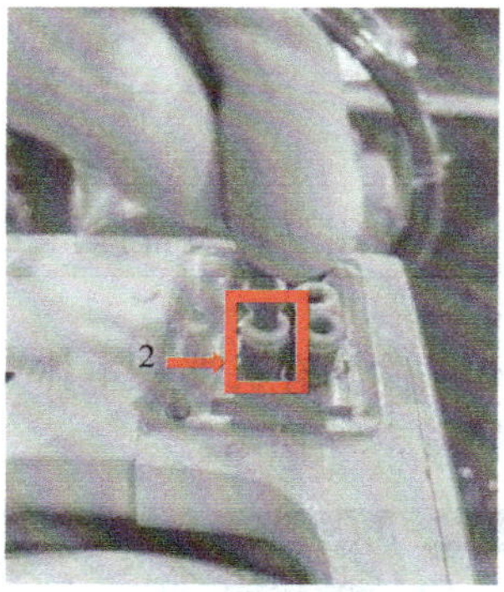 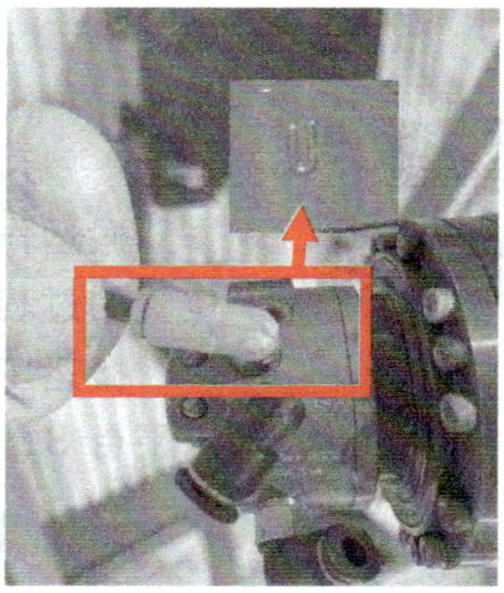
3. 安装末端执行器	（1）通过按压控制工业机器人工具快换动作的电磁阀上的手动调试按钮，使工具快换装置主端口活塞上移，钢珠缩回	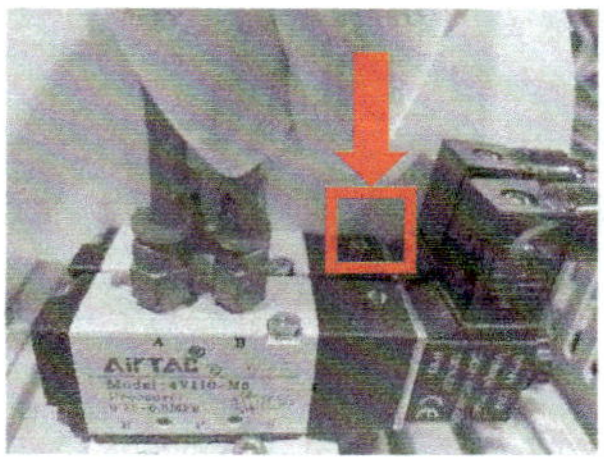 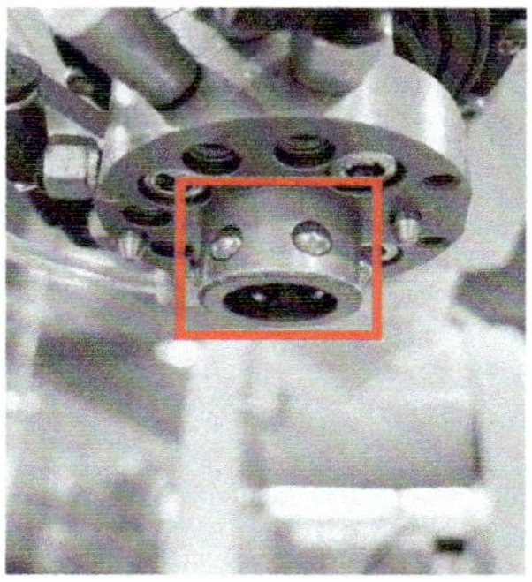

(续)

工序	操作步骤	图片
3. 安装末端执行器	（2）安装末端工具，安装时，需要对准快换装置主端口和末端工具上的 U 形凹槽 然后松开工具快换动作电磁阀上的手动调试按钮，使工具快换装置锁紧末端工具	
4. 卸下末端执行器	按下控制快换装置主端口电磁阀动作的手动调试按钮就可以将末端工具沿轴方向拆卸下来 拆卸时，注意另一手需要扶住脱开的工具，避免工具脱开后直接坠落，进而损坏工具及周边设备	

搬运码垛工作站的安装

3.3.7 搬运码垛工作站的安装

1. 搬运码垛工作站的组成

搬运作业是指用一种设备握持工件，从一个加工位置移动到另一个加工位置的过程。

搬运工作站除具有机器人本体以外，还要有搬运码垛平台 A 和搬运码垛平台 B，如图 3-59 所示。

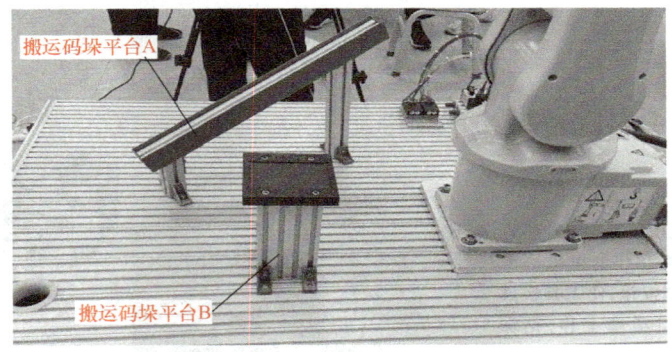

图 3-59 搬运码垛工作站的组成

2. 搬运码垛单元安装实操步骤

搬运码垛单元安装任务操作见表 3-16。

表 3-16　搬运码垛单元安装任务操作

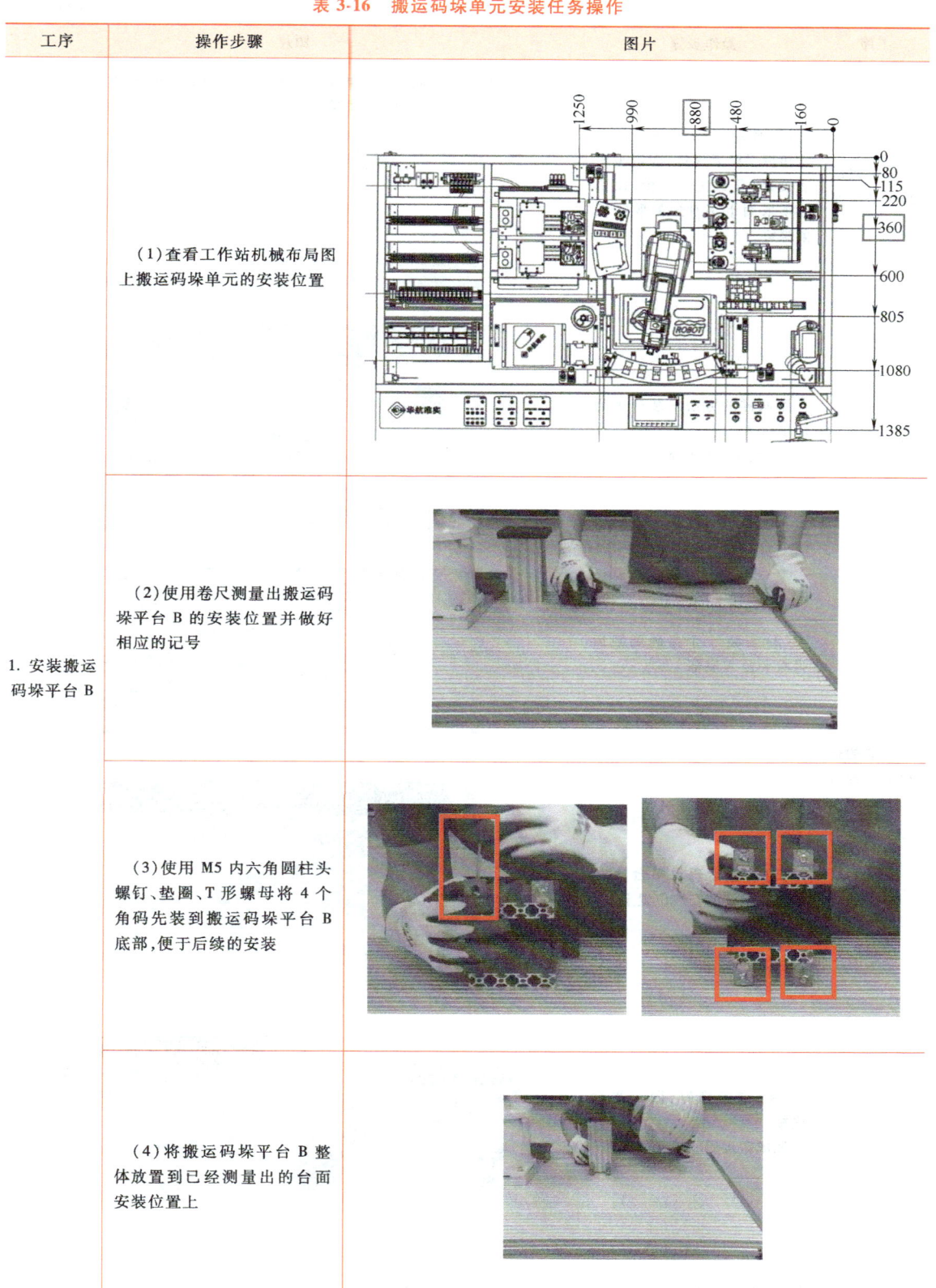

工序	操作步骤	图片
1. 安装搬运码垛平台 B	（1）查看工作站机械布局图上搬运码垛单元的安装位置	
	（2）使用卷尺测量出搬运码垛平台 B 的安装位置并做好相应的记号	
	（3）使用 M5 内六角圆柱头螺钉、垫圈、T 形螺母将 4 个角码先装到搬运码垛平台 B 底部，便于后续的安装	
	（4）将搬运码垛平台 B 整体放置到已经测量出的台面安装位置上	

(续)

工序	操作步骤	图片
1. 安装搬运码垛平台 B	（5）使用规格为 4mm 的内六角扳手锁紧螺钉，固定平台底板，考虑到受力平衡，锁紧时须采用十字对角的顺序锁紧螺钉	
2. 安装搬运码垛平台 A	用同样的方法安装搬运码垛平台 A。 （1）测量安装位置	
	（2）安装 4 个角码到搬运码垛平台 A 底部	
	（3）将搬运码垛平台 A 放置到标记好的安装位置上	
	（4）锁紧螺钉，固定平台底板 完成搬运码垛单元的安装	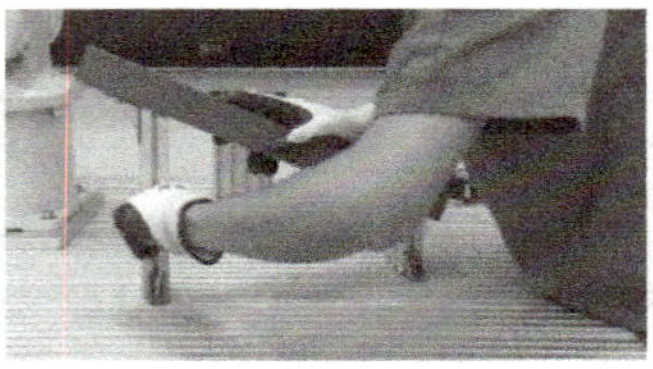 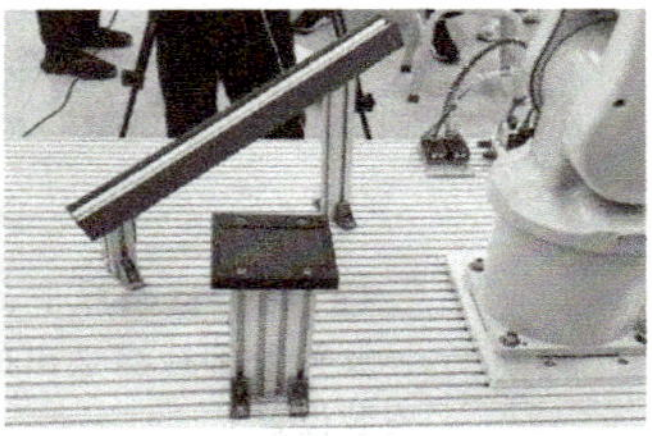

3. 夹爪工具控制气路连接与测试

夹爪工具控制气路连接与测试任务操作见表 3-17。

表 3-17　夹爪工具控制气路连接与测试任务操作

工序	操作步骤	图片
1. 连接夹爪工具控制气路	（1）查看气动原理图，确定气路连接顺序：夹爪动作控制电磁阀气口→本体底座气口→4轴气口→快换装置气口	
	（2）连接夹爪动作控制电磁阀气口至本体底座气口气路：使用气管连接夹爪动作控制电磁阀上的A气管接口和工业机器人底座上的Air3气管接口	
	（3）连接夹爪动作控制电磁阀气口至本体底座气口气路：使用气管连接夹爪动作控制电磁阀上的B气管接口和工业机器人底座上的Air4气管接口	
	（4）连接4轴气口至快换装置气口气路：使用气管连接工业机器人4轴上表面的3号气管接口和工具快换装置主端口上的3气管接口	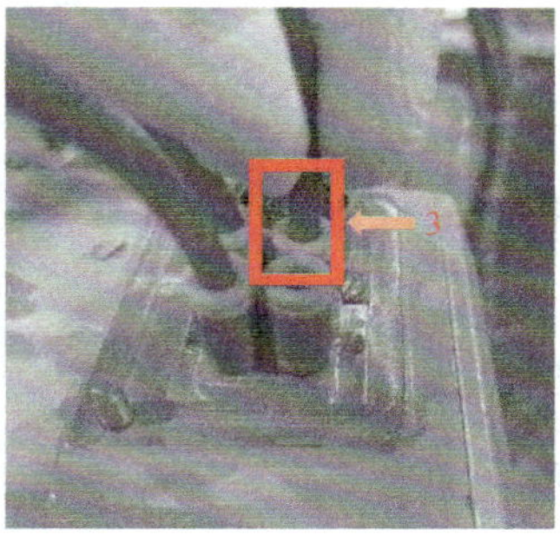 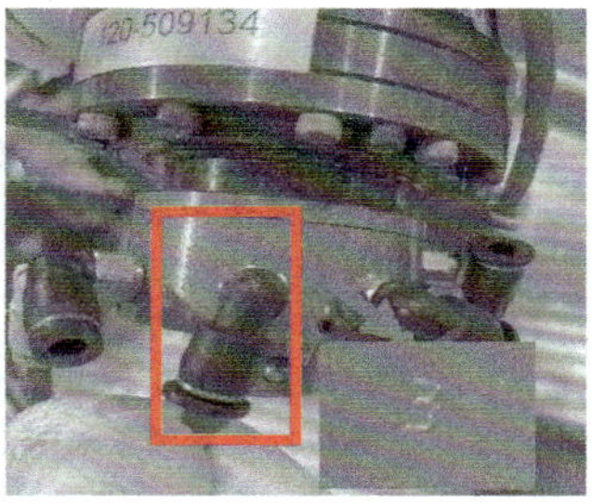

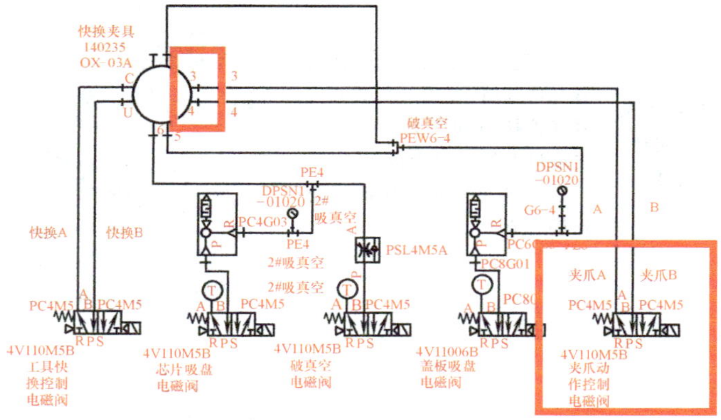

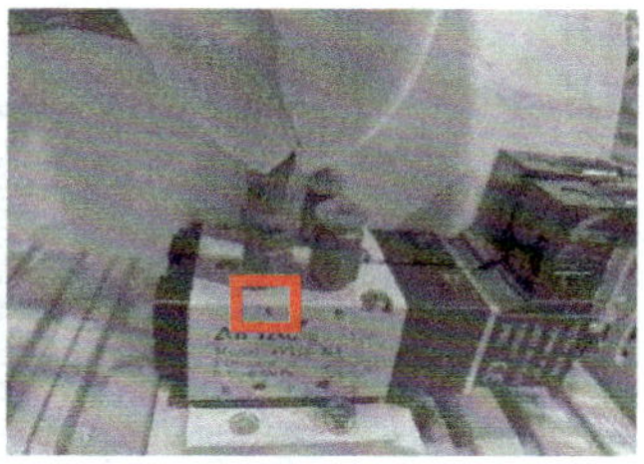

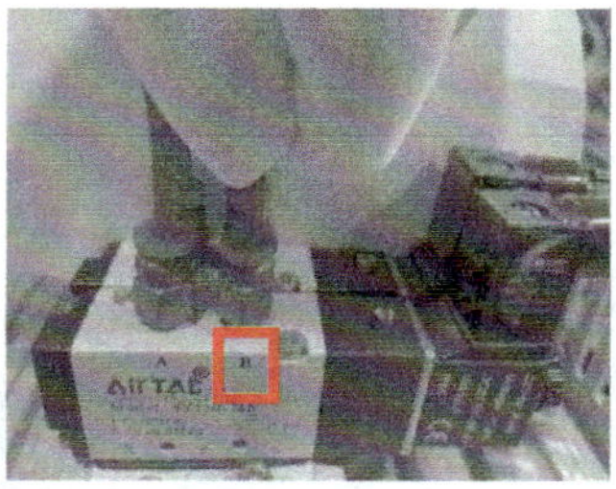

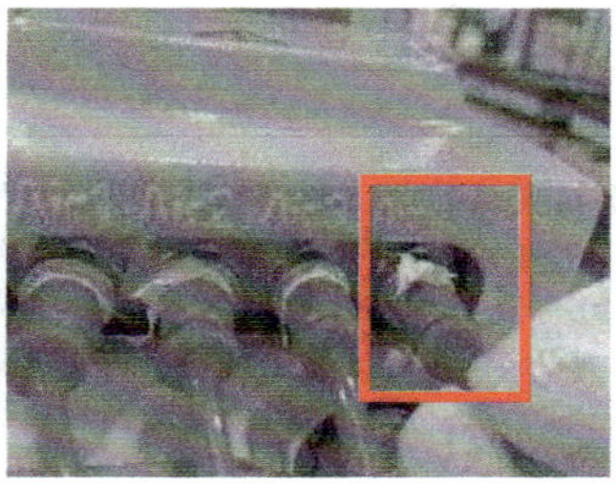

工业机器人操作与运维

（续）

工序	操作步骤	图片
1. 连接夹爪工具控制气路	（5）连接4轴气口至快换装置气口气路：使用气管连接4号气管接口和工具快换装置主端口上的4气管接口 控制夹爪工具动作的气路连接完成	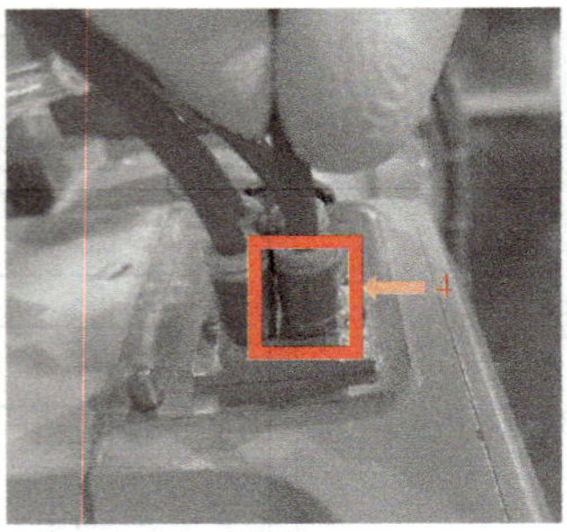 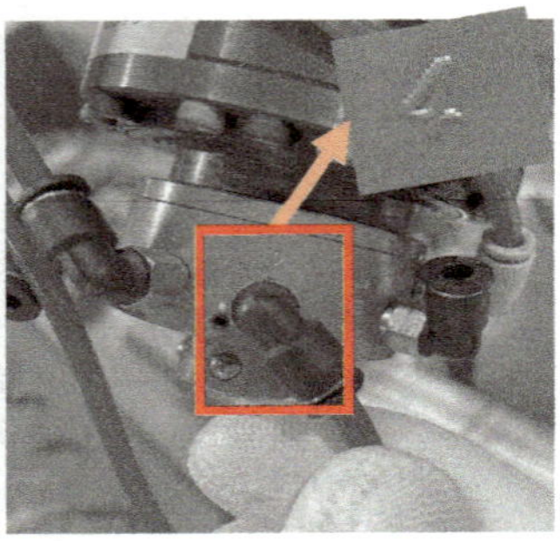
2. 安装和测试夹爪工具	（1）打开调压过滤器：打开手滑阀（向内推将手滑阀打开），向上拉起调节阀，顺时针旋转，将气路压力调整到0.4～0.6MPa，按下调节阀	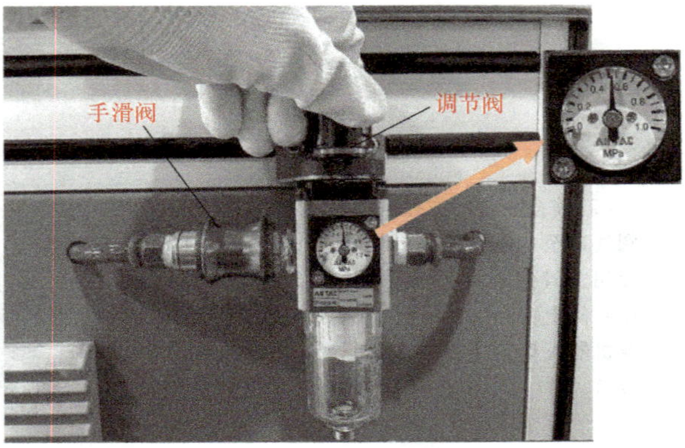
	（2）安装夹爪工具：通过按压控制工业机器人工具快换动作电磁阀上的手动调试按钮，使工具快换装置主端口活塞上移，钢珠缩回	 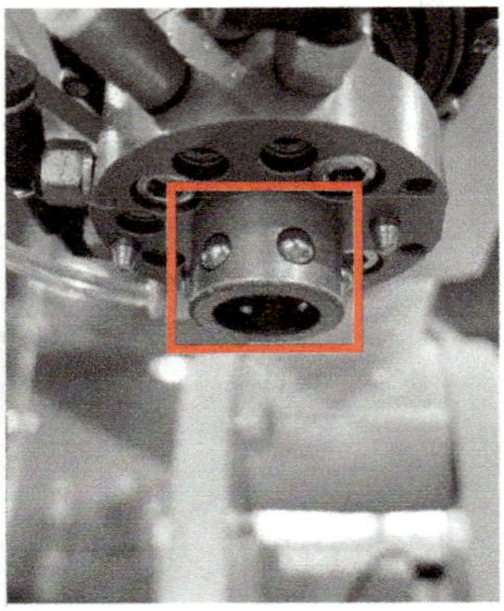
	（3）安装夹爪工具：安装时，须对准快换装置主端口和末端工具上的U形凹槽 然后松开工具快换动作电磁阀上的手动调试按钮，使工具快换装置锁紧末端工具	

（续）

工序	操作步骤	图片
2. 安装和测试夹爪工具	（4）测试夹爪工具：通过按压控制夹爪工具动作对应气路电磁阀上的手动调试按钮，测试夹爪工具的闭合和张开，验证气路连接的正确性	

3.3.8　双吸盘工具气路的连接及应用

1. 吸盘工具介绍

吸盘工具上有两种吸盘，一端是成对的大吸盘，利用"Vacunm_1"真空信号来吸取和放置盖板和成品电路板；另一端是单个小吸盘，利用"Vacunm_2"真空信号来吸取和放置芯片，如图3-60所示。

双吸盘工具气路的连接及应用

吸盘工具上成对的大吸盘由气管连接到快换装置被接端口的2号和5号口，单个小吸盘连接到快换装置被接端口的6号口，如图3-61所示。

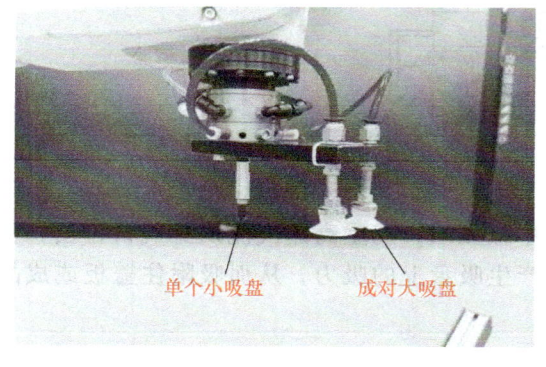

图3-60　吸盘工具

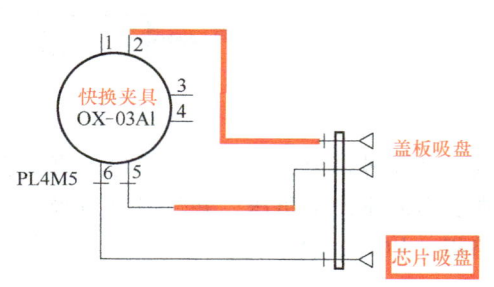

图3-61　吸盘工具上的气路

2. 双通道吸盘的气路分析

双通道吸盘气路由一个二位五通电磁阀、一个真空发生器、一个真空表、一个吸盘工具和若干气管组成，如图3-62所示。

（1）二位五通电磁阀

① 组成结构：由电气部分和气动执行部分组成。

② 工作原理：线圈失电时，1号口、2号口进气，4号口、5号口排气；线圈通电时，1号口、4号口进气，2号口、3号口排气，如图3-63所示。

而在双吸盘、单吸盘和破真空中，只使用1号口、4号口，2号口是封闭的。

（2）双通道吸盘气路工作原理　当盖板吸盘电磁阀处于通电状态时，正压气体从1号口

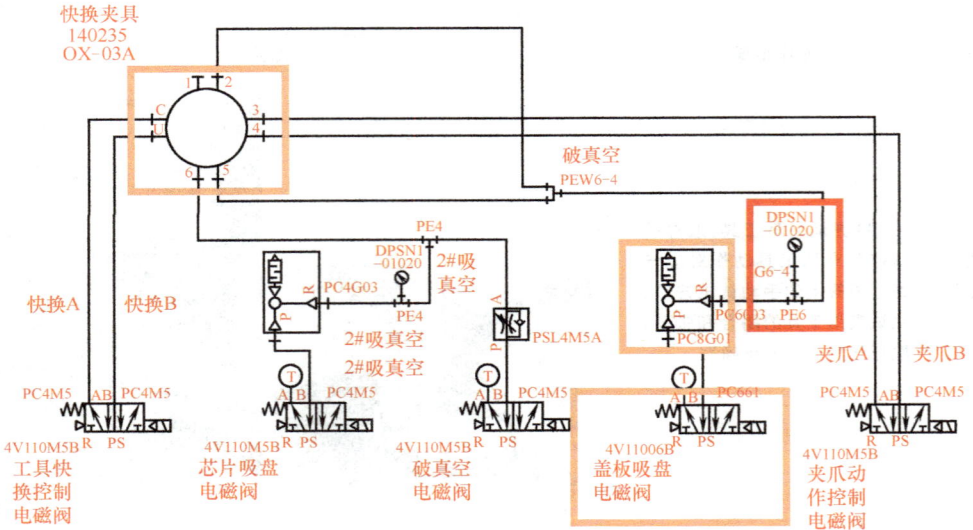

图 3-62 双通道吸盘气路

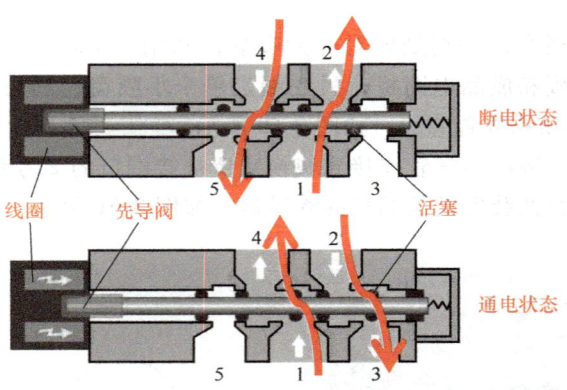

图 3-63 二位五通电磁阀工作原理

进气，从 4 号口出气，通过气管进入真空发生器中被压缩，产生高速气流从排气口排出，从而在负压腔室产生负压，并从吸盘口吸入空气，产生吸盘上的吸力，从而吸附住盖板或成品电路板，如图 3-64 所示。

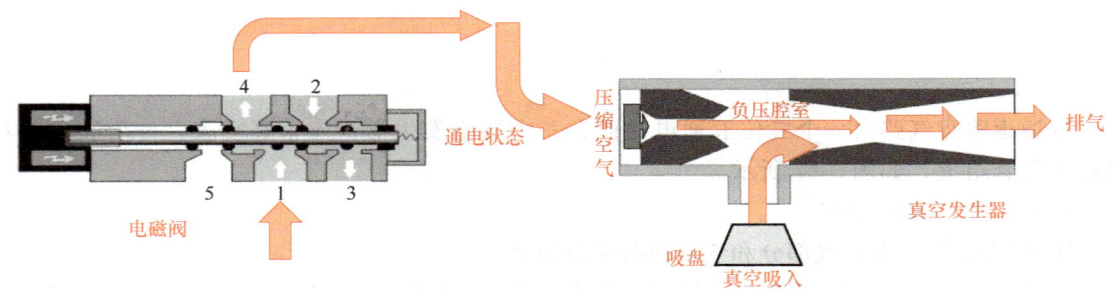

图 3-64 双通道吸盘气路工作原理

3. 双通道吸盘工具控制气路连接与测试实操步骤

双通道吸盘工具控制气路连接与测试任务操作见表 3-18。

表 3-18 双通道吸盘工具控制气路连接与测试任务操作

工序	操作步骤	图片
1. 连接双通道吸盘工具控制气路	（1）查看气动原理图，确定气路连接顺序： 盖板吸盘（双吸盘）电磁阀气口→真空发生器入气口→快换装置气口	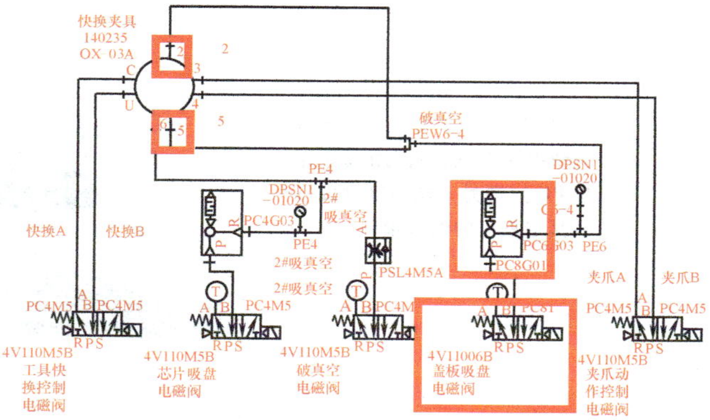
	（2）连接盖板吸盘（双吸盘）电磁阀气口至真空发生器入气口：使用气管连接双吸盘控制电磁阀 B 出口到真空发生器的入口 **注意**：正压使用蓝色气管，负压使用透明的气管，两个气管的规格都是 4mm×2.5mm	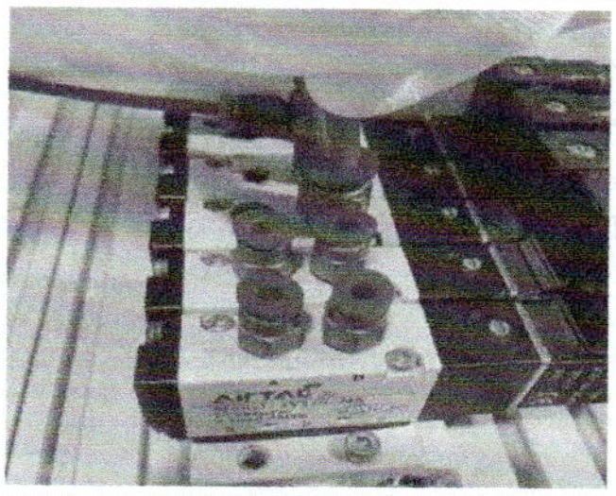 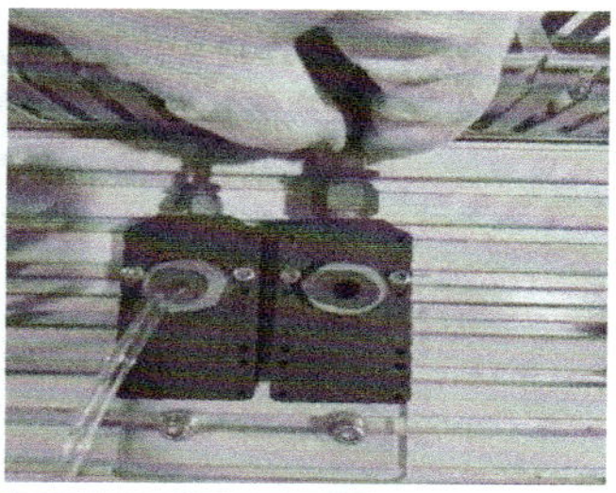 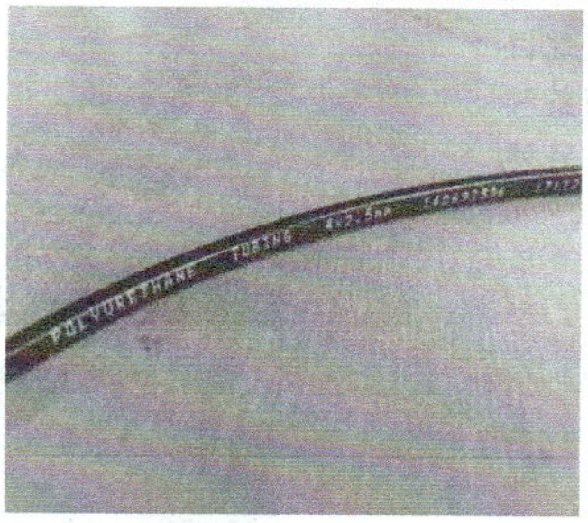 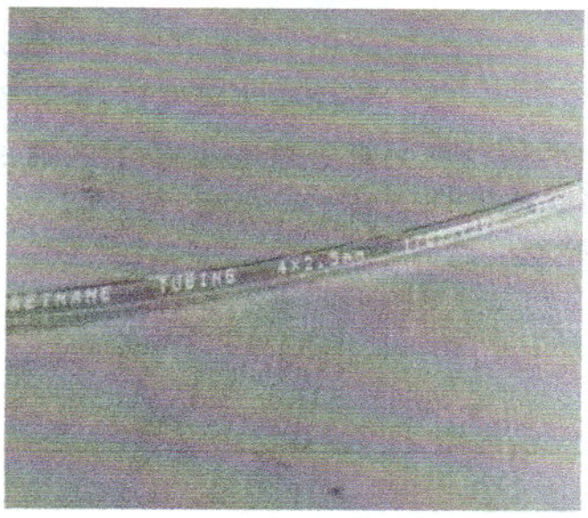
	（3）连接真空发生器入气口至快换装置气口：使用气管连接真空发生器的真空吸入口到 T 形三通上的气管接口	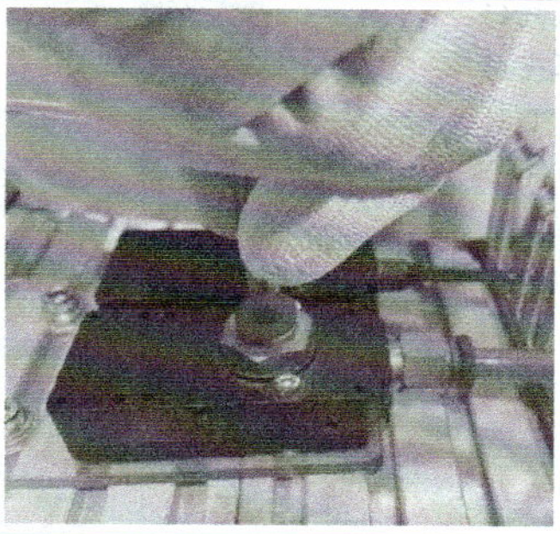 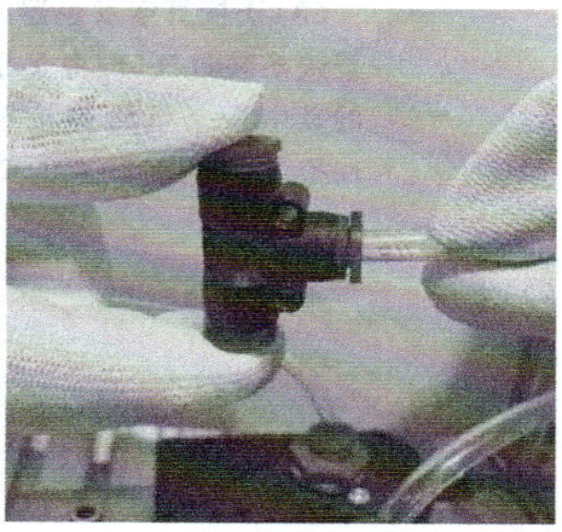
	（4）连接真空发生器入气口至快换装置气口：使用气管连接 T 形三通的另外一端接口到 PU 直通的气管接口	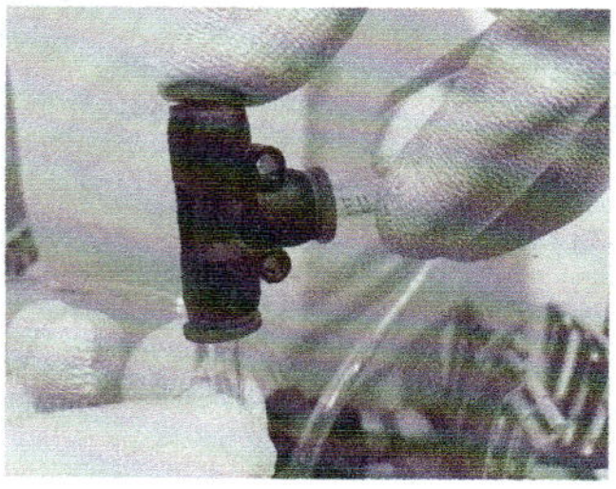 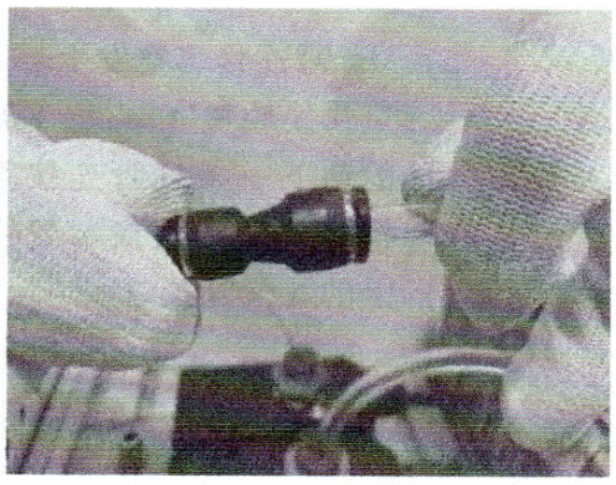

工业机器人操作与运维

（续）

工序	操作步骤	图片
1. 连接双通道吸盘工具控制气路	（5）连接真空发生器入气口至快换装置气口：使用气管连接 PU 直通另一端的气管接口到真空表上的气管接口	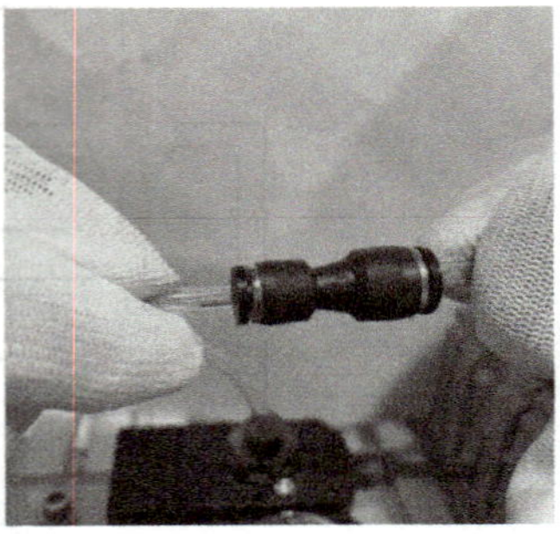 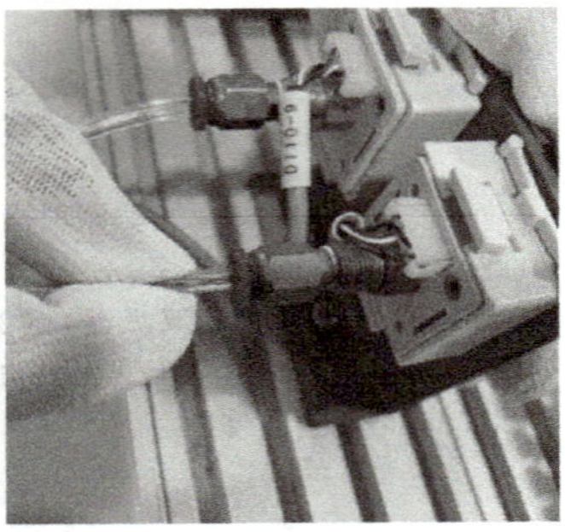
	（6）连接真空发生器入气口至快换装置气口：使用气管连接 T 形三通的另一个气管接口到 Y 形三通的气管接口	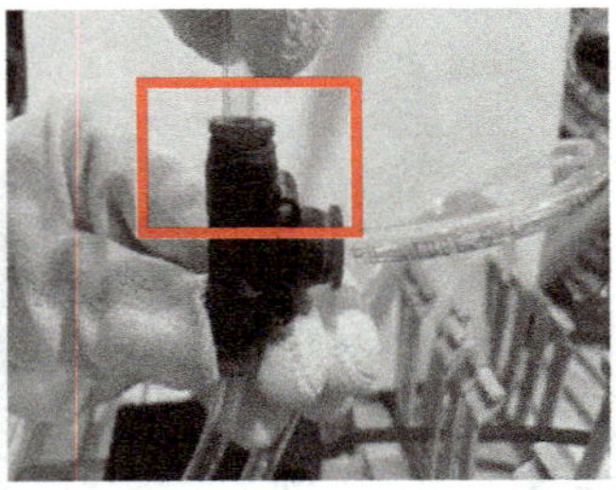 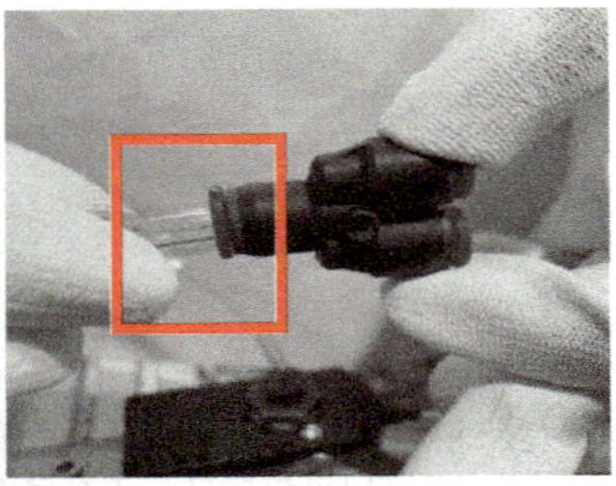
	（7）连接真空发生器入气口至快换装置气口：使用两条气管分别连接 Y 形三通的另外两个气管接口	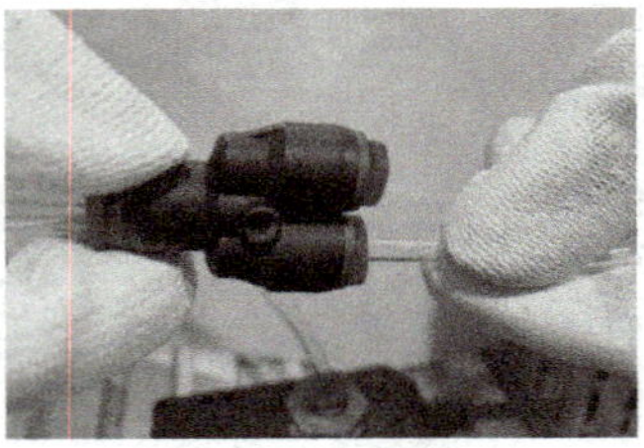 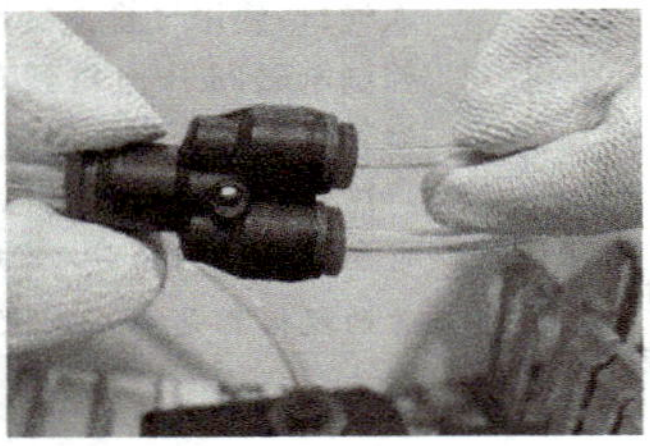
	（8）连接真空发生器入气口至快换装置气口：将 Y 形三通的其中一条气管连接至工具快换装置主端口上的 2 气管接口	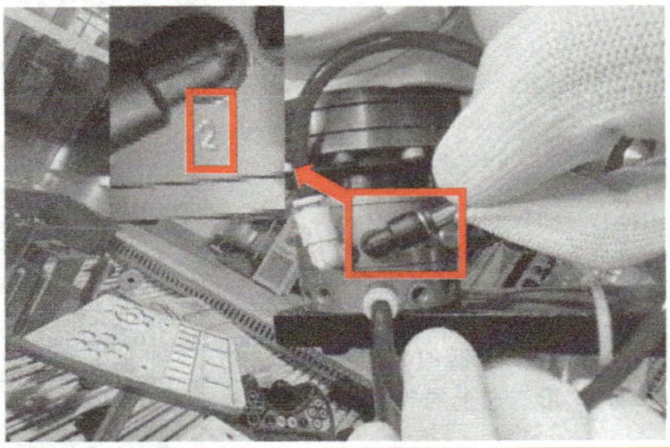
	（9）连接真空发生器入气口至快换装置气口：将 Y 形三通的剩下一条气管连接至工业机器人工具快换装置主端口上的 5 气管接口	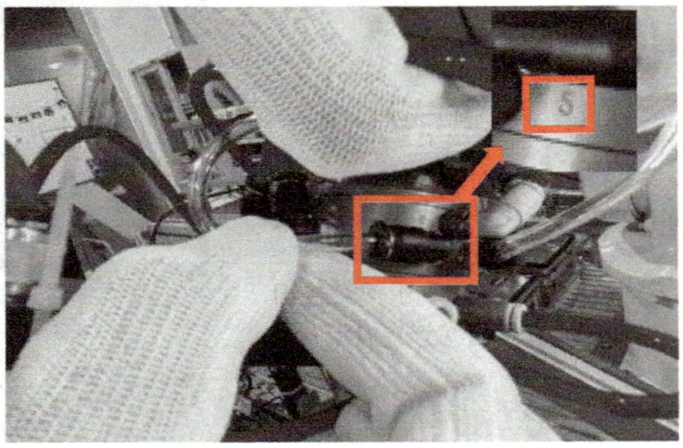

项目3 工业机器人的安装

（续）

工序	操作步骤	图片
2. 安装和测试双通道吸盘工具	（1）打开调压过滤器：打开手滑阀（向内推，将手滑阀打开），向上拉起调节阀，顺时针旋转，将气路压力调整到 0.4~0.6MPa，向下按调节阀	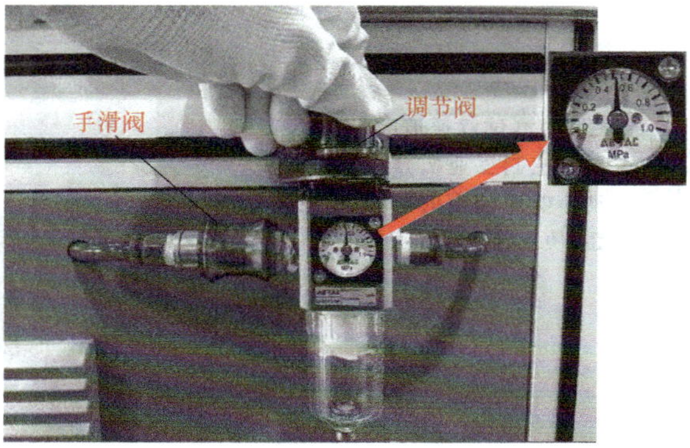
	（2）安装双通道吸盘工具：通过按压控制工业机器人工具快换动作电磁阀上的手动调试按钮，使工具快换装置主端口活塞上移，钢珠缩回	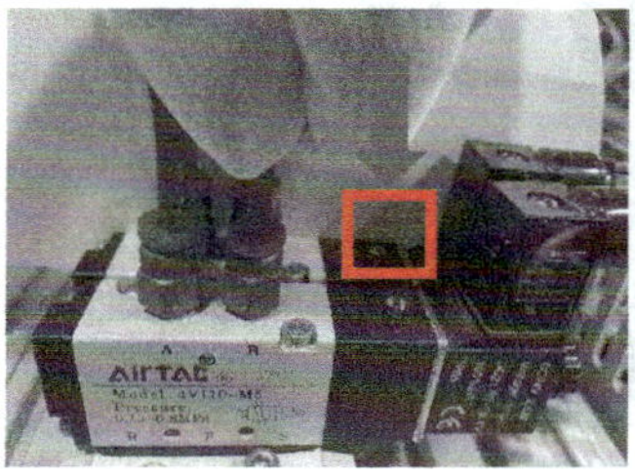 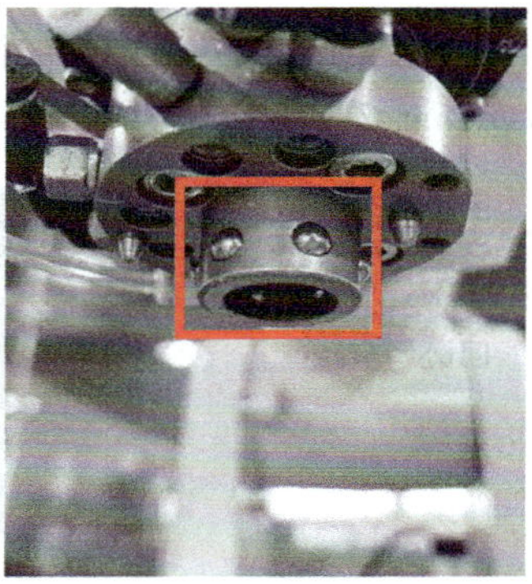
	（3）安装双通道吸盘工具：安装时，须对准快换装置主端口和末端工具上的U形凹槽 然后松开工具快换动作电磁阀上的手动调试按钮，使工具快换装置锁紧末端工具	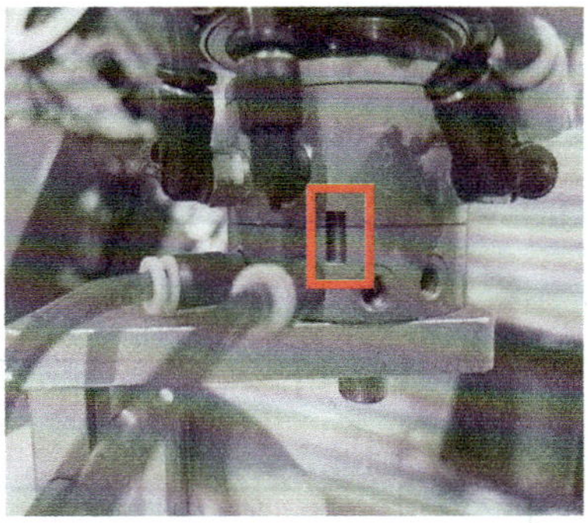
	（4）测试双通道吸盘工具：通过按压控制工业机器人双吸盘动作电磁阀上的手动调试按钮，使双吸盘吸附住盖板	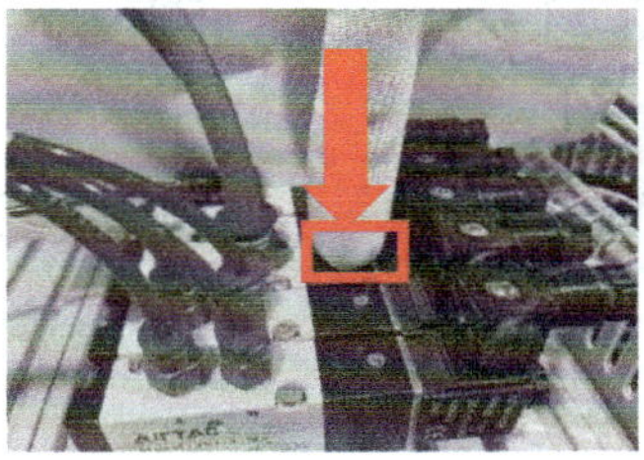 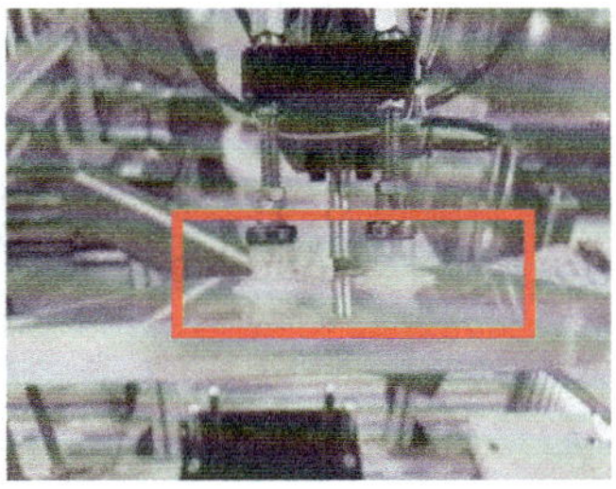

（续）

工序	操作步骤	图片
2. 安装和测试双通道吸盘工具	（5）测试双通道吸盘工具：松开控制工业机器人双吸盘动作电磁阀上的手动调试按钮，使双吸盘松开盖板	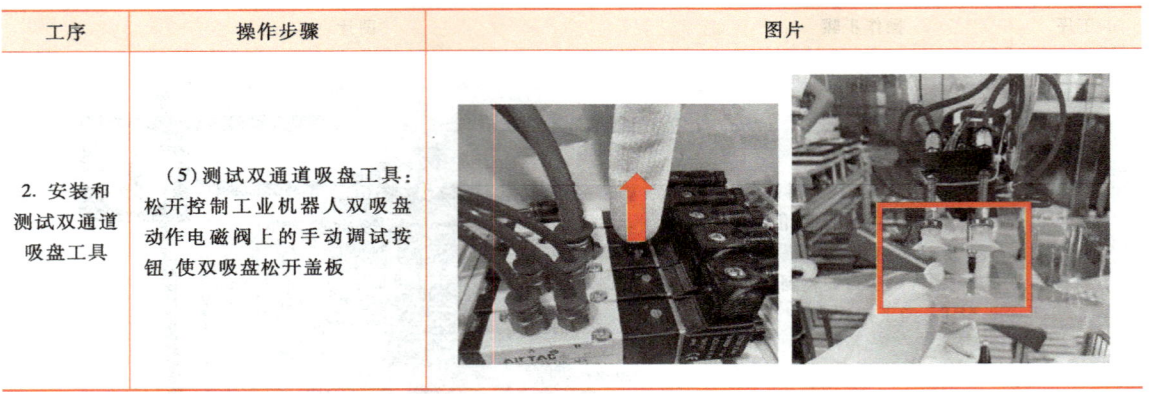

3.3.9 单吸盘工具气路的连接及应用

1. 单通道吸盘工具介绍

吸盘工具上另一端是单个小吸盘，通过气管连接到快换装置被接端口的 6 号口上，利用"Vacunm_2"真空信号来吸取和释放芯片，如图 3-65 所示。

单吸盘工具气路的连接及应用

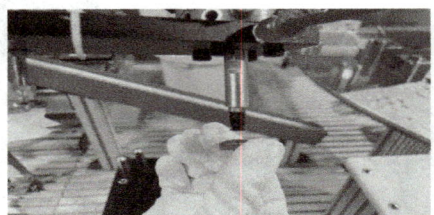 

图 3-65　单通道吸盘工具

2. 单通道吸盘工具气路分析

单通道吸盘气路由两个二位五通电磁阀、一个真空发生器、一个真空表、一个吸盘工具和若干气管组成，如图 3-66 所示。

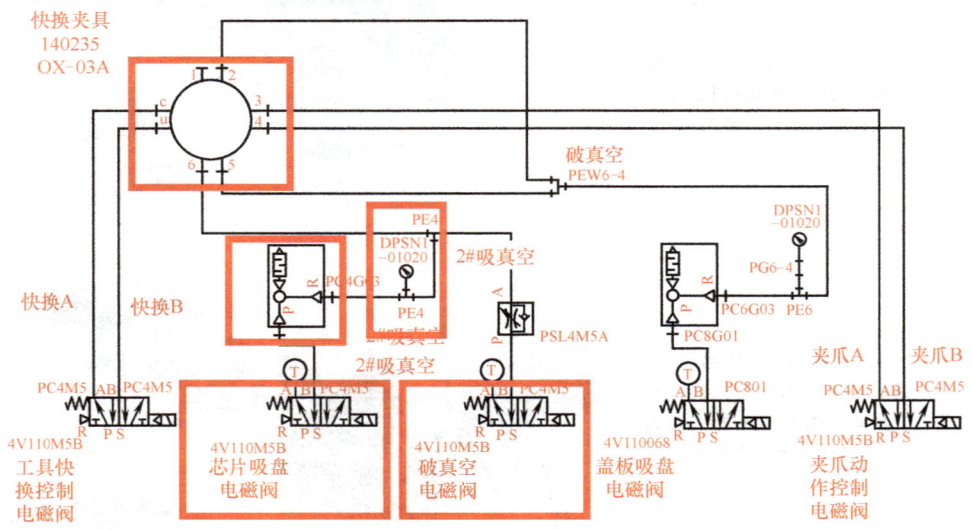

图 3-66　单通道吸盘气路

单通道吸盘气路工作原理如下。

吸取芯片：当芯片吸盘电磁阀处于通电状态时，正压气体从1号口进气，从4号口出气，通过气管进入真空发生器中被压缩，产生高速气流从排气口排出，从而在负压腔室产生负压，并从吸盘口吸入空气，使吸盘产生吸力，从而吸附住芯片，如图3-67所示。

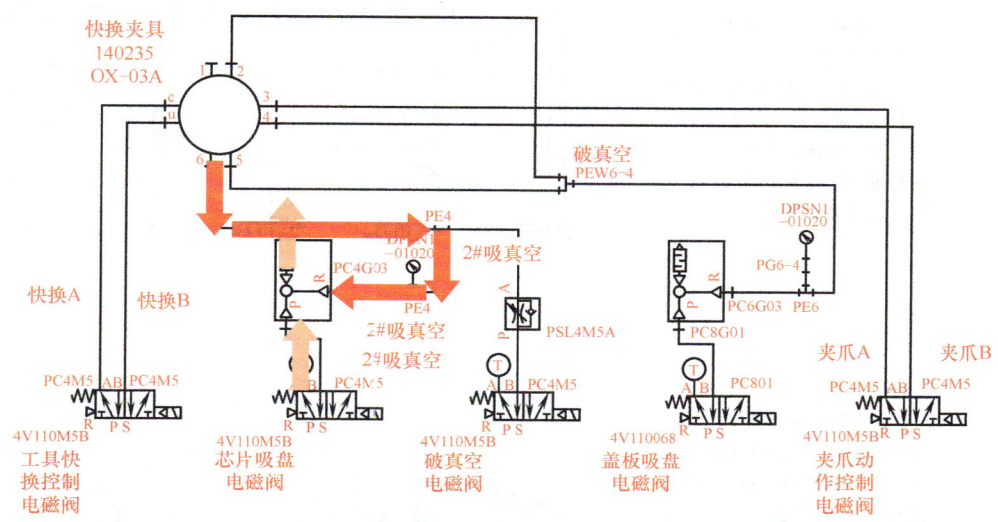

图3-67　单通道吸盘吸取原理

释放芯片：当破真空电磁阀处于通电状态时，正压气体直接吹气至吸盘口，将芯片放下，如图3-68所示。

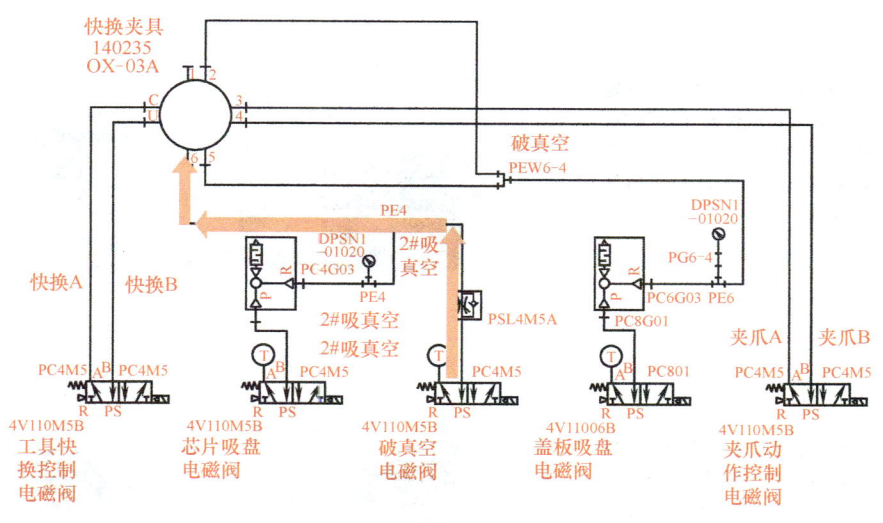

图3-68　单通道吸盘释放原理

3. 单通道吸盘工具控制气路连接与测试实操步骤

单通道吸盘工具控制气路连接与测试任务操作见表3-19。

表 3-19　单通道吸盘工具控制气路连接与测试任务操作

工序	操作步骤	图片
1. 连接单通道吸盘工具控制气路	(1) 查看气动原理图,确定气路连接顺序: 吸取时,芯片吸盘(单吸盘)电磁阀气口→真空发生器入气口→快换装置气口 释放时,破真空电磁阀气口→快换装置气口	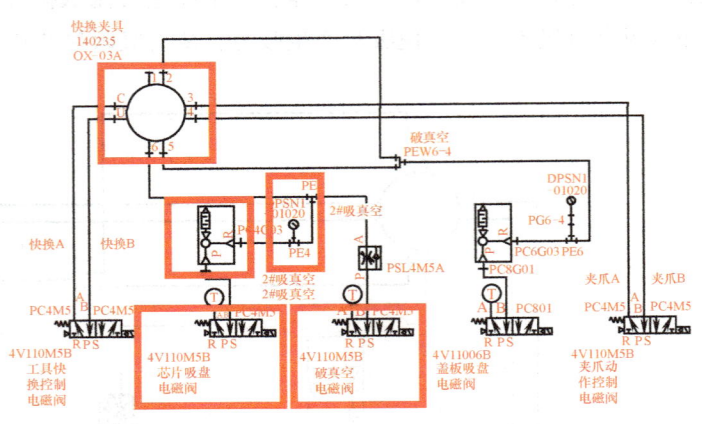
	(2) 连接吸取气路中芯片吸盘(单吸盘)电磁阀气口至真空发生器入气口:使用气管连接双吸盘控制电磁阀 B 出口到真空发生器的入口 注意:正压使用蓝色气管,负压使用透明的气管,两个气管的规格都是 4mm×2.5mm	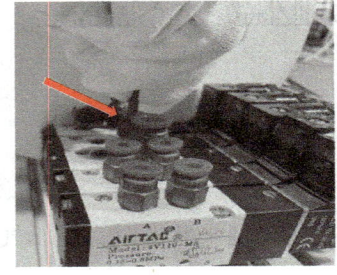 
	(3) 连接吸取气路中真空发生器入气口至快换装置气口:使用气管连接真空发生器的真空吸气口到 T 形三通的气管接口	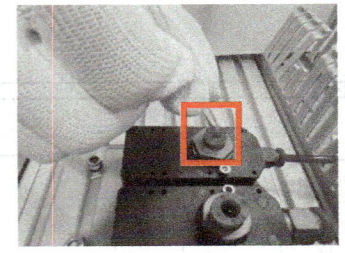 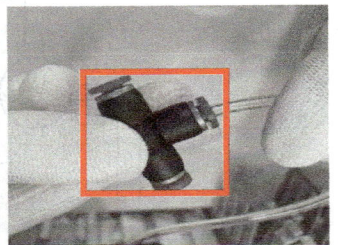
	(4) 连接吸取气路中真空发生器入气口至快换装置气口:使用气管连接 T 形三通的一端气管接口到 Y 形三通的气管接口	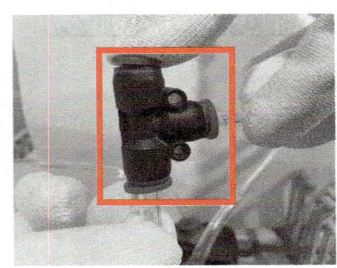 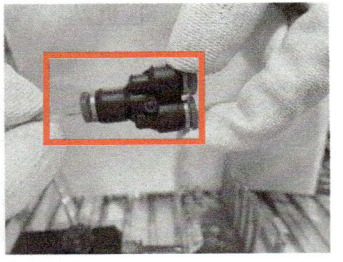

（续）

工序	操作步骤	图片
1. 连接单通道吸盘工具控制气路	（5）连接吸取气路中真空发生器入气口至快换装置气口：使用气管连接Y形三通的一个气管接口到真空表上的气管接口	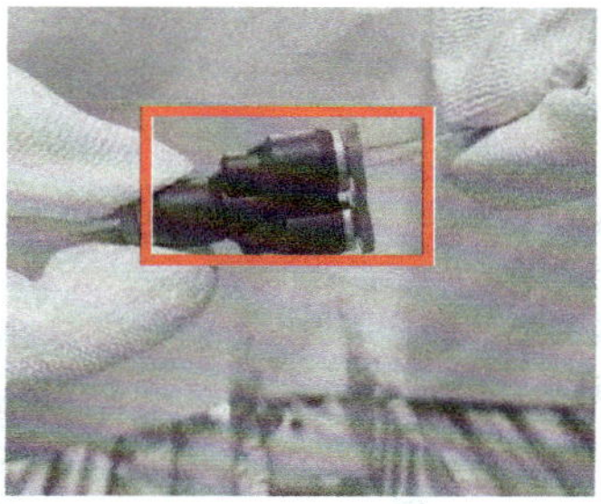 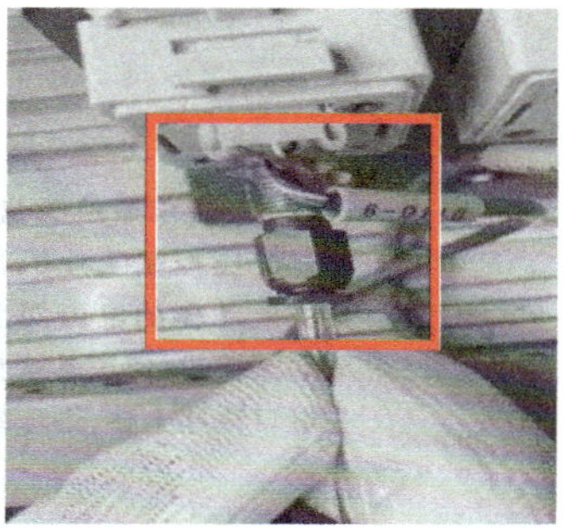
	（6）连接吸取气路中真空发生器入气口至快换装置气口：使用气管连接T形三通剩下的气管接口到工具快换装置主端口上的6气管接口	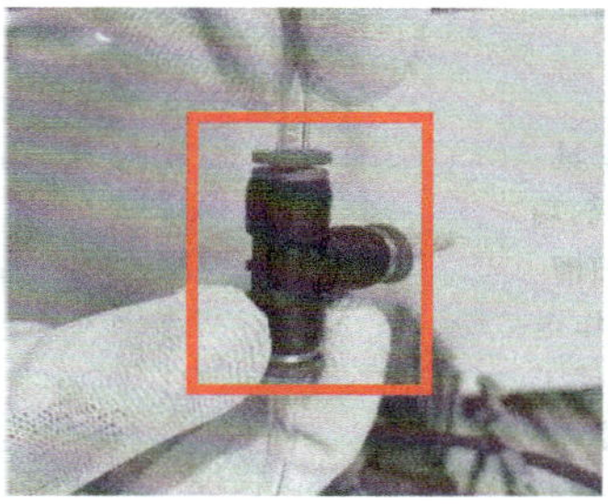 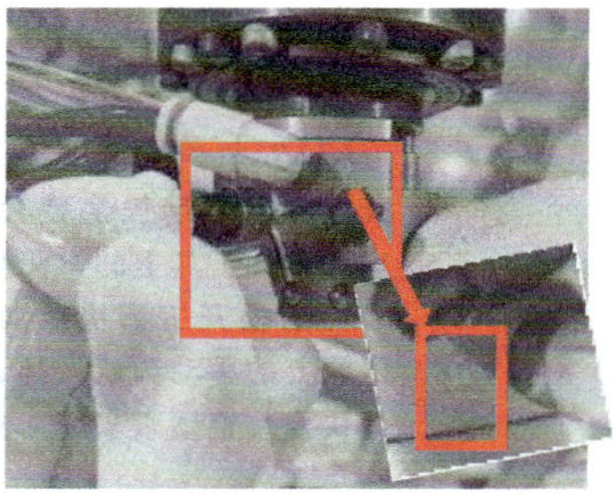
	（7）连接破真空电磁阀气口至快换装置气口：使用气管连接破真空电磁阀的气管接口到连接快换装置的Y形三通的气管接口	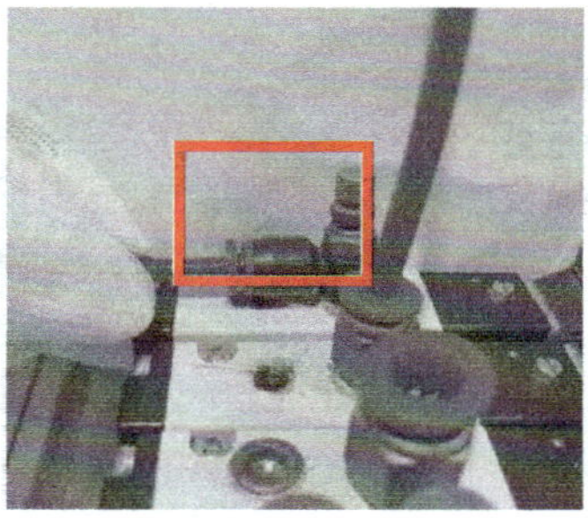 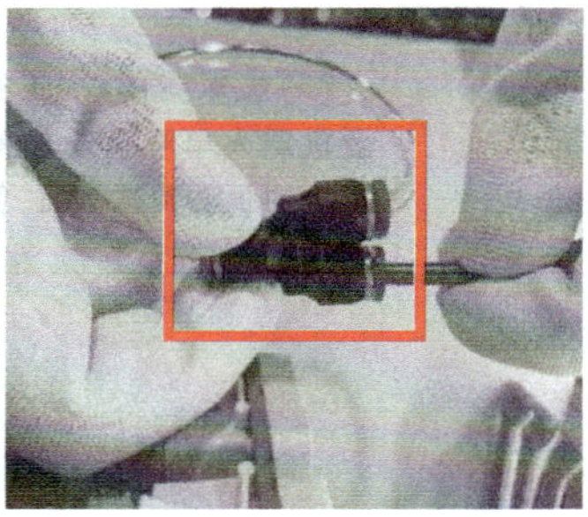
2. 测试单通道吸盘工具	（1）打开调压过滤器：打开手滑阀（向内推，将手滑阀打开），向上拉起调节阀，顺时针旋转，将气路压力调整到0.4~0.6MPa，向下按调节阀	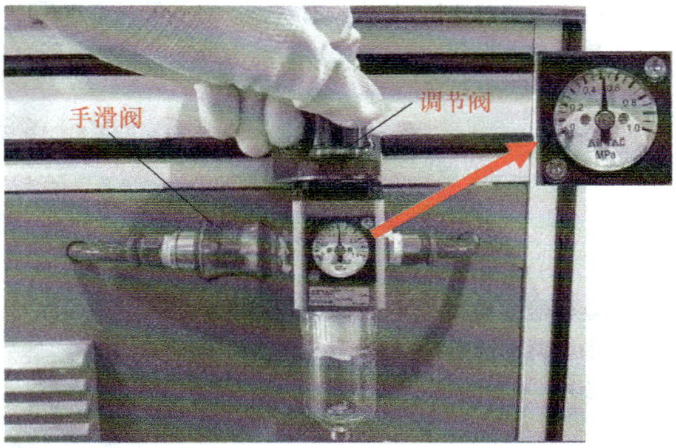

— 117 —

(续)

工序	操作步骤	图片
2. 测试单通道吸盘工具	(2) 安装单通道吸盘工具：通过按压控制工业机器人工具快换动作的电磁阀上的手动调试按钮，使工具快换装置主端口活塞上移，钢珠缩回	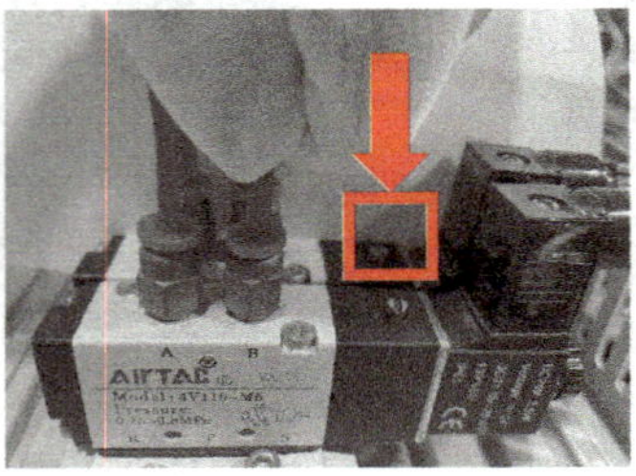 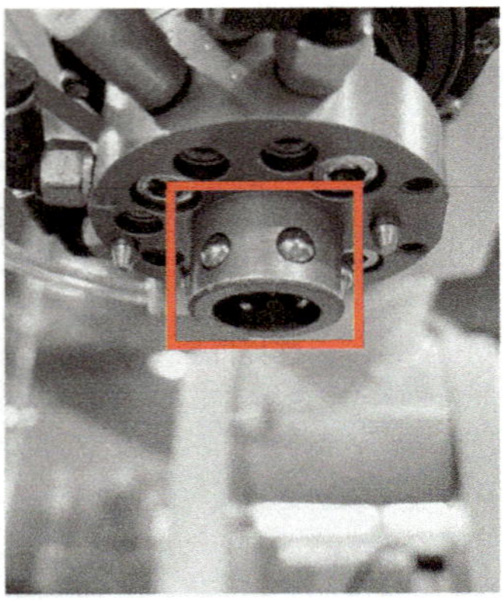
	(3) 安装单通道吸盘工具：安装时须对准快换装置主端口和末端工具上的U形凹槽 然后松开工具快换动作电磁阀上的手动调试按钮，使工具快换装置锁紧末端工具	
	(4) 吸取测试：按压控制工业机器人单吸盘动作的电磁阀上的手动调试按钮，使单吸盘吸附芯片	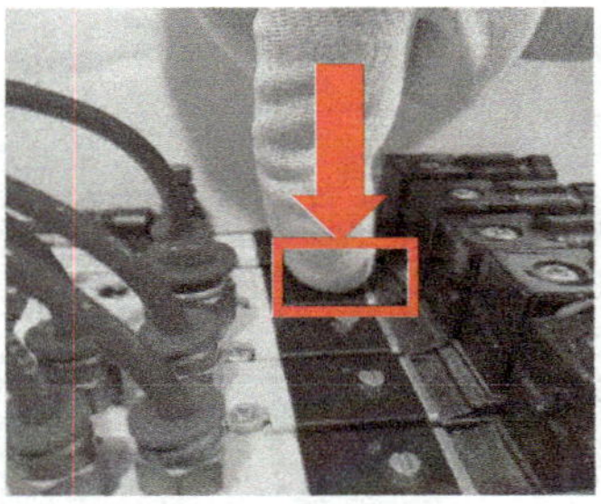 
	(5) 吸取测试：松开控制工业机器人单吸盘动作电磁阀的手动调试按钮，芯片没有从单吸盘上松开	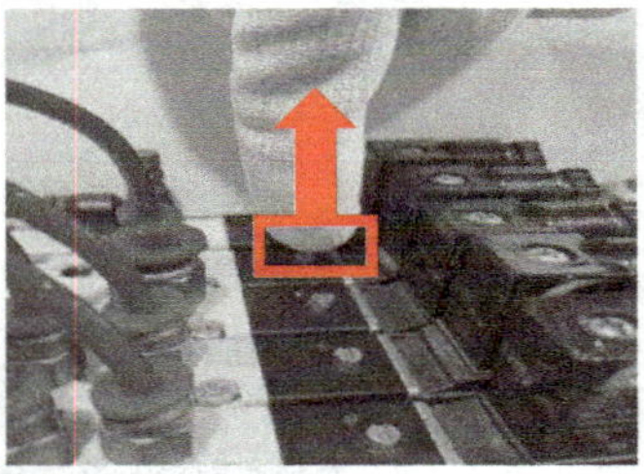 
	(6) 释放测试：按压控制工业机器人破真空电磁阀上的手动调试按钮，使单吸盘松开芯片	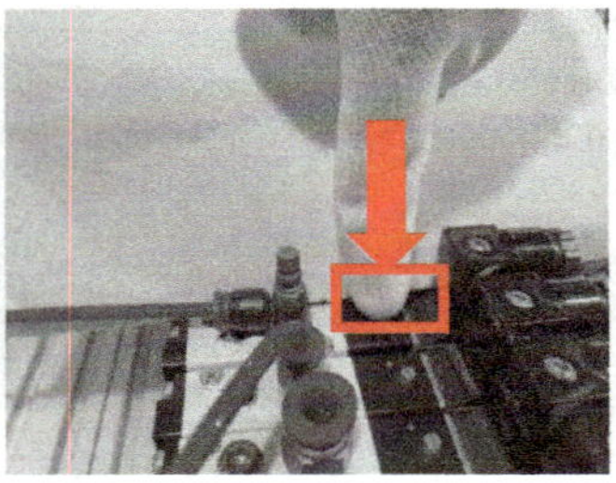 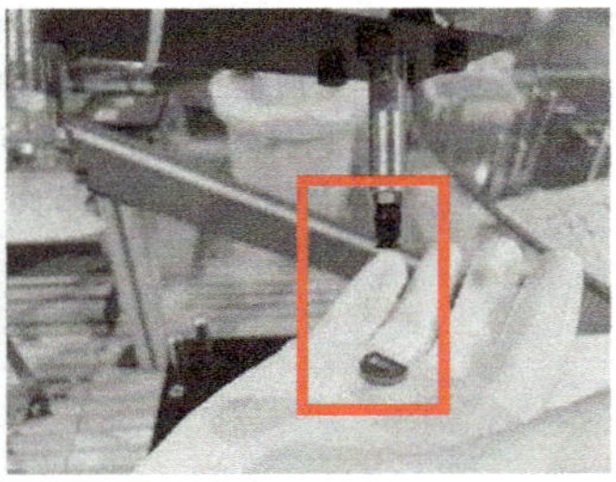

（续）

工序	操作步骤	图片	
3. 整理气管	（1）使用绑扎带绑扎气管，要求第一根绑扎带距离接头60mm±5mm，余下的两个绑扎带之间的间距在 50mm±5mm；要求裁剪后的绑扎带剩余露出长度必须小于1mm		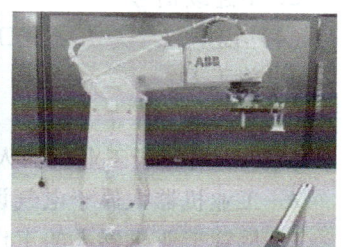
	（2）整理气管时，须将台面上的气管整齐地放入线槽中，并盖上线槽盖板。至此，搬运码垛单元的气路连接完成	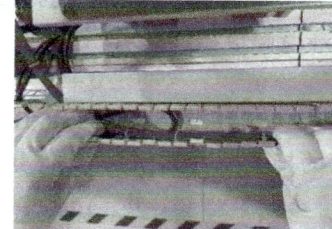	

知识回顾

【知识点总结】

1. 工业机器人的安装环境要求。
2. 工业机器人外部包装的拆包方法。
3. 工业机器人本体和码垛工作站的搭建安装步骤。
4. 控制柜和示教器电气线路的连接步骤。
5. 工业机器人工作站电磁阀的安装与电气线路的连接步骤。
6. 末端执行器快换装置安装和控制气路的连接步骤。
7. 双通道吸盘和单通道吸盘工具的气路连接步骤。
8. 手动安装末端执行器的操作方法。
9. 手动测试夹爪工具、双通道吸盘和单通道吸盘工具功能的操作方法。

【思考与练习】

1+X 初级真题

1. 单选题

（1）工业机器人安装环境相对湿度要求是（　　）。
A. 20～80%RH　　　　　　　　　　B. 20～70%RH
C. 20～60%RH　　　　　　　　　　D. 20～50%RH

（2）由于工业机器人的包装木箱体积比较大，作业中至少需要（　　）个操作人员协同配合完成拆包。
A. 1　　　　　B. 2　　　　　C. 3　　　　　D. 4

（3）音波式数字显示张力计通过（　　）处理，测出不同条件下的振动波形，并可读出波形的周期，通过周期波数频率的处理，换算出张力值。

A. 模拟信号　　　　　　　　　　B. 数字信号

C. 不连续信号　　　　　　　　　D. 上升沿信号

(4) 以下（　　）不是工业机器人系统拆包时需要用到的工具。

A. 美工刀　　　　　　　　　　　B. 活扳手

C. 万用表　　　　　　　　　　　D. 十字螺钉旋具

(5) 下列关于工业机器人的安装环境要求，描述错误的是（　　）。

A. 工业机器人属于电气设备，对环境湿度有一定要求，一般需要保持在 20~80%RH

B. 尽管工业机器人的工作区域有限，依然需要安装防护装置（如安全围栏）

C. 安装环境必须没有易燃、易腐蚀液体和气体

D. 由于工业机器人内部有润滑油等物，所以其工作温度和存储温度需要保持在 −10~60℃

(6) 控制柜工作时允许的环境温度条件是（　　）。

A. 0~30℃　　　　　　　　　　　B. 0~35℃

C. 0~40℃　　　　　　　　　　　D. 0~45℃

(7) 示教器电缆（红色）的接头插入到控制柜（　　）端口。

A. XS1　　　　　　　　　　　　 B. XS2

C. XS41　　　　　　　　　　　　D. XS4

(8) SMB 电缆（直头）接头插入控制柜（　　）端口。

A. XS1　　　　　　　　　　　　 B. XS2

C. XS41　　　　　　　　　　　　D. XS4

(9) 使用绑扎带绑扎气管时，要求第一根绑扎带距离接头（　　）mm。

A. 50±5　　　　　　　　　　　　B. 50

C. 60±5　　　　　　　　　　　　D. 60

(10) 在双通道吸盘气路连接中，正压使用蓝色气管，负压使用透明的气管，两个气管的规格都是（　　）。

A. 4mm×1mm　　　　　　　　　B. 4mm×2.5mm

C. 4mm×5mm　　　　　　　　　D. 3mm×1.5mm

(11) 真空吸盘要求工件表面（　　）、干燥清洁，同时气密性好。

A. 平整光滑　　　　　　　　　　B. 凹凸不平

C. 平缓突起　　　　　　　　　　D. 粗糙

(12) 二位五通电磁阀线圈失电时，（　　）通道进气。

A. 1，3　　　　　　　　　　　　 B. 2，4

C. 1，2　　　　　　　　　　　　 D. 3，4

(13) 使用绑扎带绑扎气管，要求裁剪后的绑扎带剩余露出长度必须小于（　　）。

A. 2mm　　　　　　　　　　　　B. 1mm

C. 3mm　　　　　　　　　　　　D. 2.5mm

答案：(1) A (2) B (3) A (4) C (5) D (6) D (7) D (8) B (9) C (10) B (11) A (12) C (13) B

2. 多选题

(1) 工业机器人拆包后，包括（　　）几个部分。

A. 机器人本体　　　　B. 示教器　　　　C. 线缆配件　　　　D. 控制柜

（2）工业机器人运达安装现场后，安装人员应该第一时间检查包装箱（　　）。

A. 外观是否有破损　　　　　　　　B. 是否有进水
C. 大小　　　　　　　　　　　　　D. 颜色

（3）以下哪些步骤属于关闭工业机器人系统的操作步骤？（　　）

A. 单击示教器主菜单里的"重新启动"
B. 选择"重新启动界面"下面的"高级…"
C. 将控制柜电源开关从"ON"旋转至"OFF"
D. 将控制柜电源开关从"OFF"旋转至"ON"

（4）以下哪些属于示教器正面？（　　）

A. 手动操作摇杆　　　　　　　　　B. 触摸屏
C. 快捷键单元　　　　　　　　　　D. 触摸屏用笔

（5）连接电缆航空插头时需要注意的是（　　）

A. 插头插紧没有松动　　　　　　　B. 可以随意插拔
C. 保证插针不被损坏　　　　　　　D. 保证插头插针和插座的插孔对准

（6）安装工业机器人之前需要检查的内容包括（　　）

A. 目测检查工业机器人确保其不受损
B. 确保工业机器人的预期操作环境符合规范要求
C. 搬运工业机器人前，需要先查看工业机器人的稳定性
D. 已拆除固定工业机器人姿态的支架

（7）安装末端工具时需要保证哪些状态？（　　）

A. 快换装置主端口钢珠处于缩回状态
B. 快换装置主端口内活塞处于上移状态
C. 快换装置主端口钢珠处于弹出状态
D. 对齐末端工具被接端口与快换装置主端口外边上的U形口

（8）安装夹具工具时需要保证哪些状态？（　　）

A. 快换装置主端口钢珠处于缩回状态
B. 快换装置主端口内活塞处于上移状态
C. 快换装置主端口钢珠处于弹出状态
D. 对齐末端工具被接端口与快换装置主端口外边上的U形口

答案：（1）ABCD　（2）AB　（3）ABC　（4）ABC　（5）ACD　（6）ABCD
　　　（7）ABD　（8）ABD

3. 判断题

（1）工业机器人安装的环境温度要求：工作温度和运输储存温度为0~45℃。　（　　）

（2）装配的主要环节：清理和清洗、连接、校正、调整与配作、平衡、验收试验。
　　　　　　　　　　　　　　　　　　　　　　　　　　　　　　　　　（　　）

（3）在进行工业机器人拆包的过程中可以不用佩戴纯棉手套。　　　　　　（　　）

（4）拆包后可以看到4个部分，包含工业机器人本体、机架、示教器及线缆配件。
　　　　　　　　　　　　　　　　　　　　　　　　　　　　　　　　　（　　）

（5）使用橡胶锤可以柔和地敲击工件，尽可能不损伤工件的油气层。　　　（　　）

(6) 工业机器人本体安装使用高架起重机吊升机器人,在机器人表面与圆形吊带直接接触的地方要垫放厚布。（   ）

(7) 安装工业机器人控制柜时需要考虑控制柜所需的安装空间,保证控制柜工作时能够充分散热。（   ）

(8) 将示教器电缆（红色）接头插入控制柜 XS4 端口,并逆时针旋转连接器的锁环,将其拧紧,从而完成机器人示教器与控制柜的连接。（   ）

(9) 示教器电缆（红色）的接头要插入到控制柜 XS41 端口。（   ）

(10) 示教器是工业机器人控制系统的核心部件,是一个用来注册和存储机械运动或处理记忆的设备。（   ）

(11) 开启工业机器人系统时,是将控制柜电源开关从"OFF"旋转至"ON"。（   ）

(12) 安装末端工具时,要使工具快换装置主端口活塞上移,钢珠呈弹出状态。（   ）

(13) 主端口与被接端口对接的定位位置只有两个。（   ）

(14) 在完成工艺单元的气路连接后,可以通过按压控制工具快换动作电磁阀上的手动调试按钮来测试快换装置主端口锁紧钢珠是否会缩回。（   ）

(15) 手动将末端工具安装到主端口上时,可以不用对齐末端工具被接端口与快换装置主端口上的 U 形口。（   ）

(16) 通常工作站的气路压力要调整到 0.4~0.6MPa。（   ）

(17) 双通道吸盘气路中正压使用透明气管,负压使用蓝色气管。（   ）

(18) 安装完"吸盘工具"后可直接回到原点。（   ）

(19) 真空发生器就是利用正压气源产生负压的一种新型、高效、清洁、经济、小型的真空元器件。（   ）

(20) 在气路连接过程中,正压使用蓝色气管,负压使用透明气管。（   ）

(21) 吸盘工具上有两种吸盘,一端是单个小吸盘,利用"Vacunm_2"真空信号来吸取和放置芯片。（   ）

(22) 吸附式取料手适用于大平面、易碎、微小的物体。（   ）

(23) 将台面上的气管整齐地放入线槽中,并盖上线槽盖板。（   ）

答案：(1) × (2) √ (3) × (4) × (5) √ (6) √
(7) √ (8) × (9) × (10) √ (11) √ (12) × (13) ×
(14) √ (15) × (16) √ (17) × (18) × (19) √
(20) √ (21) √ (22) √ (23) √

4. 实操题

(1) 按照流程安装工业机器人本体。

(2) 参照任务中的操作步骤完成工业机器人控制柜的安装。

(3) 参照任务中的操作步骤完成工业机器人示教器的安装。

(4) 参照任务中的操作步骤检测工作站电气系统。

(5) 参照任务中的操作步骤完成每个工具的安装。

(6) 参照任务中的操作步骤完成夹爪工具动作的气路连接与调试。

(7) 参照任务中的操作步骤完成双通道吸盘的气路连接与调试。

(8) 参照任务中的操作步骤完成单通道吸盘的气路连接与调试。

项目总结

项目3总结

分析能力

- 分析现场环境是否适合工业机器人安装
- 根据情况选择适合的工具
- 分析机械、电气、液压、气动和工作站图样

规划能力

- 工业机器人安装环境的规划
- 工业机器人系统搭建和测试中的人员安排、准备工作、实施计划等内容的规划
- 工业机器人系统搭建和测试操作步骤的规划

应用能力

- 拆除工业机器人外部包装
- 按安装步骤完成工业机器人本体和码垛工作站的搭建
- 按连接步骤完成控制柜和示教器电气线路的连接
- 按连接步骤完成机器人工作站的电磁阀安装与电气线路连接
- 按连接步骤完成末端执行器快换装置的安装和控制气路的连接
- 按连接步骤完成双通道吸盘和单通道吸盘工具气路的连接
- 手动安装末端执行器
- 手动测试夹爪工具、双通道吸盘和单通道吸盘工具的功能

项目 4

工业机器人操作与编程

项目引入

项目4导学

通过对工业机器人本体相关知识及安装的学习，小明终于把工业机器人顺利地安装到工作站上了。接下来该学习怎么去操作工业机器人了。

小明找到吴师傅请教，吴师傅说："想要操作工业机器人，最终让工业机器人自动运行起来，首先要学习工业机器人操作与编程等基础知识"。小明兴奋极了，只要学好工业机器人操作与编程的知识，就能顺利操作工业机器人了。

接下来，吴师傅将从工业机器人编程语言、编程方式、示教器使用、系统信息、坐标系、运动模式、备份与恢复等方面进行教学。小明准备好了吗？

项目目标

1. 了解工业机器人编程语言的类型、系统结构及基本功能。
2. 了解工业机器人的编程方式及编程技术的发展趋势。
3. 掌握工业机器人 RAPID 语言的程序结构。
4. 掌握使用示教器配置系统参数及查看信息的方法。
5. 掌握示教器按键的使用方法。
6. 掌握工业机器人运行模式和运行参数的设置方法。
7. 掌握工业机器人坐标系知识及切换方式。
8. 掌握工业机器人工具坐标系的标定方法。
9. 掌握切换工业机器人运动模式并操纵工业机器人运动的方法。
10. 掌握工业机器人紧急停止及恢复的方法。
11. 掌握工业机器人数据备份与恢复的方法。
12. 掌握工业机器人程序加密的方法。

项目4 工业机器人操作与编程

知识图谱

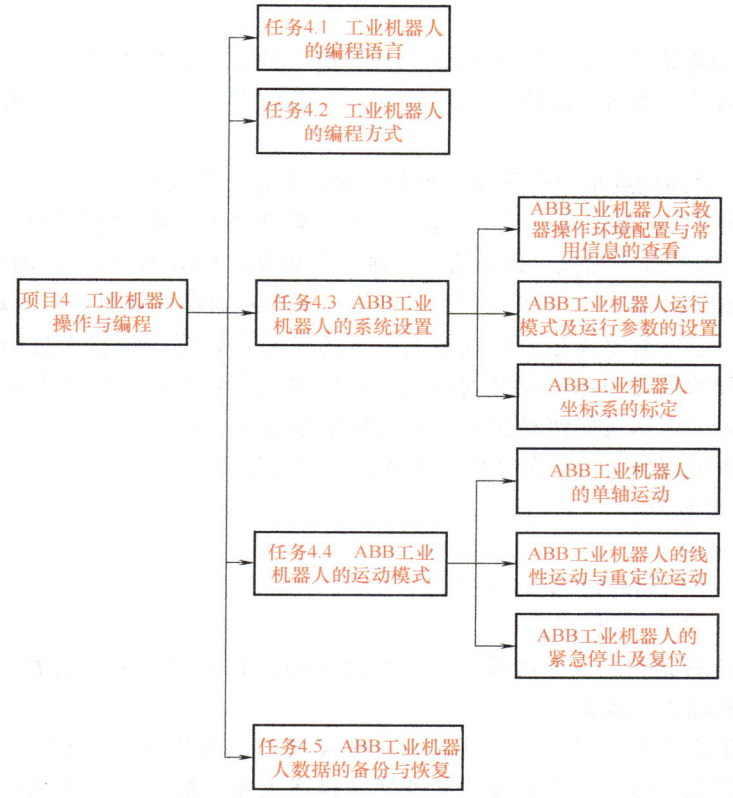

任务4.1 工业机器人的编程语言

任务描述

随着工业机器人技术的发展，工业机器人语言也得到了发展和完善。早期的工业机器人由于功能单一，动作简单，可采用固定程序或示教方式来控制其运动。随着工业机器人作业动作的多样化和作业环境的复杂化，依靠固定的程序或示教方式已满足不了要求，必须依靠能适应作业任务和环境随时变化的工业机器人编程语言来完成工业机器人的工作。

任务目标

1. 了解工业机器人编程语言的类型。
2. 了解工业机器人语言的系统结构。
3. 了解工业机器人编程语言的基本功能。

4. 掌握工业机器人编程系统的必要条件。

知识平台

1. 工业机器人编程语言的类型

（1）动作级编程语言　动作级编程语言是最简单的工业机器人语言。它以工业机器人的运动描述为主，通常一条指令对应工业机器人的一个动作，表示工业机器人从一个位姿运动到另一个位姿。

动作级编程语言的优点是简单易学，编程容易。其缺点是功能有限，对于繁琐的数学运算无能为力，只能接受传感器的简单的开关信息，与计算机之间的通信能力较差。动作级编程语言又可以分为关节级编程和末端执行器级编程两种。常见的有 VAL 语言，如 MOVE TO<目的地>。

（2）对象级编程语言　对象级编程语言是描述操作对象即作业物体本身动作的语言。

对象级编程语言不需要描述工业机器人手爪的运动，只要由编程人员用程序的形式给出作业本身顺序过程的描述和环境模型的描述，即描述操作物与操作物之间的关系，通过编译程序，工业机器人即能知道如何动作。对象级编程语言是比动作级编程语言高一级的编程语言，除具有动作级编程语言的全部动作功能外，还具有以下特点：

① 较强的感知能力。
② 良好的开放性。
③ 较强的数字计算和数据处理能力。

常见的有 AUTOPASS 语言等。

（3）任务级编程语言　任务级编程语言是比前两类编程语言更高级的一种语言，也是目前最理想的工业机器人高级语言。

任务级编程语言不需要用工业机器人的动作来描述作业任务，也不需要描述工业机器人操作对象的中间状态过程，只需要按照某种规则描述工业机器人操作对象的初始状态和最终目标状态，工业机器人语言系统即可利用已有的环境信息和知识库、数据库自动进行推理、计算，从而自动生成工业机器人详细的动作顺序和数据。

例如，轴和轴承的装配，轴承的初始位置和装配后的目标位置已知，当系统发出装配命令时，装配工业机器人在初始位置选择恰当的姿态抓取轴承，语言系统在初始位置和目标位置之间寻找路径，在复杂的作业环境中找出一条不会与周围障碍发生碰撞的合适路径，装配工业机器人沿此路径运动到目标位置。在此过程中，作业中间状态的作业方案设计、工序的选择、动作的前后安排等一系列问题均由计算机自动完成。

2. 工业机器人编程语言系统结构

工业机器人语言实际上是一个语言系统，包括硬件、软件和被控设备。具体而言，工业机器人语言系统包括语言本身、工业机器人控制柜、工业机器人、作业对象、周围环境和外围设备接口等。

工业机器人系统结构如图 4-1 所示，图中的箭头表示信息的流向。它支持工业机器人编程，可以用来控制外围设备、传感器和人机接口，并且支持各种通信方式。工业机器人语言操作系统包括 3 个基本的操作状态：监控状态、编辑状态和执行状态。监控状态供操作者实现对整个系统的监督控制。编辑状态供操作者编制程序或编辑程序。执行状态是执行工业机器人程序的状态。目前大多数工业机器人语言允许在程序执行的过程中直接返回到监控或编辑状态。

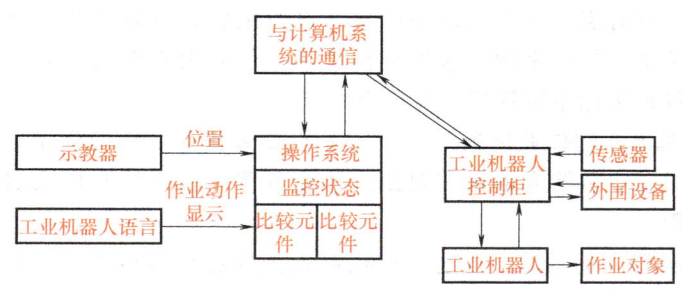

图 4-1 工业机器人系统结构

3. 工业机器人编程语言的基本功能

工业机器人语言的基本功能包括运算、决策、通信、运动、工具指令及传感数据处理等。这些基本功能都是通过工业机器人系统软件来实现的。

（1）运算功能　运算功能是工业机器人控制系统最重要的功能之一。如果工业机器人不装传感器，那么可能不需要对工业机器人程序进行运算。装有传感器的工业机器人可以进行解析几何等运算，这些运算结果能使工业机器人自行决定下一步把末端操作器置于何处。

解析几何运算的内容主要有坐标运算和位置表示（如相对位置的构成和坐标系的变化等）、矢量运算等。

（2）决策功能　工业机器人系统能根据传感器的输入信息做出决策，而不用执行任何运算。这种决策能力使工业机器人控制系统的功能增强。通过一条简单的条件转移指令（如检验零值）就足以执行任何决策算法。

（3）通信功能　工业机器人系统与操作员之间的通信能力可使工业机器人从操作员处获取所需信息，信息内容提示操作者下一步要做什么，并可使操作者知道工业机器人打算干什么。人和工业机器人能够通过许多不同的方式进行通信。

（4）运动功能　工业机器人语言的一个最基本的功能就是描述工业机器人的运动。

（5）工具指令功能　工具控制指令通常是由闭合某个开关或继电器而触发的，而开关和继电器又可能把电源接通或断开，直接控制工具运动，或送出一个小功率信号给电子控制器。

（6）传感数据处理功能　工业机器人语言的一个极其重要的功能是与传感器的相互作用。传感器数据处理是许多工业机器人编程十分重要而又复杂的组成部分，当采用触觉、听觉或视觉传感器时更是如此。

例如，当应用视觉传感器获取视觉特征数据辨识物体和进行工业机器人定位时，对视觉数据的处理工作往往是极其费时的。语言系统能够提供一般的决策结构，如"if…then…else""case…""do…until…"和"while…do…"等，以便根据传感器的信息控制程序的流程。

4. 工业机器人编程系统的必要条件

目前工业机器人常用的编程方法有在线示教编程、离线编程和自主编程三种。无论使用何种语言，工业机器人编程过程都要求能够通过语言进行程序的编译，能够把工业机器人的源程序转换成机器码，以便工业机器人控制系统能直接读取和执行。一般情况下，工业机器人的编程系统必须做到以下几点。

（1）建立世界坐标系及其他坐标系　在进行工业机器人编程时，需要描述物体在三维空间中的运动方式，为了便于描述，需给工业机器人及其系统中的其他物体建立一个基础坐标系，这个坐标系被称为世界坐标系。

为了方便工作，有时需要建立其他坐标系并进行编程，但是这些坐标系与世界坐标系有且只有唯一的变换关系。简单来说，这种变换关系一般是由六个变量来表示的。工业机器人编程系统应具有在各种坐标系下描述物体位姿的能力。

（2）描述工业机器人的作业情况　对于工业机器人作业的环境模型，编程语言水平决定了描述水平。现有的工业机器人语言需要给出作业顺序，由语法和词法定义输入语句，并由它描述整个作业过程。

（3）描述工业机器人的运动　描述工业机器人需要进行的运动是工业机器人编程语言的基本功能之一。用户能够运用语言中的运动语句控制路径规划器规定路径上的点及目标点，可以决定是否采用点插补运动或直线运动，用户还可以控制运动速度或运动持续时间。

（4）用户规定执行流程　同一般的计算机编程语言一样，工业机器人编程系统允许用户规定执行流程，包括转移、循环、调用子程序、中断及程序试运行等。

（5）良好的编程环境　同计算机系统一样，一个好的编程环境有助于提高程序员的工作效率。好的编程系统具有的功能：在线修改和重启功能，传感器输出和程序追踪功能，仿真功能，人机接口和综合传感信号。

> **知识回顾**

【知识点总结】

1. 工业机器人编程语言的类型

动作级、对象级、任务级。

2. 工业机器人编程语言的系统结构

结构：语言本身、工业机器人控制柜、工业机器人、作业对象、周围环境和外围设备接口等。

状态：监控、编辑及执行。

3. 工业机器人编程语言的基本功能

运算功能、决策功能、通信功能、运动功能、工具指令功能、传感器数据处理功能等。

4. 工业机器人编程系统的必要条件

建立坐标系，描述作业情况和运动方式，规定执行流程，具有编程环境。

【思考与练习】

1+X 初级真题

1. 单选题

（1）（　　）是最低级的工业机器人语言。

  A．动作级编程语言　　　　　　B．对象级编程语言
  C．任务级编程语言　　　　　　D．关节级编程语言

（2）目前工业机器人常用的编程方法有（　　）编程和（　　）编程两种。

  A．在线、离线　　　　　　　　B．示教、离线
  C．计算机、硬件　　　　　　　D．仿真、示教

（3）工业机器人语言的基本功能包括运算、决策、通信等。这些基本功能都是通过（　　）来实现的。

  A．工业机器人系统软件　　　　B．控制柜
  C．示教器　　　　　　　　　　D．工业机器人本体

（4）在工业机器人语言操作系统的（　　）状态下，操作者可以用示教盒定义工业机器人在空间的位置，设置工业机器人的运动速度，存储或调出程序等。

A．执行　　　　B．编辑　　　　C．监控　　　　D．以上都不是

（5）随着人工智能技术及数据库技术的不断发展，（　　）编程语言必将取代其他语言而成为工业机器人语言的主流，使得工业机器人的编程应用变得十分简单。

A．任务级　　　B．对象级　　　C．以上都是　　　D．动作级

答案：（1）A　　（2）B　　（3）A　　（4）C　　（5）A

2. 多选题

（1）工业机器人语言操作系统包括3个基本的操作状态：（　　）。

A．执行状态　　B．监控状态　　C．编辑状态　　D．关机状态

（2）工业机器人编程语言的基本功能有（　　）。

A．决策功能　　B．运动功能　　C．通信功能　　D．"翻译"转化功能

（3）动作级编程语言又可以分为（　　）。

A．复杂编程　　　　　　　　　B．自主编程
C．末端执行器级编程　　　　　D．关节级编程

（4）不属于工业机器人对象级编程语言的是（　　）。

A．C语言　　　　　　　　　　B．VB语言
C．JAVA　　　　　　　　　　D．AUTOPASS

（5）目前，工业机器人编程语言按照作业描述水平的高低分为（　　）三类。

A．监控级　　　B．动作级　　　C．任务级　　　D．对象级

答案：（1）ABC　　（2）ABC　　（3）CD　　（4）ABC　　（5）BCD

3. 判断题

（1）运算功能是工业机器人控制系统最重要的功能之一。（　　）

（2）工业机器人语言实际上是一个硬件系统，包括硬件、软件和被控设备。（　　）

（3）任务级编程语言是描述操作对象（即作业物体本身）动作的语言。（　　）

（4）按照作业描述水平的高低，工业机器人编程语言可分为动作级、对象级和任务级编程语言，其中任务级编程语言实施和应用较为简单，目前已得到广泛应用。（　　）

（5）在进行工业机器人编程时，需要描述物体在三维空间中的运动方式，为了便于描述，须给工业机器人及其系统中的其他物体建立一个基础坐标系，这个坐标系被称为世界坐标系。（　　）

答案：（1）√　　（2）√　　（3）×　　（4）×　　（5）√

任务4.2　工业机器人的编程方式

任务描述

目前工业机器人已经广泛应用于焊接、切割、装配、搬运、喷涂等领域，随着工作难度和复杂程度的增加，用户对产品的品质和加工效率的要求也越来越高。在这种情况下，工业

工业机器人的编程方式

机器人编程的方式、效率和质量就显得尤为重要。所以，降低编程的难度和工作量，提高编程效率，已经成为工业机器人编程技术发展的主要目标。

为了提高工业机器人的工作效率，出现了多种编程方式，如在线示教编程、离线编程和自主编程，它们各有优点。例如，在线示教编程能够直接针对工作站现场进行编程，切合实际情况，最符合现场环境，并且上手简单，适合初学者；离线编程适合在仿真环境下针对复杂路径进行规划与生成，节约时间、方便操作；自主编程融合了各种传感技术，可以自动生成轨迹程序，与另外两种编程方式相比，自主编程更加智能。

任务目标

1. 了解工业机器人的编程技术。
2. 了解编程技术的发展趋势。
3. 掌握工业机器人 RAPID 语言的程序结构。

知识平台

1. 工业机器人编程技术

（1）在线示教编程技术　在线示教编程通常是指由操作人员通过示教器控制机械手（工具末端）达到指定的姿态，记录工业机器人位姿数据并编写工业机器人运动指令，完成工业机器人正常加工轨迹规划、位姿等关节数据信息的采集和记录。

（2）离线编程技术　离线编程通常是使用 RobotStudio、RobotART、RoboMaster 等离线软件对系统布局进行模拟，然后将离线程序仿真确认后下载到工业机器人中执行。离线编程可减少停机时间，使编程者远离危险的工作环境。

（3）自主编程技术　随着技术的发展，各种跟踪测量传感技术日益成熟，人们开始研究以焊缝的测量信息为反馈，由计算机控制焊接工业机器人进行路径规划的自主编程技术。

① 基于激光传感的自主编程。基于激光传感的自主编程是将结构光传感器安装在工业机器人的末端，通过激光结构光的路径自主规划原理，形成"眼在手上"的工作方式。

② 基于双目视觉的自主编程。基于视觉反馈的自主编程是实现工业机器人路径自主规划的关键技术。其主要原理：在一定条件下，由主控计算机通过双目视觉传感器识别工件图像，从而得出工件的三维尺寸数据，计算出空间轨迹和方位（即位姿），并引导工业机器人按优化拣选要求自动生成工业机器人末端执行器的位姿参数。

③ 多传感器信息融合的自主编程。采用力控制器、视觉传感器及位移传感器构成一个高精度自动路径生成系统的编程方式。

2. 编程技术的发展趋势

随着视觉技术、传感技术、智能控制、网络和信息技术及大数据技术的发展，未来的工业机器人编程技术将会发生根本性的变革，主要表现在以下几个方面。

1）编程将变得简单、快速、可视、模拟和仿真。
2）基于传感技术、信息技术和大数据技术，感知、辨识、重构环境和工件等的 CAD 模型，实现自动获取加工路径的几何信息。
3）基于互联网技术实现编程的网络化、远程化和可视化。
4）基于增强现实技术实现离线编程和真实场景的互动。

5）根据离线编程技术和现场获取的几何信息实现自主规划加工路径、焊接参数，并进行仿真确认。

3. RAPID 程序层次结构与程序类型

ABB 工业机器人程序包含三个等级：任务、模块和例行程序。其结构如图 4-2 和图 4-3 所示。其中，系统模块预设了程序系统数据，一般不做编辑。用户程序通常分布于不同的程序模块中，在不同的模块中编写对应的例行程序、中断程序和功能程序。主（Main）程序为程序执行的入口，有且仅有一个，通常通过执行 Main 程序调用其他子程序，实现工业机器人的相应功能。

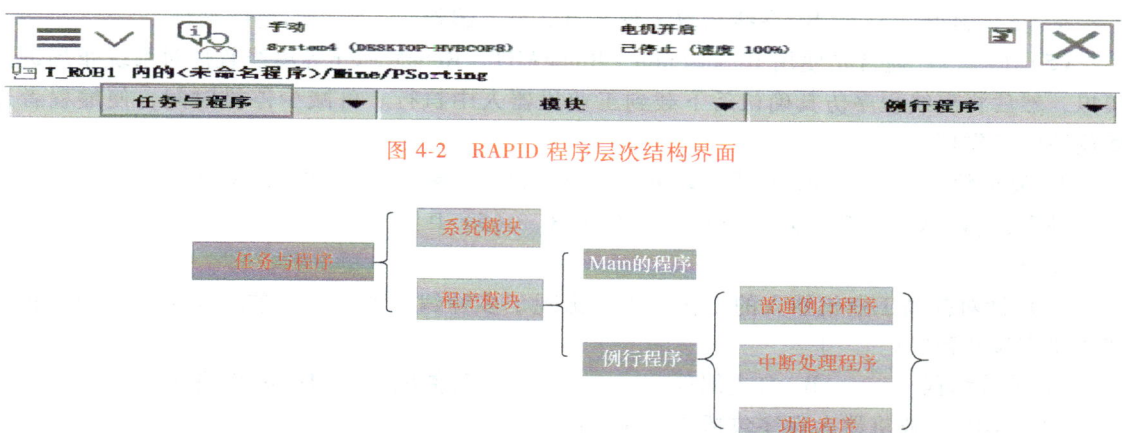

图 4-2 RAPID 程序层次结构界面

图 4-3 RAPID 程序层次结构

知识回顾

【知识点总结】

1. 工业机器人的编程方式

在线示教编程、离线编程和自主编程。

2. 编程技术的发展趋势

简单、快速及可视化。

3. 工业机器人程序层次结构

任务、模块和例行程序。

【思考与练习】

1+X 初级真题

1. 单选题

（1）随着视觉技术、传感技术、智能控制、网络和信息技术及大数据技术的发展，工业机器人的编程技术将发生根本的变革。关于未来工业机器人编程方式的变化趋势，下列哪种趋势可能性最小？（　　）

　　A. 编程将会变得简单、快速、可视

　　B. 基于互联网技术，实现编程的网络化、远程化和可视化

　　C. 各种新型技术的加入，使得编程结构方式更加复杂，对编程者的技能要求更高了

　　D. 基于增强现实技术，实现离线编程和真实场景的互动

（2）RAPID 程序是由（　　）与（　　）组成。
A. 程序数据、中断程序　　　　　　　B. 程序模块、系统模块
C. 主程序、例行程序　　　　　　　　D. 系统模块、主程序

（3）示教器上加载工业机器人程序模块，可加载的程序文件格式为（　　）。
A. ".mod"　　　B. ".word"　　　C. ".excel"　　　D. ".stl"

（4）（　　）工业机器人编程技术通常是由操作人员通过示教器控制机械手（工具末端）达到指定的姿态，记录工业机器人位姿数据并编写工业机器人运动指令，完成工业机器人正常加工轨迹规划、位姿等关节数据信息的采集和记录。
A. 复杂编程　　　B. 在线示教编程　　　C. 自主编程　　　D. 离线编程

（5）（　　）通常是使用 Robotstudio、RobotART、RoboMaster 等离线软件对系统布局进行模拟，然后将离线程序仿真确认后下载到工业机器人中执行。可减少停机时间，使编程者远离危险的工作环境。
A. 复杂编程　　　B. 在线示教编程　　　C. 自主编程　　　D. 离线编程

答案：（1）C　（2）B　（3）A　（4）B　（5）D

2. 多选题

（1）针对提高工业机器人的工作效率，出现了多种编程方式，目前工业机器人的编程方式主要有哪几种？（　　）
A. 示教编程　　　B. 自主编程　　　C. 人工智能编程　　　D. 离线编程

（2）ABB 工业机器人程序包括 3 个等级：（　　）。
A. 任务　　　B. 模块　　　C. 项目　　　D. 例行程序

（3）ABB 工业机器人例行程序包含（　　）
A. 普通例行程序　　　　　　　　　　B. 中断处理程序
C. 功能程序　　　　　　　　　　　　D. 系统例行程序

（4）自主编程技术可基于以下哪几种方式？（　　）
A. 基于激光传感的自主编程
B. 基于双目视觉的自主编程
C. 基于多传感器信息融合的自主编程
D. 基于 Robotstudio、RobotART、RoboMaster 等离线软件

（5）随着视觉技术、传感技术、智能控制、网络和信息技术及大数据技术的发展，未来的工业机器人编程技术将会发生根本的变革，主要表现在（　　）
A. 编程将变得简单、快速、可视、模拟和仿真
B. 基于互联网技术实现编程的网络化、远程化和可视化
C. 基于增强现实技术实现离线编程和真实场景的互动
D. 基于传感技术、信息技术和大数据技术，感知、辨识、重构环境和工件等的 CAD 模型，实现自动获取加工路径的几何信息

答案：（1）ABD　（2）ABD　（3）ABC　（4）ABC　（5）ABCD

3. 判断题

（1）基于结构光的路径自主规划的原理是将结构光传感器安装在工业机器人的末端，形成高精度的工作方式。　　　　　　　　　　　　　　　　　　　　　　　　　　　　（　　）

（2）多传感器信息融合的自主编程是采用力控制器、视觉传感器及位移传感器构成一个

高精度自动路径生成系统。   （ ）

（3）未来的工业机器人可以根据离线编程技术和现场获取的几何信息实现自主规划加工路径、焊接参数，并进行仿真确认。   （ ）

（4）主（Main）程序为程序执行的入口，每个子程序有一个，通常通过执行 Main 程序调用其他子程序，实现工业机器人的相应功能。   （ ）

（5）用户程序通常分布于不同的程序模块中，在不同的模块中编写对应的例行程序、中断程序和功能程序。   （ ）

答案：（1）√ （2）√ （3）√ （4）× （5）√

任务4.3　ABB 工业机器人的系统设置

任务描述

示教器是进行工业机器人手动操纵、程序编写、参数配置及监控用的手持装置。认识 ABB 工业机器人示教器的基本结构，了解示教器操作界面的常用功能及使能器按钮的功能与使用方法，有助于我们更好地应用机器人。

任务目标

1. 掌握如何设置工业机器人示教器的语言、日期和时间。
2. 掌握如何查看工业机器人示教器中的事件日志。
3. 掌握示教器按键的使用方法。
4. 掌握切换工业机器人的运行模式、设置工业机器人的运行参数的方法并调试工业机器人。
5. 掌握查看及切换工业机器人坐标系的方法及工具坐标系的标定方法。

知识平台

4.3.1　ABB 工业机器人示教器操作环境配置及常用信息的查看

1. 示教器按键的使用

示教器是进行工业机器人手动操纵的手持装置，熟知示教器的功能按键和使能器按钮，可正确、快捷地操作示教器。

（1）示教器功能按键的使用方法　如图 4-4 所示。

（2）使能器按钮的使用方法　四指按住的工业机器人使能器按钮是为保证操作人员人身安全而设置的。只有在按下使能器按钮，并保持电动机开启状态时，才可对工业机器人进行手动的操作与程序调试。当发生危险时，人会本能地将使能器按钮松开或按紧，工业机器人则会马上停止，保证人身及设备安全。示教器使能器按钮如图 4-5 所示。

2. 示教器语言配置实操步骤

示教器出厂时默认的显示语言为英语，下面介绍把显示语言设置为中文的操作步骤。示教器语言配置任务操作见表 4-1。

ABB工业机器人示教器操作环境配置及常用信息的查看

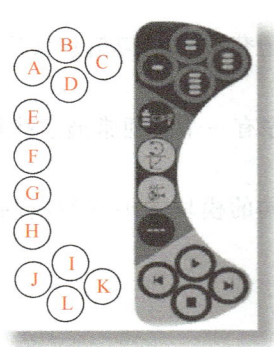

A~D	预设按键,切换信号状态
E	切换机械单元
F	切换动作模式至线性或重定位
G	切换动作模式至单轴运动
H	切换增量模式(有/无)
I	启动程序持续运行
J	启动程序步退运行
K	启动程序步进运行
L	停止程序运行

图 4-4 示教器功能按键的使用方法

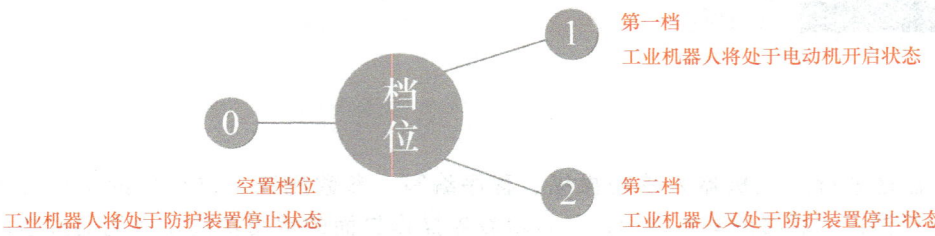

图 4-5 示教器使能器按钮档位

表 4-1 示教器语言配置任务操作

工序	操作步骤	图示
进入界面	①单击左上角主菜单键,进入主菜单界面 ②选择"Control Panel"选项,进入"控制面板"界面	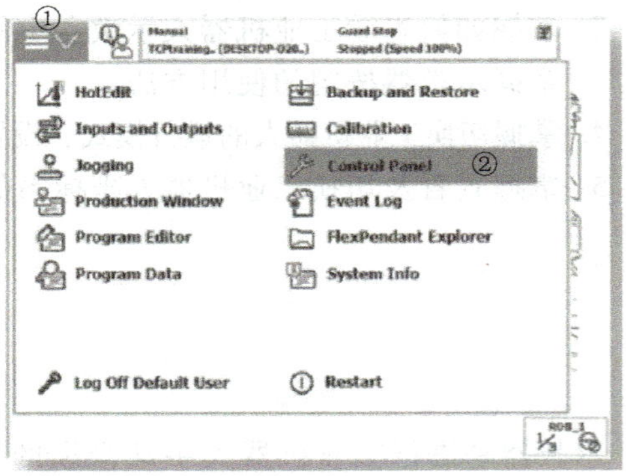
	③选择"Language"选项,进入语言界面	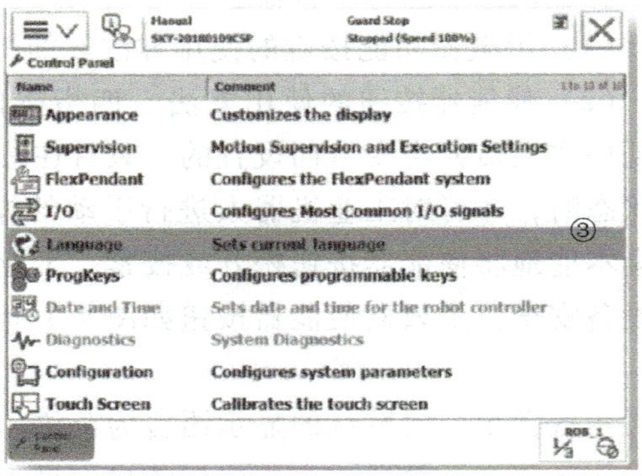

（续）

工序	操作步骤	图示
选择语言	④选中所需要的语言 ⑤单击"OK"按钮，确定所选语言	
重启示教器	⑥单击"Yes"按钮，重启示教器后，语言选择生效	

3. 示教器日期和时间配置实操步骤

为方便进行文件和故障的查阅与管理，在进行各种操作之前，可以将工业机器人系统的时间设定为本地时区的时间。

示教器日期和时间配置任务操作见表4-2。

表 4-2　示教器日期和时间配置任务操作

工序	操作步骤	图示
进入界面	①进入"控制面板"界面，选择"日期和时间"选项	

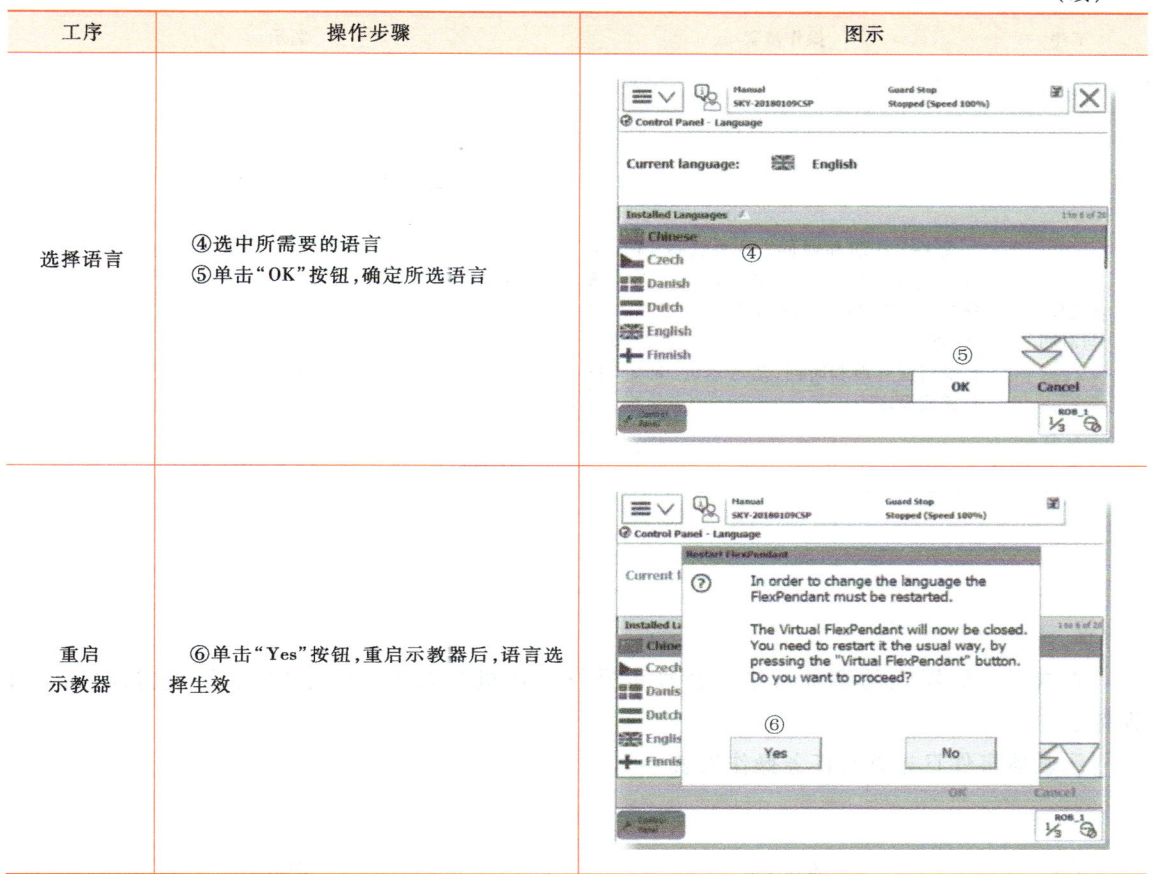

（续）

工序	操作步骤	图示
设置日期与时间	②在"日期和时间"界面选择"Manual Time"（人工时间），"Time Zone"（时区）选择"China""Asia/Shanghai"，"日期"和"时间"通过单击"+"（加号）或"-"（减号）按钮设置当前日期和时间，然后单击"确定"按钮完成设定	②

4. 示教器事件日志查看实操步骤

查看工业机器人的事件日志，会显示操作工业机器人进行的事件记录，包括时间、日期等。

示教器事件日志查看任务操作见表4-3。

表4-3 示教器事件日志查看任务操作

工序	操作步骤	图示
示教器事件日志查看	"另存所有日志为…"按钮：用于将工业机器人的时间日志存储为.txt文件 "删除"按钮： "删除日志…"可删除当前视图中的事件消息；"删除全部日志…"可删除全部日志中的事件消息 "视图"按钮： 用于切换事件消息的类别	

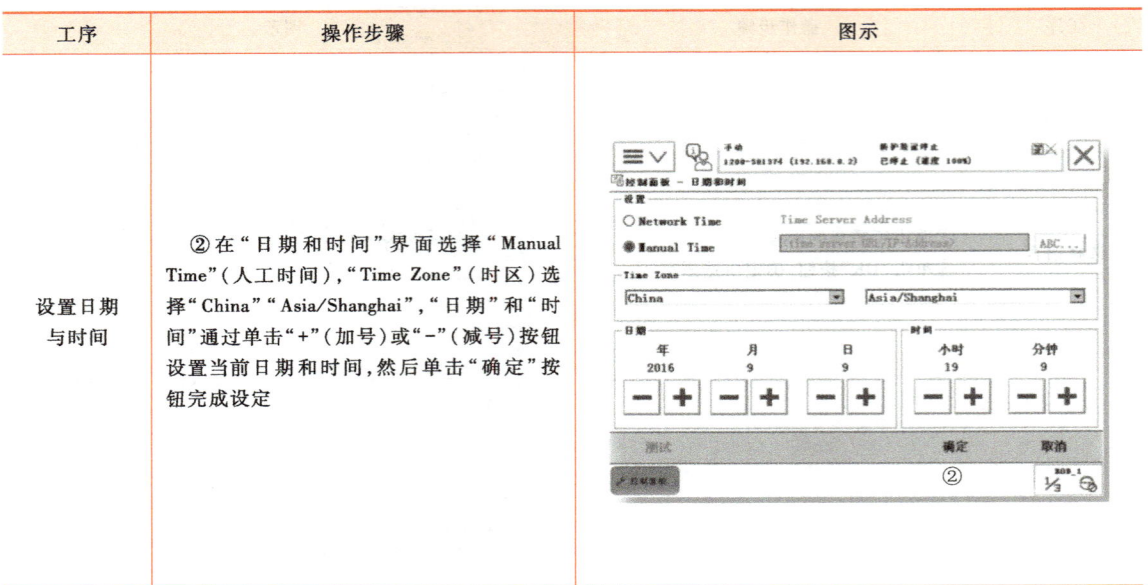

5. 工业机器人调试程序实操步骤

在完成程序的编辑后，通常需要对程序进行调试。调试的目的有两个：一是检查程序中的位置点是否正确；二是检查程序中的逻辑控制是否合理和完善。

工业机器人调试程序任务操作见表4-4。

表 4-4　工业机器人调试程序任务操作

工序	操作步骤	图示
进入界面	选择"程序编辑器"选项，进入程序编辑界面	
	单击右侧图示界面中的"调试"按钮。"调试"按钮的作用是打开或收起调试菜单	
调动指针	选择"PP 移至例行程序…"选项	
	将程序指针移动至搬运码垛程序（PPalletizing1）中	

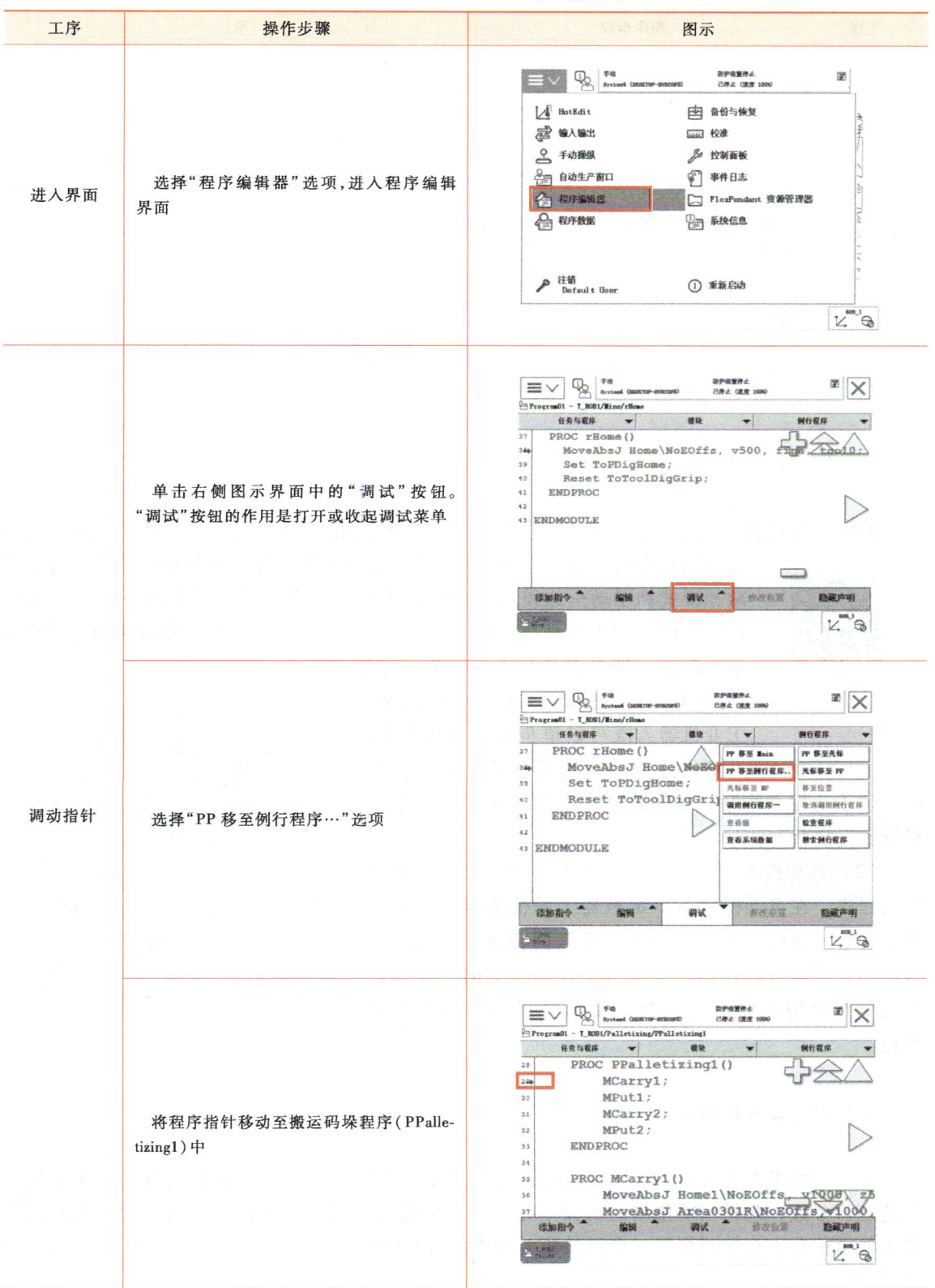

(续)

工序	操作步骤	图示
运行程序	按下使能器按钮并保持在第一档,使工业机器人处于"电动机开启"状态	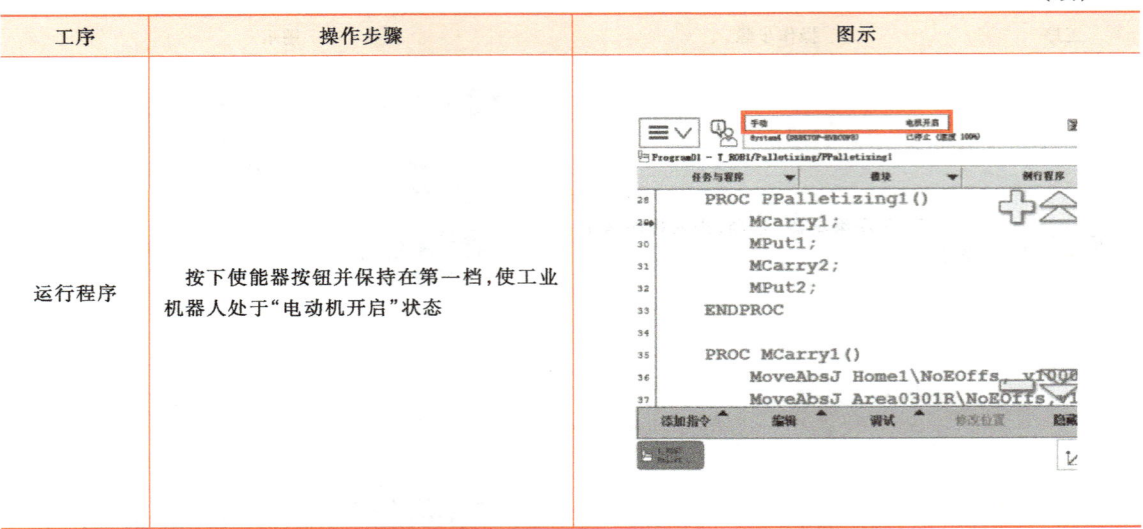

4.3.2 ABB 工业机器人运行模式及运行参数的设置

1. 运行模式设置

ABB 工业机器人的运行模式有两种,分别为手动模式和自动模式。两种模式可由控制柜按钮进行设定,如图 4-6 所示。另有部分工业机器人的手动模式细分为手动减速模式和手动全速模式。ABB 工业机器人在手动减速模式下,运行速度最高只能达到 250mm/s;在手动全速模式下,工业机器人将按照程序设置的运行速度(即 V 的数值大小)进行移动。

ABB工业机器人运行模式及运行速度的设置

(1) 手动模式 在手动模式下,工业机器人既可以单步运行例行程序,又可以连续运行例行程序。运行程序时,须手动按下并保持使能器按钮在第一档,以使电动机处于开启状态。

(2) 自动模式 自动模式用于在生产中运行工业机器人程序。在自动模式下,示教器上的使能器按钮会停用,便于工业机器人在没有人工干预的情况下移动。在自动模式下运行程序时,只须按下控制柜上的"电动机开启"按钮便可开启电动机,无须再手动按下使能器按钮。

图 4-6 控制柜按钮

2. 运行速度设置实操步骤

运行速度设置步骤见表 4-5。

3. 运行参数查看实操步骤

在手动操纵工业机器人运动或程序调试过程中,可以在手动操纵界面查看当前工业机器人的运行参数,包括当前使用的机械单元、工业机器人当前的动作模式、使用的工具坐标系和工件坐标系,有效载荷等。在示教器上选择各功能按钮(除去灰色部分)后可进入对应的设置界面。

运行参数查看任务操作见表 4-6。

表 4-5　运行速度设置步骤

工序	操作步骤	图示
运行速度设置	①单击快速设置菜单键,选择第 5 个"运行速度"选项 ②单击展开右侧图示界面中上方的 4 个按钮,运行速度会根据相应步幅的数值增大和减小 -1%:以 1%的步幅减小运行速度 +1%:以 1%的步幅增加运行速度 -5%:以 5%的步幅减小运行速度 +5%:以 5 的步幅增加运行速度 ③单击展开右侧图示界面中下方一排的 4 个按钮,可设置运行速度的大小 0%:将速度设置为 0 25%:以四分之一(25%)的速度运行 50%:以半速(50%)运行 100%:以全速(100%)运行	

表 4-6　工业机器人运行参数查看任务操作

工序	操作步骤	图示
手动操纵界面	查看当前工业机器人的运行参数	
绝对精度	查看"绝对精度"选项:默认为"Off",如果配备了特殊选件,则显示"On"	

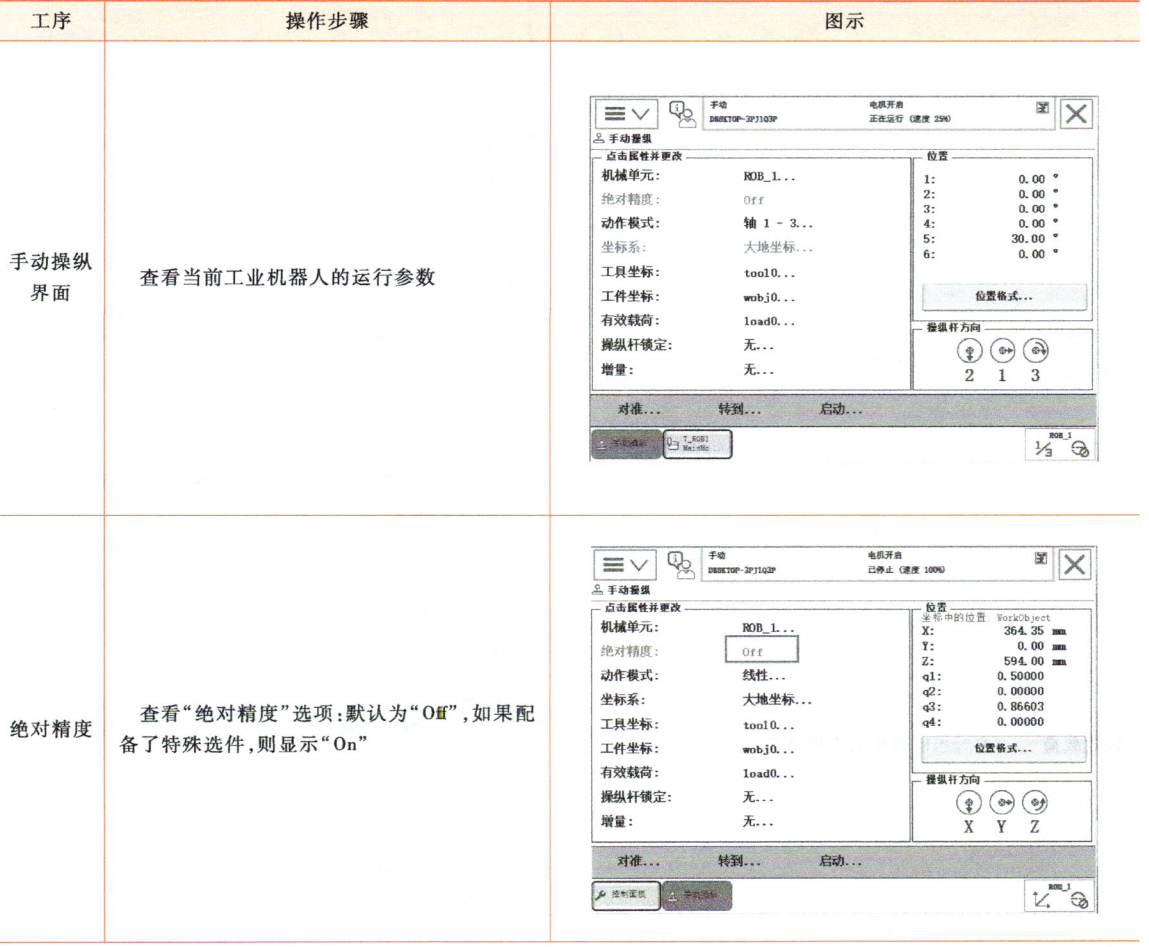

（续）

工序	操作步骤	图示
动作模式	查看工业机器人当前的动作模式：单轴、线性、重定位	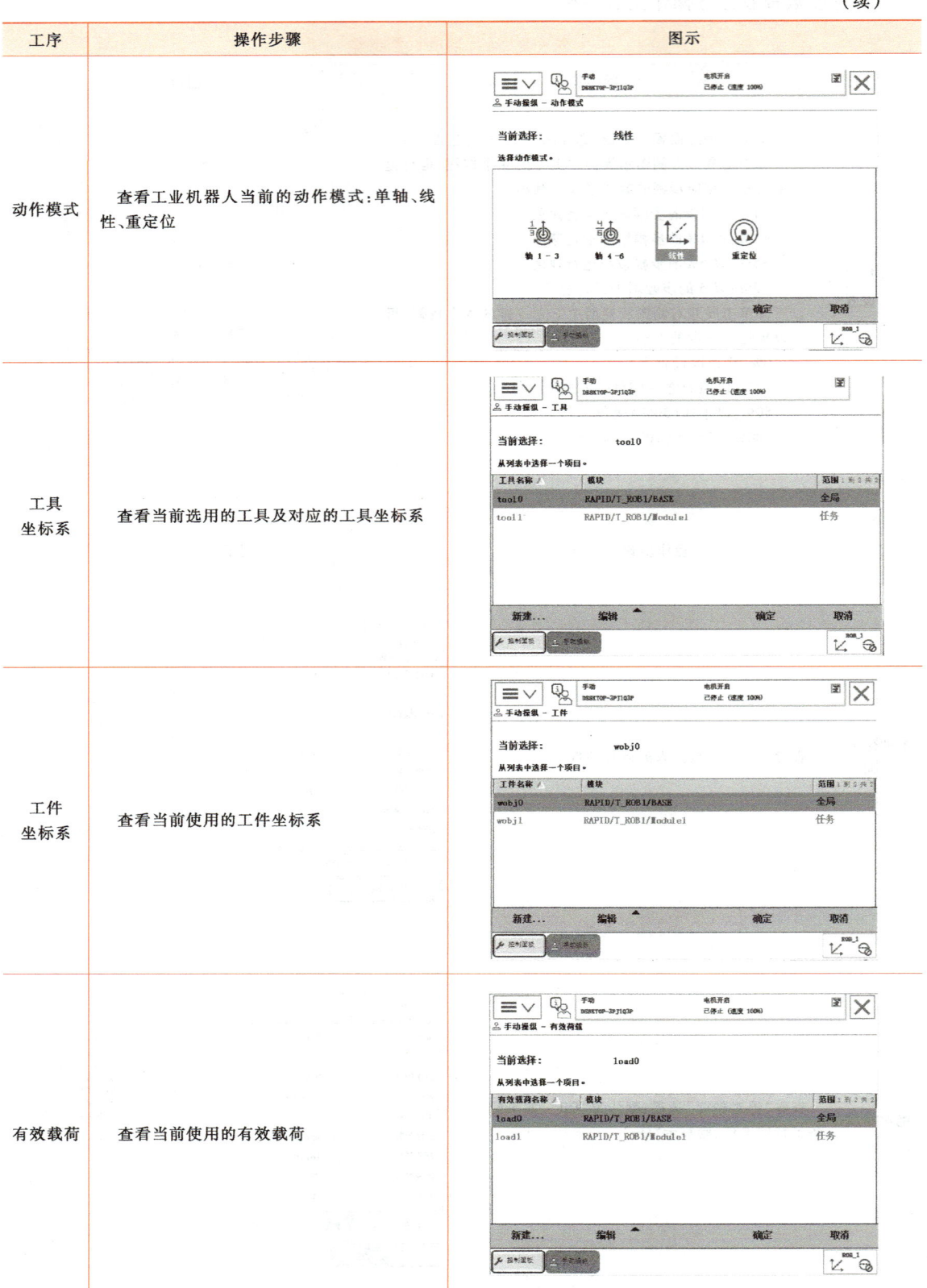
工具坐标系	查看当前选用的工具及对应的工具坐标系	
工件坐标系	查看当前使用的工件坐标系	
有效载荷	查看当前使用的有效载荷	

(续)

工序	操作步骤	图示
控制杆锁定	查看当前锁定的操纵杆方向	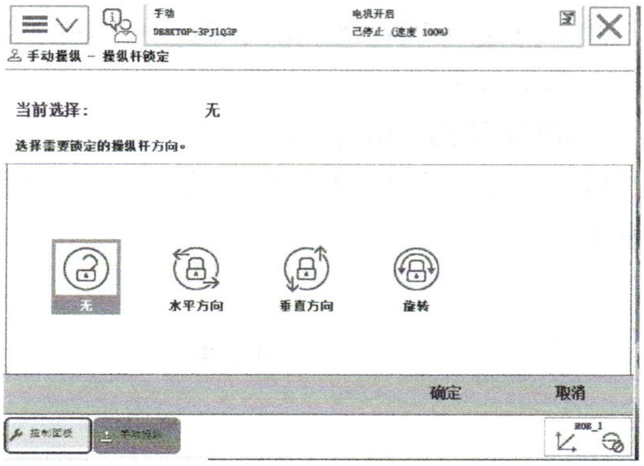
增量	查看增量模式及增量的幅度	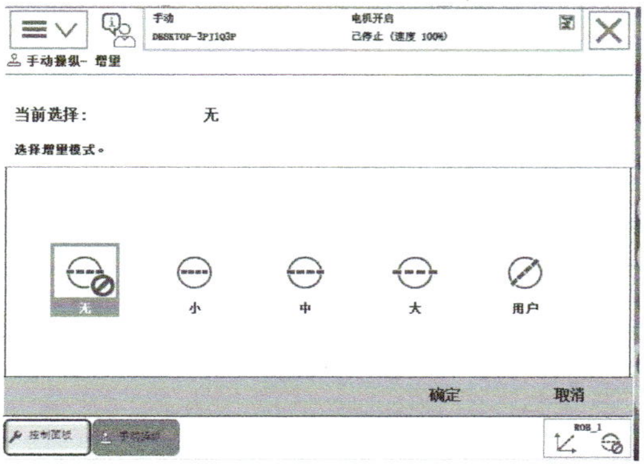

4.3.3 ABB 工业机器人坐标系的标定

工具数据 tooldata 用于描述安装在机器人第六轴上的工具的中心点、质量、重心等参数。工具中心点（Tool Center Point）简称 TCP，其位置影响着工业机器人的控制算法（如计算加速度）、速度和加速度监控、力矩监控、碰撞监控及能量监控等。

ABB工业机器人坐标系的标定

不同用途的工业机器人应配置不同的工具，如图 4-7 所示。

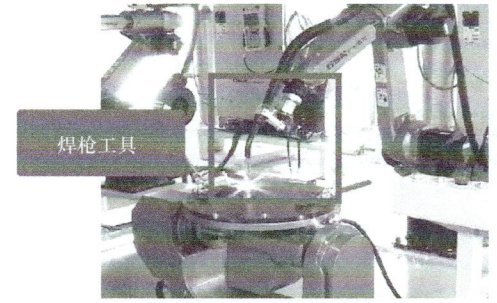

a) 弧焊工业机器人使用弧焊枪作为二具　　b) 搬运板材的工业机器人使用吸盘工具

图 4-7　工业机器人配置工具

（1）TCP 取点数量的区别

① 4 点法：不改变 tool0（工具坐标系）的坐标方向。

② 5 点法（TCP+Z）：改变 tool0 的 Z 方向。

③ 6 点法（TCP+X、Z）：改变 tool0 的 X 和 Z 方向（在焊接应用中最常用）。

Tool0 原始的 TCP 点如图 4-8 所示。

（2）工具坐标标定任务实操　工具坐标标定任务操作见表 4-7。

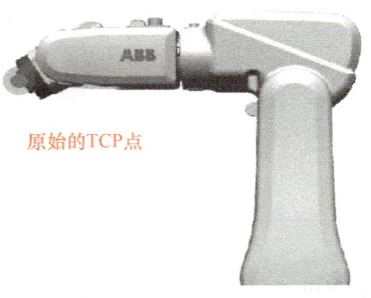

图 4-8　Tool0 原始的 TCP 点

表 4-7　工具坐标标定任务操作

工序	操作步骤	图示
新建工具坐标	①单击 ABB 菜单按钮，选择"手动操纵"选项，弹出右图所示窗口 ②选择"工具坐标"选项 ③单击"新建…"按钮	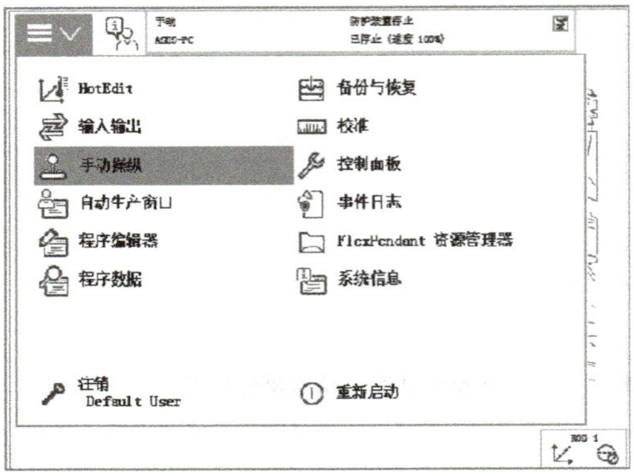 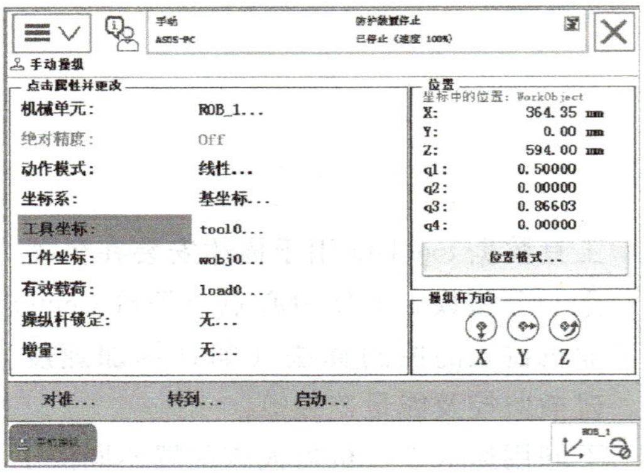 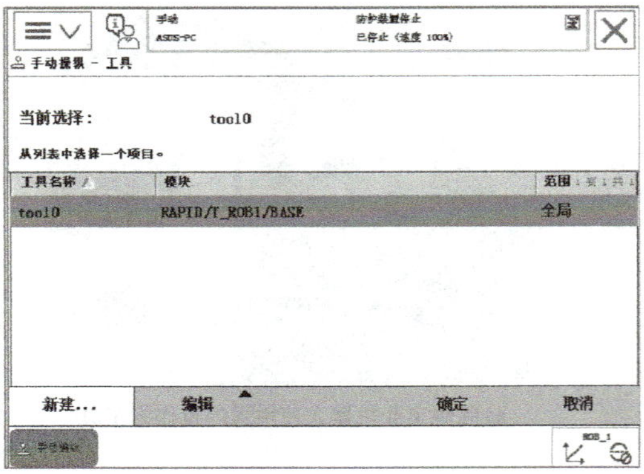

（续）

工序	操作步骤	图示
更改值	选中"tool1"，单击"编辑"菜单中的"更改值…"选项，将文本框中的内容更改为"2"	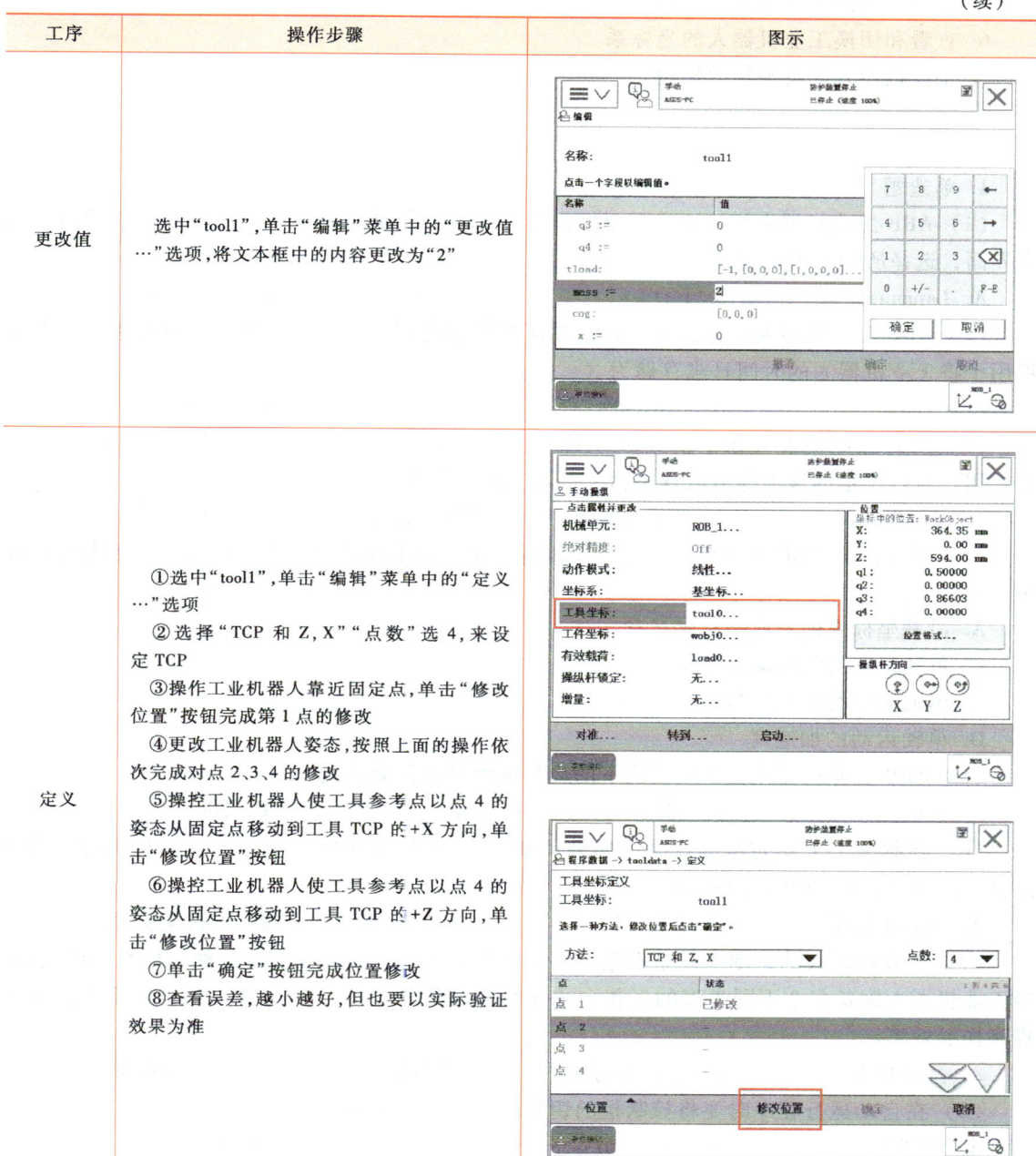
定义	①选中"tool1"，单击"编辑"菜单中的"定义…"选项 ②选择"TCP 和 Z, X""点数"选 4，来设定 TCP ③操作工业机器人靠近固定点，单击"修改位置"按钮完成第 1 点的修改 ④更改工业机器人姿态，按照上面的操作依次完成对点 2、3、4 的修改 ⑤操控工业机器人使工具参考点以点 4 的姿态从固定点移动到工具 TCP 的 +X 方向，单击"修改位置"按钮 ⑥操控工业机器人使工具参考点以点 4 的姿态从固定点移动到工具 TCP 的 +Z 方向，单击"修改位置"按钮 ⑦单击"确定"按钮完成位置修改 ⑧查看误差，越小越好，但也要以实际验证效果为准	

知识回顾

【知识点总结】

1. 设置工业机器人的语言和时间。
2. 查看工业机器人的事件日志。
3. 示教器按键的使用。
4. 查看和切换工业机器人的运行模式。

5. 查看和切换工业机器人的运行参数。
6. 查看和切换工业机器人的坐标系。
7. 工业机器人工具坐标的标定。

【思考与练习】

1+X 初级真题

1. 单选题

（1）ABB 工业机器人切换语言需要操作者在示教器控制面板中单击（　　）选项进入语言界面，选择所需要的语言。

　　A. Language　　　　B. I/O　　　　C. Supervision　　　　D. Appearance

（2）ABB 工业机器人可通过事件日志界面查看常用信息，其中"另存所有日志为…"选项用于将工业机器人的时间日志存储为（　　）文件。

　　A. ". mod"　　　　B. ". excel"　　　　C. ". txt"　　　　D. ". word"

（3）所有工业机器人在手腕处都有一个预定义（　　），该坐标系被称为"tool0"。那么，用户自行设定的该坐标可以理解为"tool0"的偏移值。

　　A. 基坐标系　　　　B. 工具坐标系　　　　C. 用户坐标系　　　　D. 大地坐标系

（4）手动操纵 ABB 工业机器人进行单轴运动时，控制杆的偏转方向决定下列哪种运动状态？（　　）

　　A. 沿基坐标系的对应坐标轴运动

　　B. 单轴运动的关节轴及运动方向

　　C. 单轴运动的速度和角度

　　D. 单轴运动的加速度

（5）ABB 工业机器人在手动模式下的运行速度最高只能达到（　　）mm/s。

　　A. 300　　　　B. 150　　　　C. 250　　　　D. 500

（6）在测试 TCP 标定准确性时，如果 ABB 工业机器人围绕（　　）运动且运动方向与预设方向一致，则 TCP 标定成功。

　　A. 世界坐标系　　　　B. TCP 点　　　　C. 工具坐标系　　　　D. 工件坐标系

（7）工业机器人的运动实质是根据不同作业内容和轨迹的要求，在各种坐标系下的运动。当工业机器人配备多个不同类型的工作台来实现码垛等作业时，选用哪一类坐标系可以有效提高作业效率。（　　）

　　A. 基坐标系　　　　B. 工件坐标系　　　　C. 工具坐标系　　　　D. 关节坐标系

（8）在自动运行程序时要将控制柜的钥匙转到（　　）档位。

　　A. AUTO　　　　B. T1　　　　C. T2　　　　D. T3

（9）一般情况下，初步试运行测试的速度不大于（　　）。

　　A. 20%　　　　B. 25%　　　　C. 30%　　　　D. 35%

（10）下列不属于示教器的组成是（　　）。

　　A. 模式切换开关　　　　B. 急停按钮　　　　C. 液晶显示屏　　　　D. 安全开关

（11）当工业机器人的使能器按钮处于（　　）时，电机处于开启状态。

　　A. 均不正确　　　　B. 底部档位　　　　C. 中间档位　　　　D. 未按下

（12）在工业机器人坐标系的判定中，用拇指指向（　　）。

　　A. X 轴　　　　B. Y 轴　　　　C. Z 轴　　　　D. A 轴

答案：（1）A　（2）C　（3）B　（4）B　（5）C　（6）B　（7）B　（8）A　（9）B　（10）D　（11）C　（12）C

2．多选题

（1）下列属于工业机器人的坐标系是（　　　）。

A．关节坐标系　　　　　　　　　B．工件坐标系

C．工具坐标系　　　　　　　　　D．世界坐标系

（2）示教器是用户与工业机器人之间的人机对话工具，通过示教器可以实现对工业机器人（　　　）等功能。

A．手动操纵　　　　B．程序编写　　　　C．参数配置　　　　D．状态监控

答案：（1）ABCD　（2）ABCD

3．判断题

（1）ABB工业机器人切换语言后不需要重启，即可更换语言模式。（　　　）

（2）在示教器控制面板界面中，单击"日期和时间"选项，可在该选项中修改日期和时间。（　　　）

（3）在手动模式下，既可以单步运行例行程序，又可以连续运行例行程序。（　　　）

（4）只有在按下使能器按钮，并保持在电动机开启的状态，才可对工业机器人进行手动操作与程序调试。（　　　）

（5）工业机器人精度的测量是提高TCP精度的一个极其重要的因素。（　　　）

答案：（1）×　（2）√　（3）√　（4）√　（5）√

4．实操题

工具坐标系的标定

① 采用TCP和Z、X法（$N=4$）设定工具坐标系tool1。

② 依次进入ABB主菜单、手动操纵及工具坐标选项。

③ 新建工具坐标系，名称为tool1。

④ 利用TCP和Z、X法定义tool1。

⑤ 移动工具参考点，以四种不同的姿态靠近固定点（第4点用工具参考点垂直于固定点），并依次记录位置。

⑥ 利用第4点的姿态从固定点向设定的X方向移动，并记录位置。

⑦ 利用第4点的姿态从固定点向设定的Z方向移动，并记录位置。

⑧ 确认修改位置，观察tool1的平均误差，误差值在小于1mm的范围即可。

任务4.4　ABB工业机器人的运动模式

任务描述

手动操纵工业机器人运动有三种模式：单轴运动、线性运动和重定位运动。了解每种运动模式下，手动操纵工业机器人的方法。

ABB工业机器人的单轴运动测试

任务目标

1. 掌握如何切换工业机器人的运动模式。
2. 掌握在单轴模式下操纵工业机器人。
3. 掌握在线性模式下操纵工业机器人。
4. 掌握在重定位模式下操纵工业机器人。
5. 掌握紧急停止工业机器人及急停的复位方法。

知识平台

4.4.1 ABB 工业机器人的单轴运动

1. 单轴运动

ABB 工业机器人一般通过 6 个伺服电动机分别驱动 6 个关节轴，每次手动操纵一个关节轴的运动，称为单轴运动。图 4-9 所示为 6 轴工业机器人 1~6 轴对应的关节示意图。单轴运动是每一个轴可以单独运动，所以在一些特殊的场合使用单轴运动来操纵会很方便快捷。

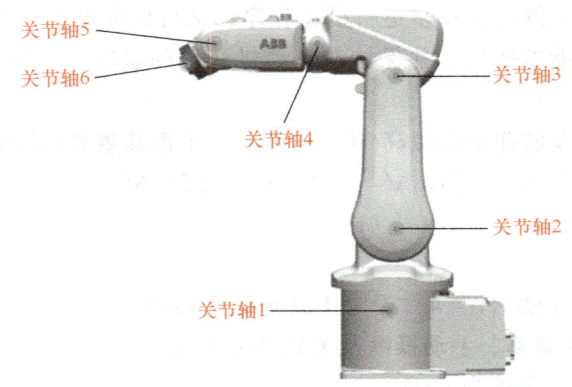

图 4-9　ABB 工业机器人关节轴位置

2. 单轴运动实操步骤

切换单轴运动的方法有两种，方法一见表 4-8，方法二如图 4-10 所示。

（1）方法一

表 4-8　单轴运动方法一操作步骤

工序	操作步骤	图示
进入界面	在手动操纵界面中进行工业机器人动作模式的设定和工业机器人单轴运动的操纵	

（续）

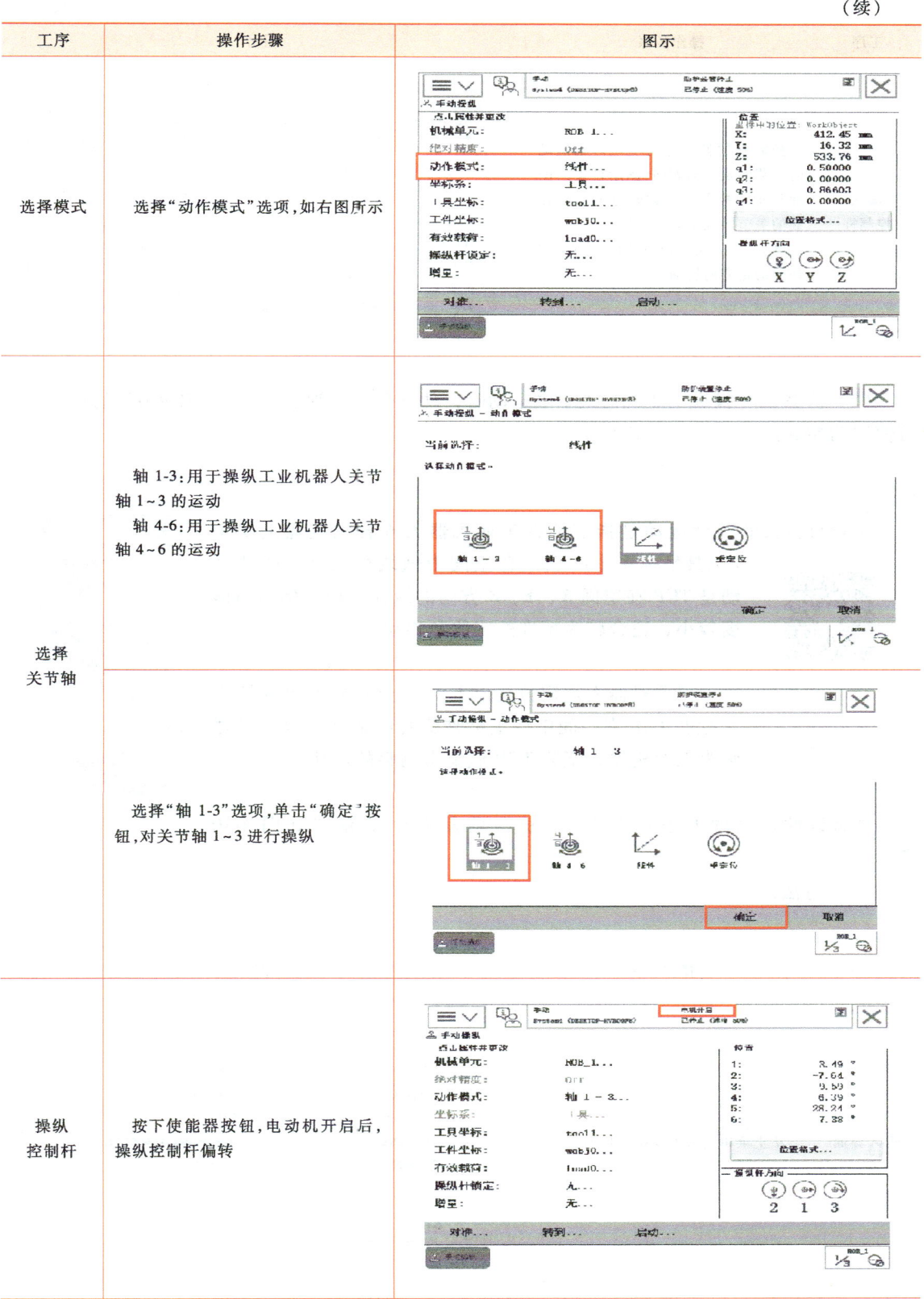

(续)

工序	操作步骤	图示
操纵控制杆	控制杆的偏转方向决定单轴运动的关节轴及运动方向，图示位置的图标显示了控制杆的偏转方向对应控制的关节轴及轴动方向 例如，向下偏转控制杆时，关节轴2往轴的正方向转动	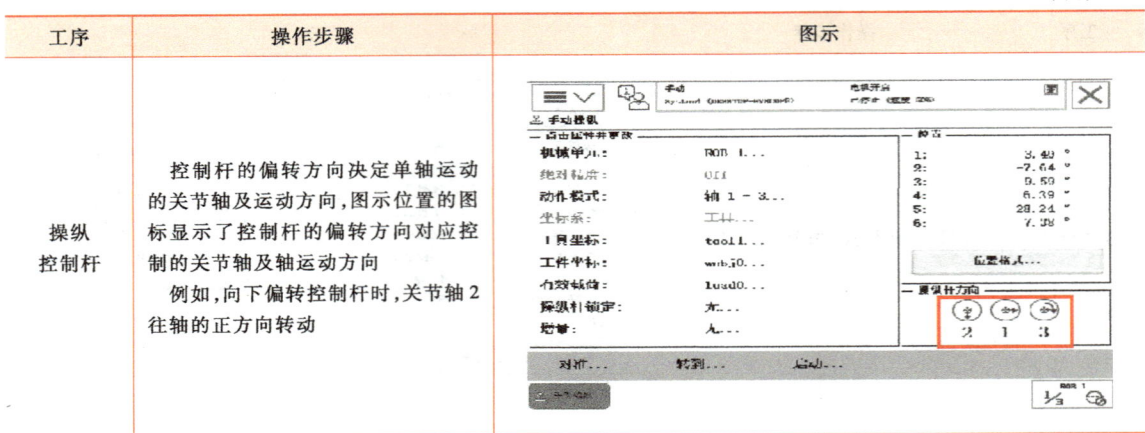

（2）方法二　操纵工业机器人单轴运动时，动作模式"轴1-3"与"轴4-6"的快速切换可使用功能键按钮（见图4-10）实现。

4.4.2　ABB工业机器人的线性运动与重定位运动

1. 线性运动

工业机器人的线性运动是指安装在工业机器人6轴法兰盘上TCP（工具坐标系中心点）在空间中做线性运动。线性运动是TCP在空间X、Y、Z方向的线性运动，移动的幅度较小，适合较为精准的定位和移动。

ABB工业机器人的线性运动与重定位运动测试

2. 重定位运动

工业机器人重定位运动是指工业机器人第6轴法兰盘上TCP在空间中绕坐标轴旋转的运动，也可以理解为工业机器人绕着TCP做姿态调整的运动。

3. 线性运动实操步骤

切换线性运动的方法有两种，方法一见表4-9，方法二如图4-10所示。

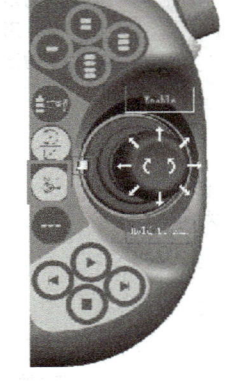

图4-10　示教器快速切换按钮——单轴运动

（1）方法一

表4-9　线性运动方法一操作步骤

工序	操作步骤	图示
进入界面	从主菜单进入手动操纵界面	

(续)

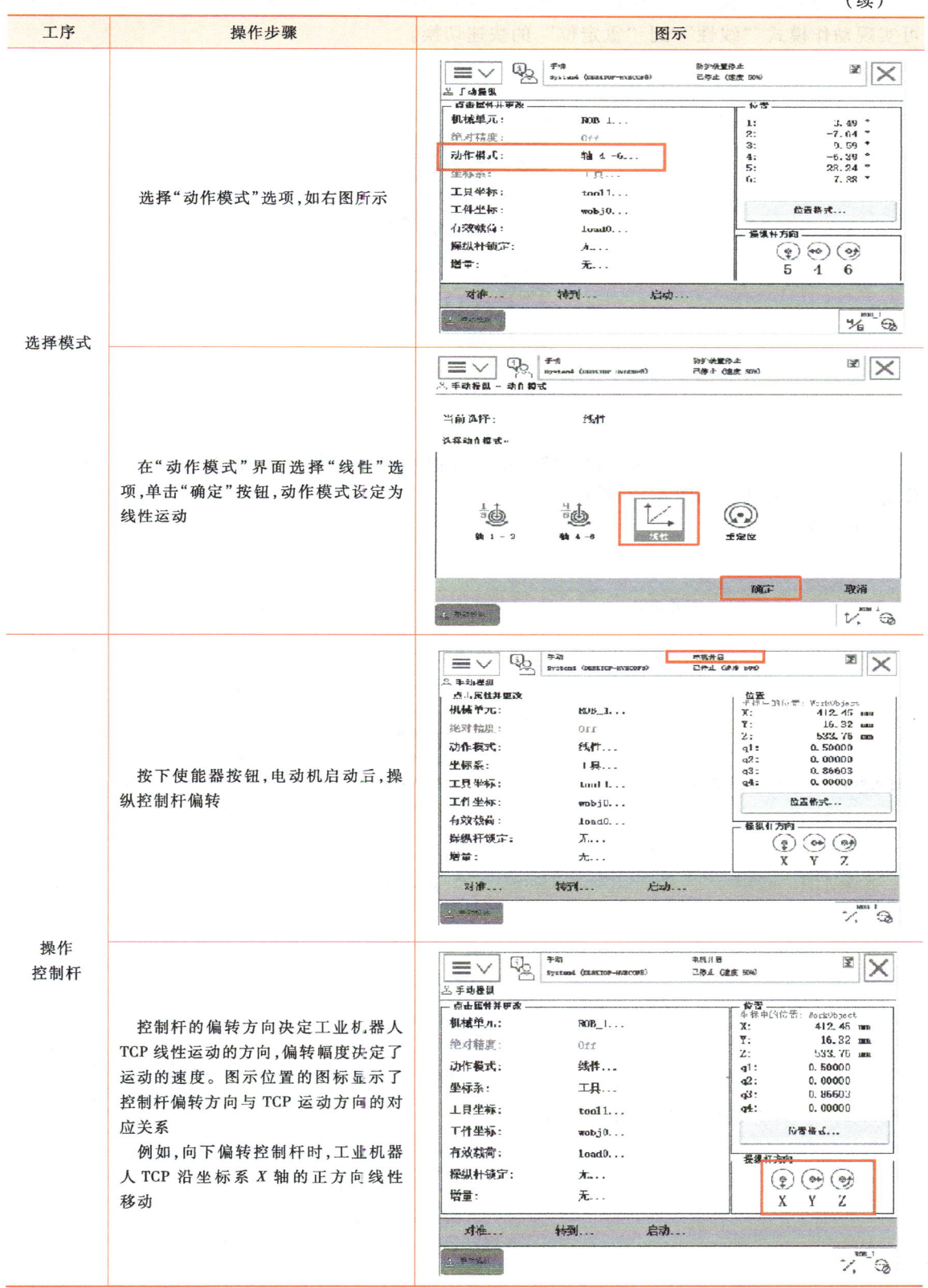

（2）方法二　设定动作模式为"线性"可使用功能键按钮（见图4-11）实现，该按钮还可实现动作模式"线性"到"重定位"的快速切换。

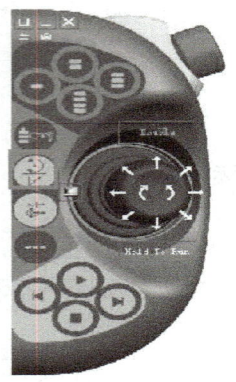

图4-11　示教器快速切换按钮——线性运动

4. 重定位运动实操步骤

重定位运动是全方位的移动和调整。手动操纵切换重定位运动的方法有两种，方法一操作见表4-10，方法二如图4-12所示。

（1）方法一

表4-10　重定位运动方法一操作步骤

工序	操作步骤	图示
进入界面	从主菜单进入手动操纵界面	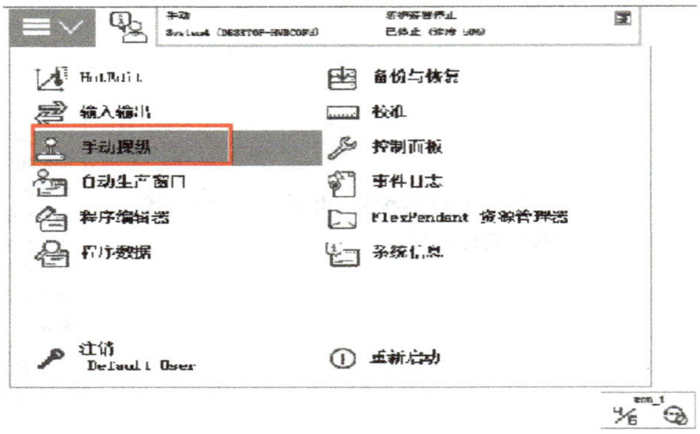
选择模式	选择"动作模式"选项，如右图所示	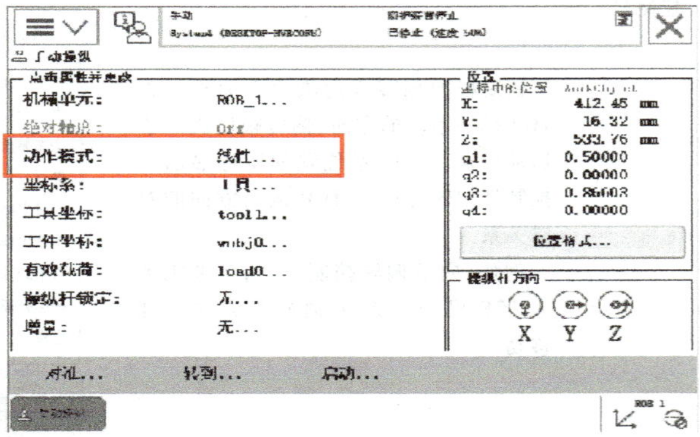

（续）

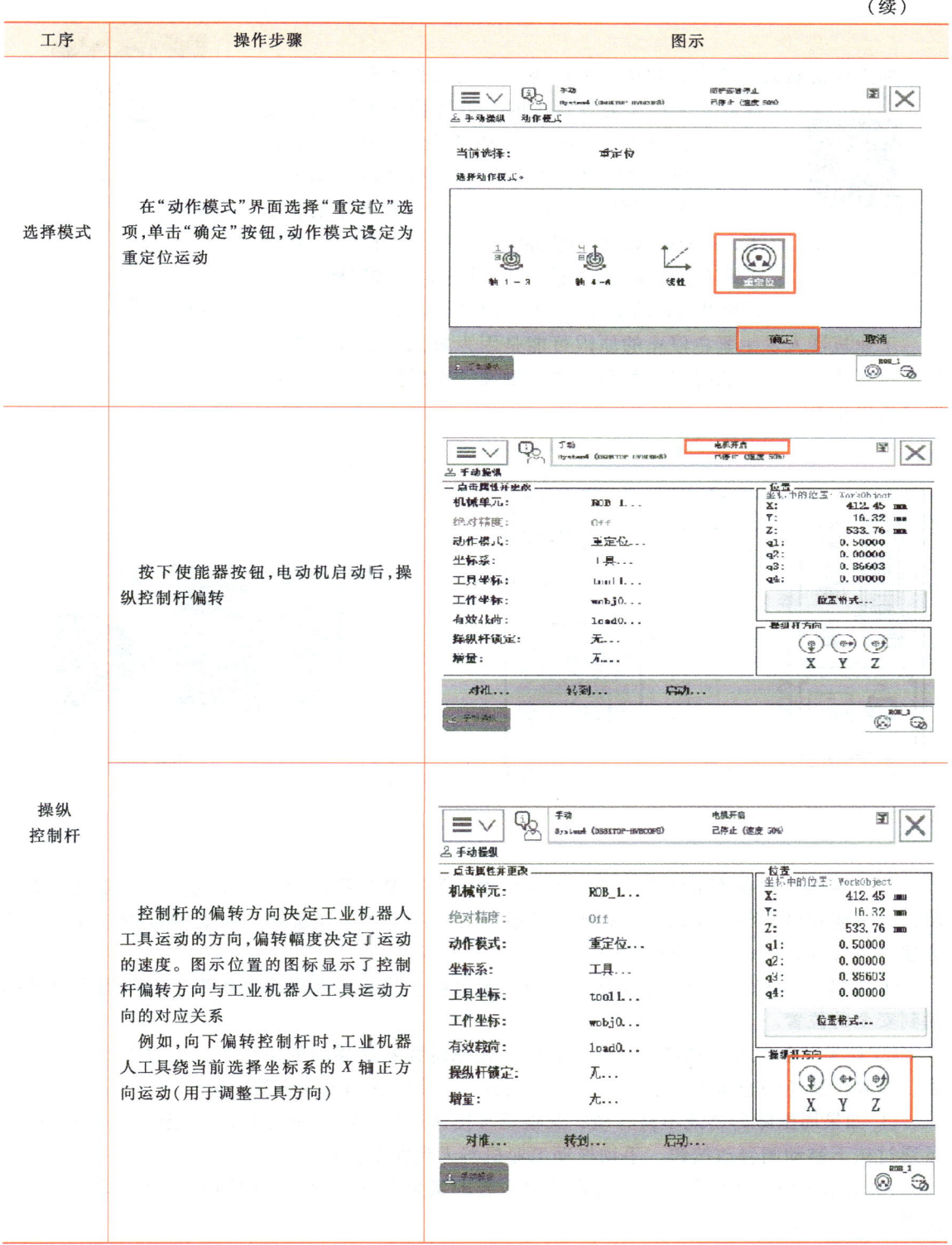

（2）方法二　动作模式由"线性"到"重定位"的快速切换，可使用功能键按钮（见图4-12）实现。

4.4.3　ABB 工业机器人的紧急停止及复位

1. 紧急停止

在工业机器人的工作过程中，如因操作人员操作不熟练引起碰撞或发生其他突发状况时，可选择按下紧急停止按钮（见图 4-13、图 4-14 中 A 处），启动工业机器人安全保护机制，紧急停止工业机器人的动作。

ABB工业机器人的紧急停止及复位

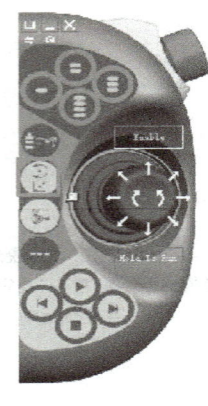

图 4-12　示教器快速切换按钮——重定位运动

需要注意的是，在紧急停止按钮被按下的状态下，工业机器人处于急停状态，无法执行动作。再次操纵工业机器人动作前，须将紧急停止按钮复位，手动操纵工业机器人，将其移动到安全的位置。

工业机器人发生紧急停止的原因可能是因为紧急停止按钮被按下，也可能是由突发状况（如物理碰撞、触发安全保护机制）引起的紧急停止等。

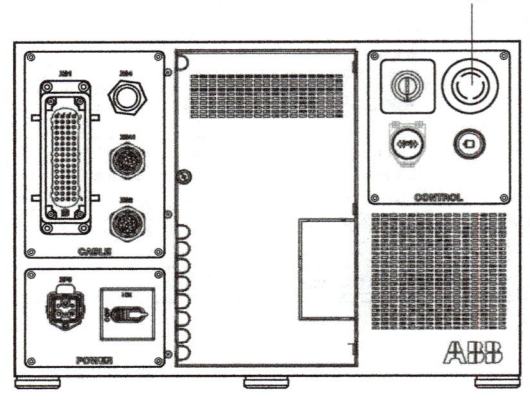

图 4-13　控制柜急停按钮

图 4-14　示教器急停按钮

2. 复位急停状态实操步骤

（1）复位急停状态的注意事项　工业机器人发生紧急停止后，停止的位置可能是空旷区域，也可能被堵在障碍物之间。对此，可根据紧急停止时工业机器人所处的位置选择合适的方法，完成紧急停止的复位操作。

① 如果工业机器人处于空旷区域，复位紧急停止状态后选择手动操纵工业机器人将其移动到安全的位置。

② 如果工业机器人被堵在障碍物之间，在障碍物容易移动的情况下，可以直接移开障碍物，在复位紧急停止状态后手动操纵工业机器人，使其移动至安全的位置。

③ 如果周围障碍物既不易移动，又很难直接通过手动操纵使工业机器人到达安全位置时，可通过按下制动闸释放按钮，手动拖动工业机器人到安全位置。

④ 如果是由工业机器人发生物理碰撞引起的紧急停止，则应使用制动闸释放按钮进行复位操作。

综上所述，工业机器人紧急停止的复位可分为两种情况：一种是须使用制动闸释放按钮复位的操作；另一种是无须使用制动闸释放按钮的复位操作。

（2）复位急停状态任务实操　复位急停状态任务操作见表 4-11。

表 4-11 复位急停状态任务操作步骤

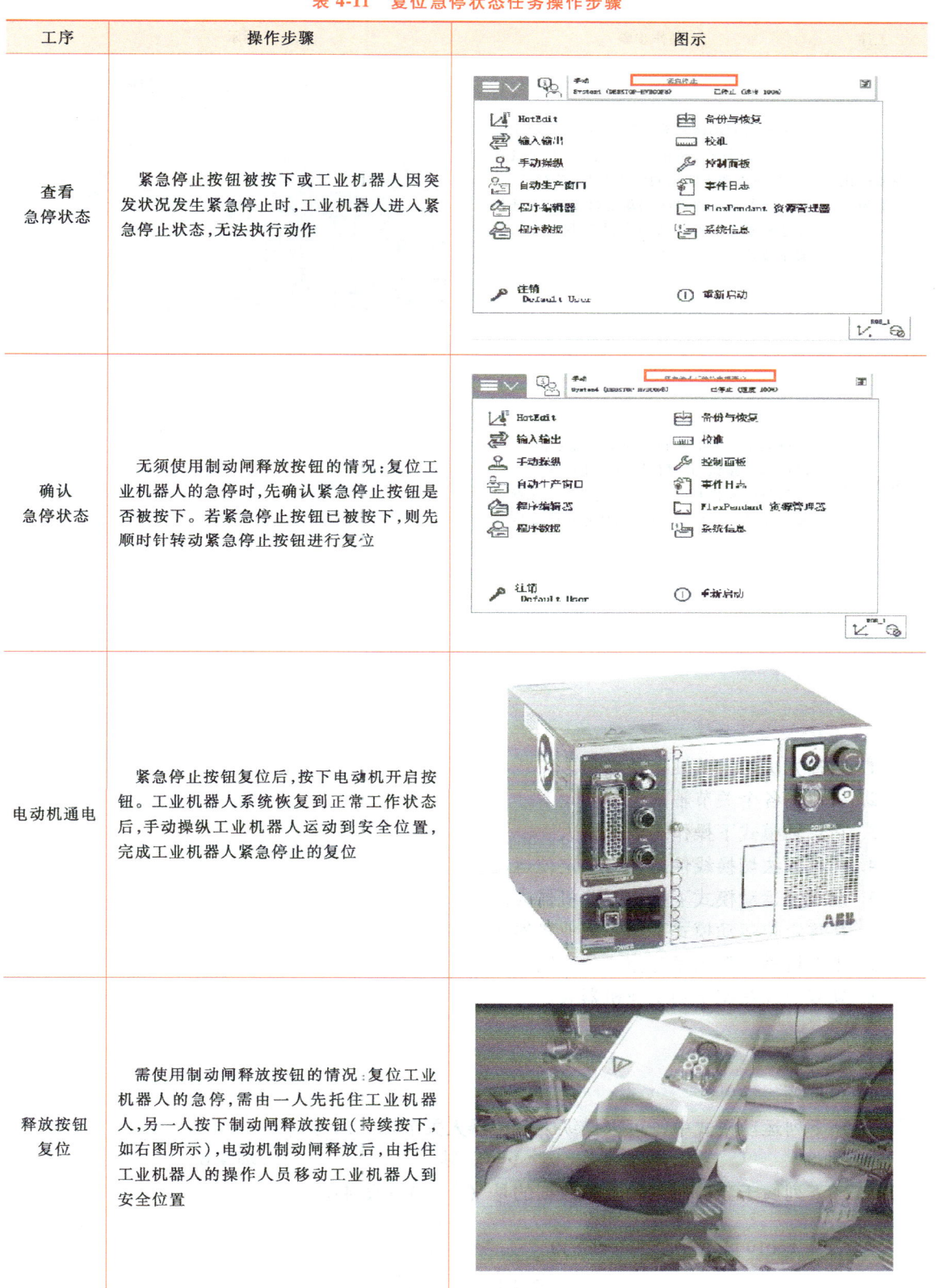

(续)

工序	操作步骤	图示
释放按钮复位	需使用制动闸释放按钮的情况：复位工业机器人的急停，需由一人先托住工业机器人，另一人按下制动闸释放按钮（持续按下，如右图所示），电动机制动闸释放后，由托住工业机器人的操作人员移动工业机器人到安全位置	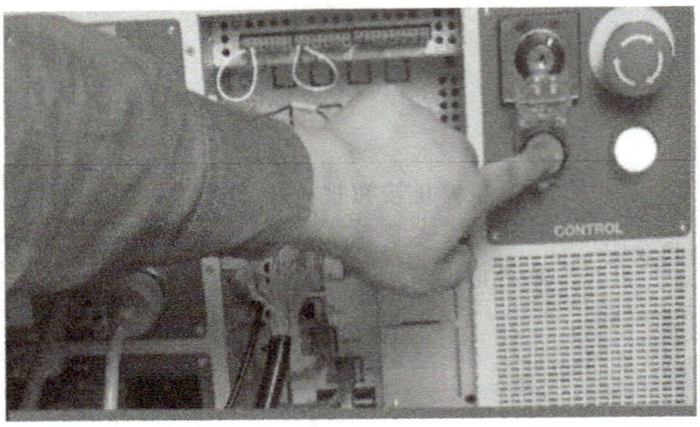
恢复状态	确认工业机器人到达安全位置后，松开制动闸释放按钮，并复位紧急停止按钮。 　　按下电动机开启按钮，工业机器人系统恢复到正常工作状态，完成紧急停止的复位	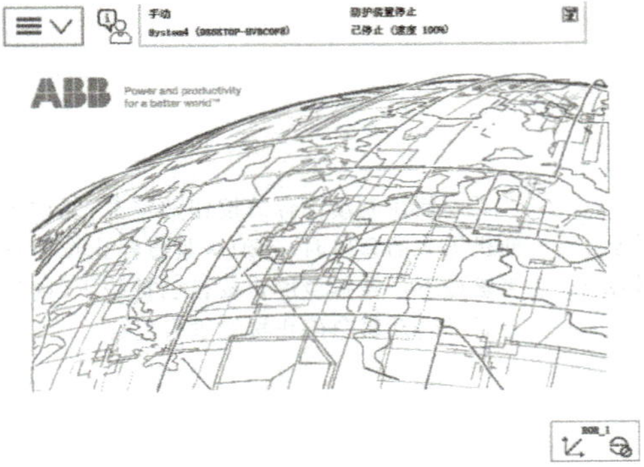

知识回顾

【知识点总结】

1. 两种方法切换单轴运动模式。
2. 机器人各个关节轴的位置。
3. 在单轴模式下操作工业机器人。
4. 两种方法切换线性运动与重定位运动。
5. 在线性运动模式下操作工业机器人。
6. 在重定位运动模式下操作工业机器人。
7. 工业机器人发生紧急停止的原因。
8. 恢复急停状态下的工业机器人。

【思考与练习】

1+X 初级真题

1. 单选题

（1）下列运动模式中，可以操纵工业机器人关节轴 3 的是（　　）。

A. 轴 3　　　　B. 轴 1-3　　　　C. 轴 2-3　　　　D. 轴 4-6

（2）下列属于当前使用的工具数据的是（　　）（图 4-15）。

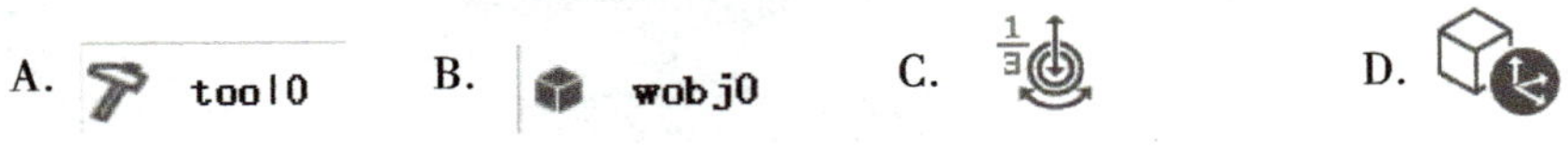

A. ![tool0] 　　B. ![wobj0] 　　C. 　　D.

图 4-15 题（2）图

（3）在（　　）界面中可以进行工业机器人动作模式的设定和工业机器人单轴运动的操纵。
A．程序编程器　　B．校准　　　　C．控制面板　　　D．手动操纵
（4）在下列运动模式中，可以操纵工业机器人进行线性运动的是（　　）。
A．轴 1-3　　　　B．线性运动　　C．轴 4-6　　　　D．重定位运动
（5）六轴工业机器人进行用户坐标系修改后需要单击（　　），修改后坐标系方可生效。
A．保存　　　　　B．返回　　　　C．计算　　　　　D．激活
（6）当工业机器人发生紧急情况，并有可能发生人身伤害时，下列哪个操作比较得当？（　　）
A．强制扳动　　　　　　　　　　B．整理防护服
C．按下急停按钮　　　　　　　　D．骑坐在机器人上，超过其载荷
（7）工业机器人系统中有多个按钮，（　　）按钮的动作优先级高于其他工业机器人的控制按钮。
A．程序停止　　　B．程序启动　　C．紧急停止　　　D．单步运行
（8）利用示教器进行单轴操作时，在轴 1-3 动作模式下，向左推动摇杆，则 ABB 工业机器人如何运动？（　　）
A．1 轴正向旋转　　　　　　　　B．2 轴正向旋转
C．1 轴负向旋转　　　　　　　　D．2 轴负向旋转
（9）手动操纵工业机器人进行单轴运动时，控制杆的偏转方向决定下列哪种运动状态？（　　）
A．单轴运动的速度和角度　　　　B．沿基坐标系的对应坐标轴运动
C．单轴运动的关节轴及轴运动方向　D．单轴运动的加速度
（10）ABB IRB 120 工业机器人一共有（　　）关节轴。
A．7 个　　　　　B．6 个　　　　C．4 个　　　　　D．5 个
（11）ABB 工业机器人在轴 4-6 关节动作模式下，操纵工业机器人单轴运动，向下摆动控制杆，则机器人如何运动？（　　）
A．5 轴正向旋转　　　　　　　　B．5 轴负向旋转
C．4 轴正向旋转　　　　　　　　D．4 轴负向旋转
（12）控制工业机器人 TCP 沿着 Z 轴正方向移动，需要使用（　　）。
A．关节运动　　　B．重定位运动　C．线性运动　　　D．弧形运动
答案：（1）B　（2）A　（3）D　（4）B　（5）A　（6）C　（7）C　（8）C
（9）C　（10）B　（11）A　（12）C

2. 判断题

（1）轴 4-6 可以操纵工业机器人关节轴 4。　　　　　　　　　　　　　　　　　（　　）
（2）在控制面板界面中可以进行工业机器人动作模式的设定和工业机器人单轴运动的操纵。　　　　　　　　　　　　　　　　　　　　　　　　　　　　　　　　　　　　（　　）
（3）在控制面板界面可以切换坐标系。　　　　　　　　　　　　　　　　　　　（　　）
（4）当示教器紧急停止按钮被按下，工业机器人立刻停止运动。　　　　　　　　（　　）
（5）线性运动过程中轨迹可控，工具姿态不会改变，因此方便操作员的直观操作。
（　　）

答案：(1) √　(2) ×　(3) ×　(4) √　(5) √

3. 实操题

（1）单轴运动

① 确认工业机器人处于手动限速状态。
② 依次选择"手动操纵"和"动作模式"选项。
③ 分别选择轴 1-3 和轴 4-6 的动作模式。
④ 按下使能器按钮，确认电动机处于开启状态。
⑤ 在操纵杆方向一栏，依照箭头方向分别移动 1~6 轴。

（2）线性运动

① 确认工业机器人处于手动限速状态。
② 依次选择"手动操纵"和"动作模式"选项。
③ 选择"线性"动作模式。
④ 工具坐标系选择已定义的 tool1 或者默认坐标系 tool0。
⑤ 按下使能器按钮，确认电动机处于开启状态。
⑥ 在操纵杆方向一栏，依照箭头方向分别沿 X 轴、Y 轴、Z 轴移动。

（3）重定位运动

① 确认工业机器人处于手动限速状态。
② 依次选择"手动操纵"和"动作模式"选项。
③ 选择"重定位"动作模式。
④ 当前坐标系选为工具坐标系，工具坐标选择 tool0 或已定义的 tool1。
⑤ 按下使能器按钮，确认电动机处于开启状态。
⑥ 在操纵杆方向一栏，依照箭头方向分别沿 X 轴、Y 轴、Z 轴运动。

任务 4.5　ABB 工业机器人数据的备份与恢复

任务描述

有经验的工业机器人应用工程师对工业机器人系统进行系统参数修改、程序数据修改、程序编辑等操作之前，都会先备份工业机器人系统，以防止出现误操作造成的工业机器人系统数据丢失。工业机器人系统调试、修改完成后，应当立即备份系统。在后期工业机器人系统运行期间，也需要定期进行系统备份。当工业机器人出现数据错误、系统崩溃或重新安装系统后，可以通过备份数据快速地把工业机器人恢复到系统正常运转时的状态。

ABB工业机器人数据的备份与恢复

任务目标

1. 了解工业机器人程序及数据备份与恢复的作用。
2. 掌握工业机器人系统备份与恢复的操作方法。
3. 掌握工业机器人程序加密的操作方法。
4. 掌握工业机器人程序模块备份与恢复的操作方法。

知识平台

1. 工业机器人程序及数据备份与恢复的对象

工业机器人程序及数据备份与恢复的对象是所有正在系统内存运行的 RAPID 程序和系统参数。工业机器人程序及数据备份与恢复的对象如图 4-16 所示。

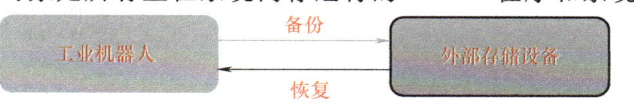

图 4-16 工业机器人程序及数据备份与恢复的对象

程序文件：工业机器人系统中控制工业机器人动作、外围设备及各种应用的程序，一般存储在程序模块中。进行程序的导入就是将备份在存储设备中的程序模块导入工业机器人系统中。

数据：工业机器人数据一般包括 I/O 分配、工业机器人位置数据、I/O 配置信息及系统配置参数等，一般存储在系统文件中。工业机器人系统数据的恢复，是将备份在工业机器人硬盘或存储设备中的系统文件导入工业机器人系统中。

2. 工业机器人程序及数据备份与恢复的作用

备份的意义：为防止操作人员对工业机器人系统文件误删除，通常在进行工业机器人维护、维修前备份工业机器人系统数据。

恢复的应用：首先，当工业机器人系统无法启动或重新安装新系统时，可利用已备份的系统文件进行恢复。其次，恢复导入功能可以减少同品牌同系列工业机器人的编程任务、I/O 配置任务，减轻人力的重复性劳动，节约工作时间，提高生产效率。

注意：备份系统文件具有唯一性，不能将备份文件恢复到任意的工业机器人中去，否则会造成系统故障。相同型号和版本的工业机器人之间才可以相互导入。

3. 工业机器人系统备份与恢复实操步骤

（1）工业机器人系统备份与恢复的步骤

① 若工业机器人系统数据是备份到 USB 存储设备中，则需先将 USB 存储设备（如 U 盘）插入示教器的 USB 端口。在示教器操作界面中，单击"备份与恢复"选项。

② 进入"备份与恢复"界面，单击"备份当前系统"或"恢复当前系统"选项。

③ 进入备份界面中，设置系统备份文件的名称，选择存放备份文件的位置。

④ 确定存放路径后，单击"备份"或"恢复"按钮，进行备份或恢复。

（2）工业机器人系统备份与恢复操作步骤　工业机器人系统备份与恢复操作步骤见表 4-12。

表 4-12 工业机器人系统备份与恢复操作步骤

工序	操作步骤	图示
进入界面	单击左上角的菜单	

（续）

工序	操作步骤	图示
进入界面	选择"备份与恢复"选项	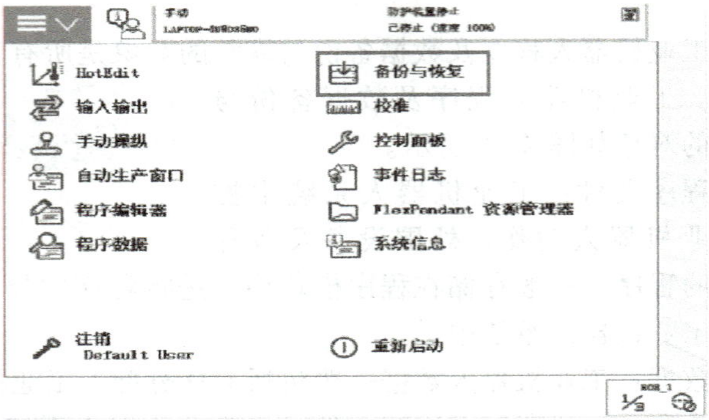
备份系统	选择"备份当前系统…"选项	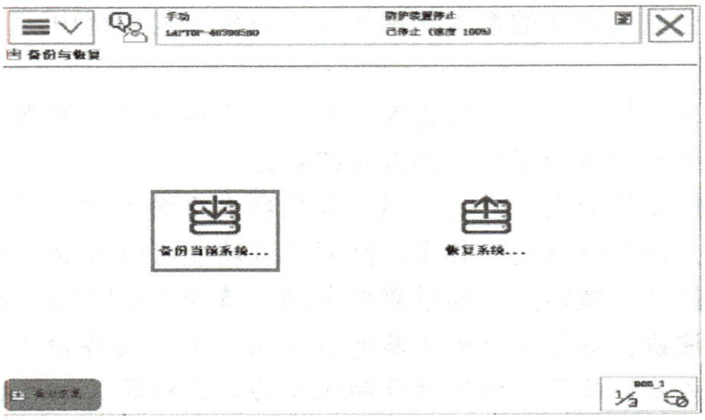
	选择好备份的地址，再单击"备份"按钮即可完成系统备份	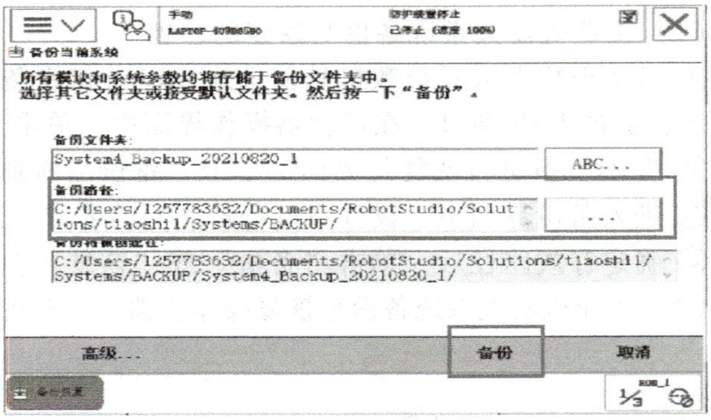
恢复系统	选择"恢复系统"选项	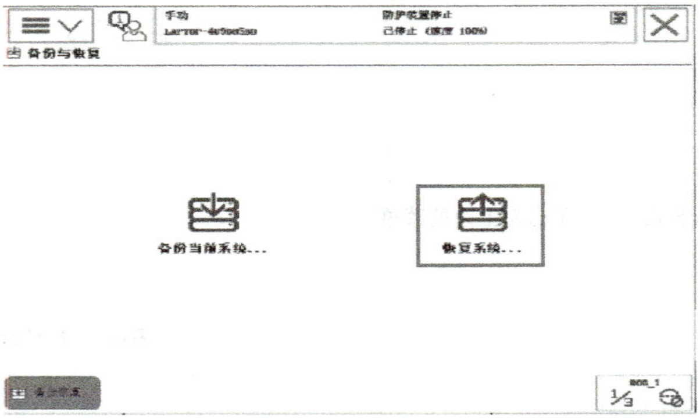

（续）

工序	操作步骤	图示
恢复系统	选择好恢复的地址，再单击"恢复"按钮即可完成系统恢复	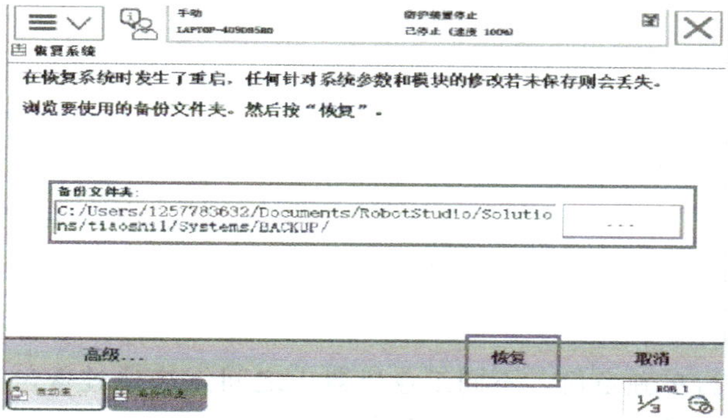

4. 工业机器人程序加密

为防止程序被他人误删或误改，可以对程序进行加密。ABB 工业机器人程序的加密方法是通过对程序模块的属性进行设定，从而达到将程序模块下的程序进行加密的目的。程序的加密可通过在离线软件 RobotStudio 中对模块属性进行设定实现。ABB 工业机器人程序模块属性如图 4-17 所示。

属性名称	属性含义
NOSTEPIN	不允许逐步调试程序，但允许改写
READONLY	模块不可修改，但该属性可被取消
VIEWONLY	模块不可修改
NOVIEW	示教器中不可查看，仅能执行

图 4-17　程序模块属性

在离线软件 RobotStudio 的"RAPID"选项卡中编辑程序模块后，再同步到示教器中，也可在新建模块属性中进行设定实现。在实际操作中，可以看到示教器中以 NOVIEW 模式为例，该模式下的视图如图 4-18 和图 4-19 所示。

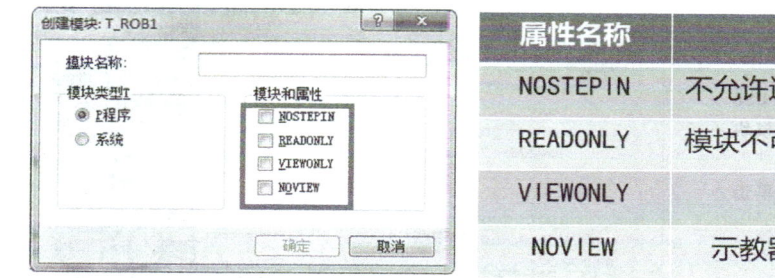

图 4-18　NOVIEW 模式下的 RAPID 程序样例

5. 工业机器人 RAPID 程序模块的备份与加载实操步骤

为了避免程序丢失，可以对工业机器人控制系统进行备份，此外还可以对 RAPID 程序模

工业机器人操作与运维

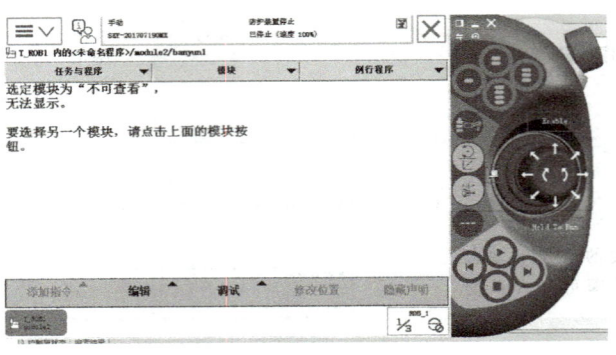

图 4-19 NOVIEW 模式下的示教器视图

块进行单独备份。不同工业机器人之间无法通过备份控制系统实现程序复制,但可以通过备份程序模块的方法实现程序复制。

(1)工业机器人程序模块备份任务实操 工业机器人程序模块备份操作步骤见表 4-13 所示。

表 4-13 工业机器人程序模块备份操作步骤

工序	操作步骤	图示
插入 U 盘选择模块	将 U 盘插入示教器的 USB 端口,用于存储备程序模块文件 在"程序编辑器"界面单击图示位置的"模块"标签	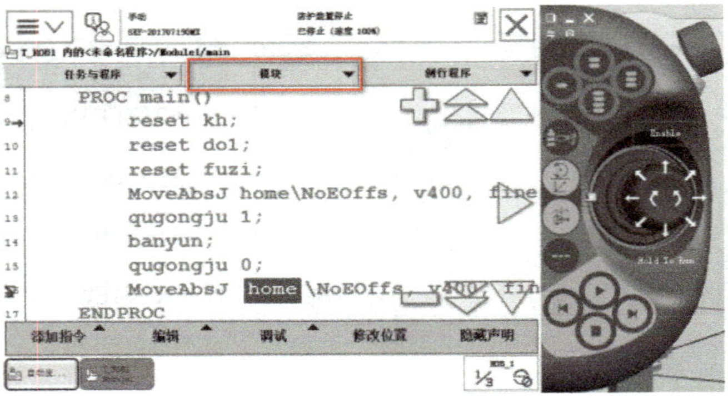
选择模块另存	选择"另存模块为…"选项	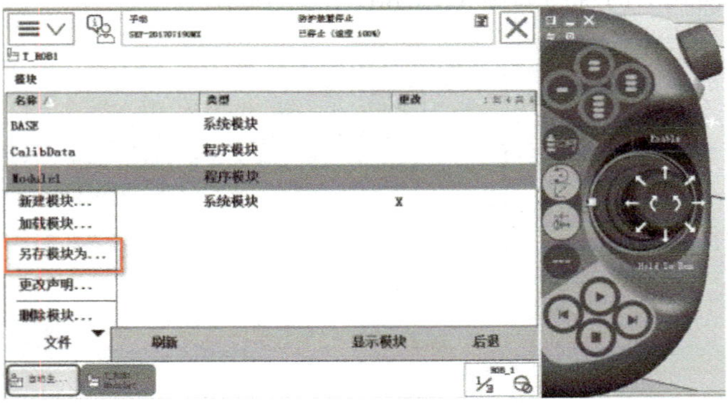

— 160 —

（续）

工序	操作步骤	图示
确定保存位置导出	找到用于备份的 USB 存储设备，选择确定的保存位置，再单击"确定"按钮，即可完成程序模块的备份（导出）	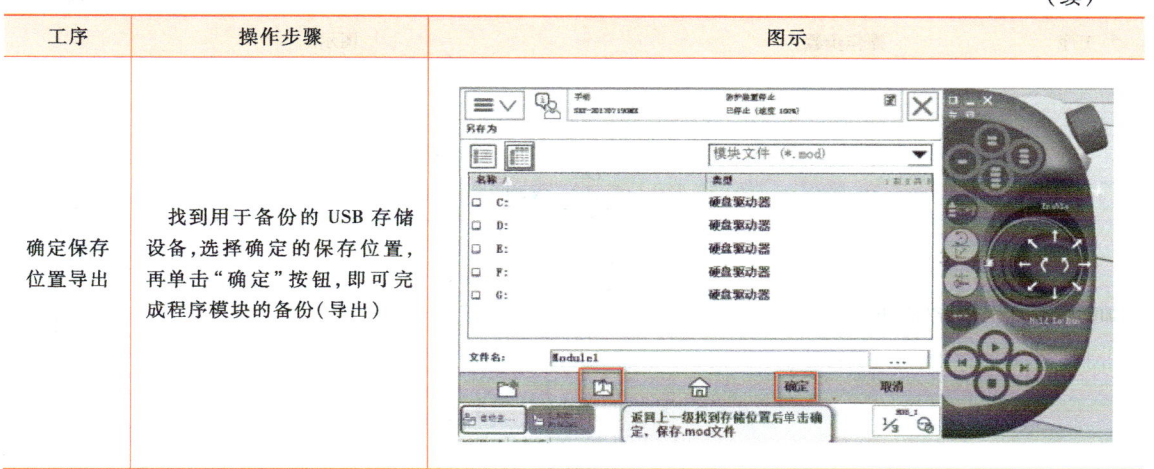

（2）工业机器人程序模块加载任务实操　工业机器人程序模块加载操作步骤见表 4-14。

表 4-14　工业机器人程序模块加载操作步骤

工序	操作步骤	图示
插入 U 盘选择模块	将程序模块备份文件所在的 USB 存储设备（如 U 盘）插入示教器的 USB 端口 在"程序编辑器"界面单击图示位置的"模块"标签	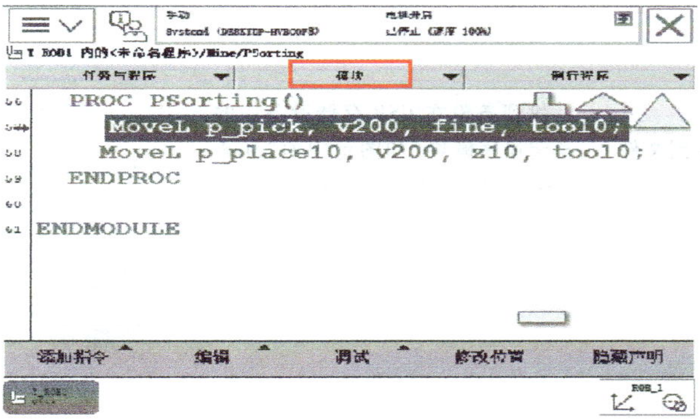
加载模块	单击"文件"并选择"加载模块…"命令	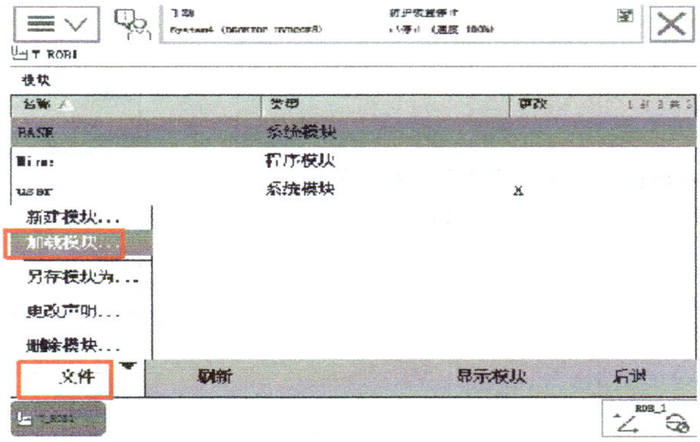

 工业机器人操作与运维

(续)

工序	操作步骤	图示
加载模块	单击"是"按钮	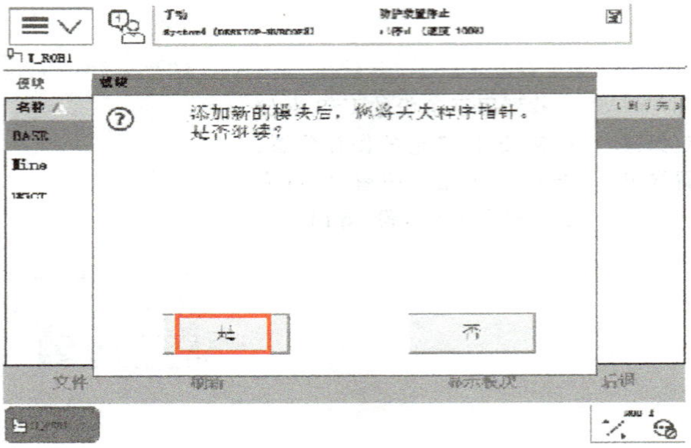
找到文件	找到备份在 USB 存储设备中的指定程序模块（如图示中的"Module1.mod"）所对应的 .mod 文件	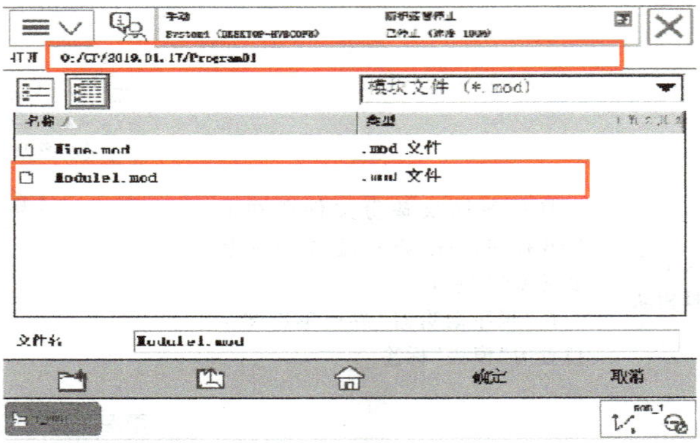
选择模块导入	选中所需导入的程序模块，并单击"确定"按钮	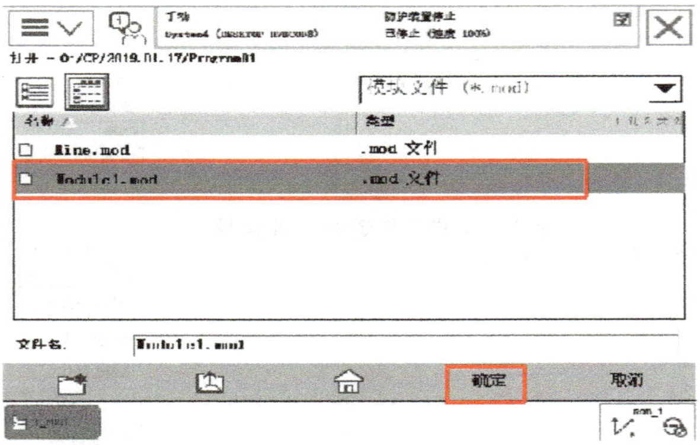

（续）

工序	操作步骤	图示
选择模块导入	指定程序模块被导入工业机器人系统中	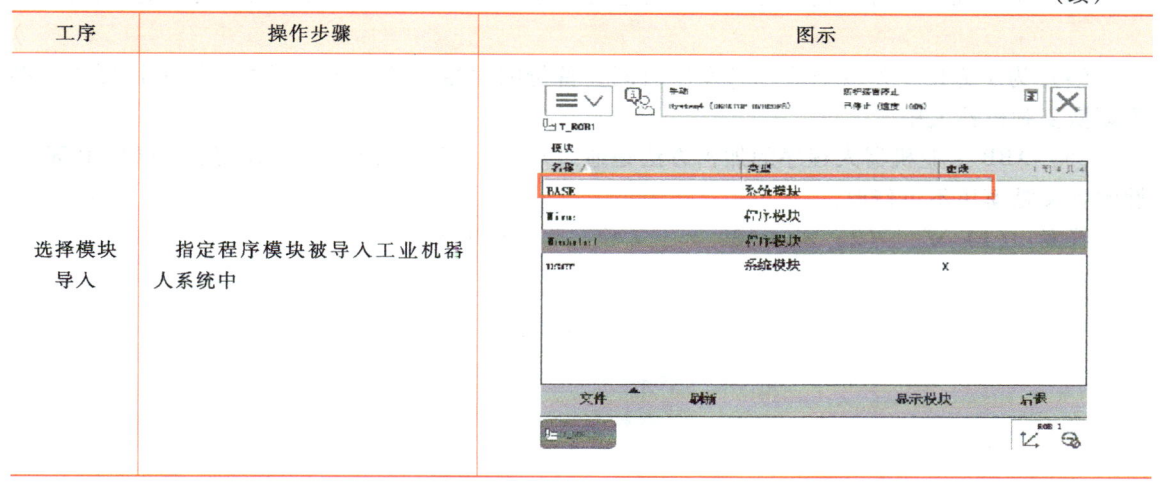

知识回顾

【知识点总结】

1. 工业机器人程序及数据备份与恢复的作用：防止误删除、减少编程任务、提高效率。
2. 工业机器人系统的备份与恢复。
3. 工业机器人程序的加密。
4. 工业机器人程序模块的备份与导入。

【思考与练习】

1+X 初级真题

1. 单选题

（1）ABB 工业机器人的程序存储在（　　）模块中。

A. 手动操纵　　　　B. 程序　　　　　C. 输入/输出　　　　D. 其他

（2）备份系统文件具有（　　）性。

A. 唯一　　　　　　B. 恢复　　　　　C. 不唯一

（3）在示教器操作界面中，单击（　　）进入备份与恢复界面。

A. 备份与恢复　　　B. 备份　　　　　C. 备份当前系统

（4）ABB 工业机器人示教器的备份与恢复界面中，（　　）选项用于工业机器人系统数据的恢复。

A. 备份当前系统　　　　　　　　　　B. 恢复当前系统
C. 恢复系统　　　　　　　　　　　　D. 备份系统

（5）在 ABB 工业机器人中，备份信号不需要做以下（　　）步骤。

A. 选择信号备份选项　　　　　　　　B. 设置备份的信号文件名
C. 选择保存路径　　　　　　　　　　D. 重启系统

答案：（1）B　（2）A　（3）A　（4）C　（5）D

2. 判断题

（1）工业机器人系统备份可以直接备份在工业机器人系统中。（　　）

（2）工业机器人系统备份时不可以备份在 U 盘中。（　　）

（3）ABB 工业机器人的信号数据不可进行单独的备份，必须与工业机器人系统一起备份。
（　　）

（4）为了方便操作或缩短现场操作时间，备份的信号文件可用记事本打开进行更改，再重新恢复到机器人中。（　　）

（5）ABB 工业机器人程序的加密方法是通过对程序模块的属性进行设定，ONLYVIEW 属性的含义是模块不可修改。（　　）

答案：（1）√　（2）×　（3）×　（4）√　（5）√

项目总结

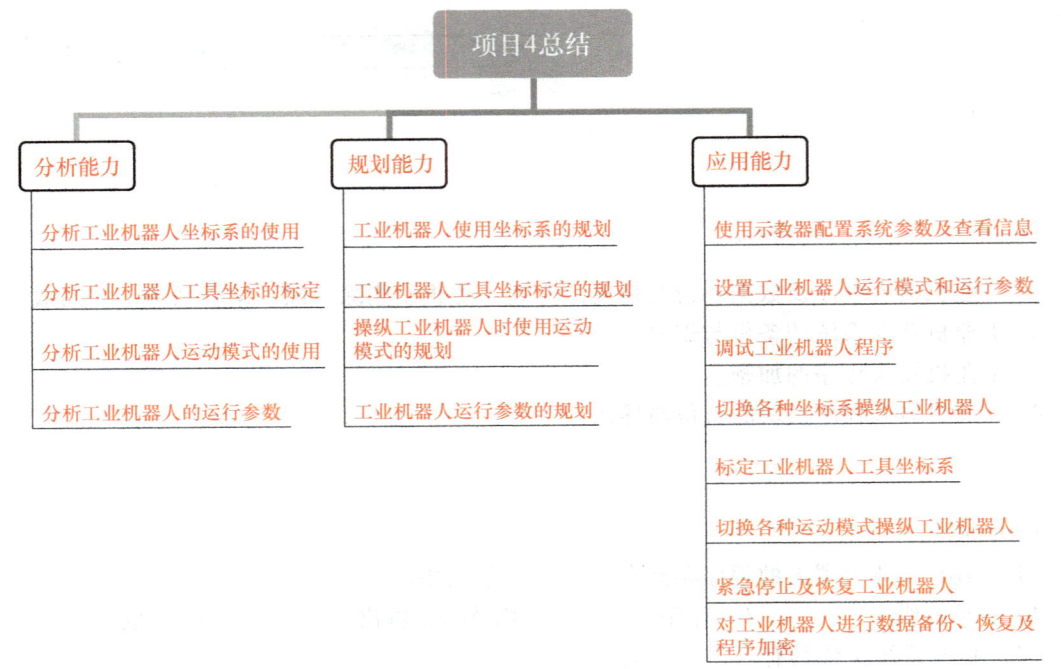

项目 5
工业机器人系统检查与维护

项目引入

项目5导学

吴师傅:"小明,你在工业机器人系统操作中表现非常不错,并通过了考核。在这过程中是否遇到印象深刻的困难呢?"

小明:"印象最深刻的是工业机器人会报错,一遇到报错我就特别慌。"

吴师傅:"没关系,不要慌,有报错就是在给你提供线索,让你静下心来解决它。接下来我会带你围绕工业机器人维护维修岗位职责和企业实际生产中的工业机器人维护维修工作内容,学习工业机器人常规检查维护的内容和操作方法。这样,以后你在工业机器人操作中就不会再怕报错啦。日常做好检查与维护,保养好工业机器人系统设备,不但可以延长设备使用寿命,而且在工业机器人操作中遇到信息提示,可将报错当辅助,更好地解决生产实际中的问题。希望你通过努力学习和练习,早日成为一名出色的工业机器人操作员。"

小明激动地说:"师傅您快点给我讲一讲吧,我都迫不及待了。"

吴师傅欣慰地说:"好的,我们目前要学习的主要是 ABB 工业机器人,接下来我就给你详细地介绍工业机器人系统检查与维护的内容和操作方法。"

项目目标

1. 培养对工业机器人系统定期保养与维护的意识。
2. 培养对工业机器人本体、控制柜及附件进行常规检查和对常见问题进行处理的能力;掌握工业机器人常规检查和维护的方法,理解常规检查和维护的必要性。
3. 培养监测工业机器人系统运行状态和运行参数的能力。
4. 能看懂工业机器人系统检查与维护表格,并进行登记填写。
5. 通过对工业机器人的学习,增长生产实际中工业机器人系统维护的经验,明确工业机器人维护维修岗位职责。
6. 增长见识、提高学习工业机器人的信心,激发兴趣,提高职业能力和工匠意识。

知识图谱

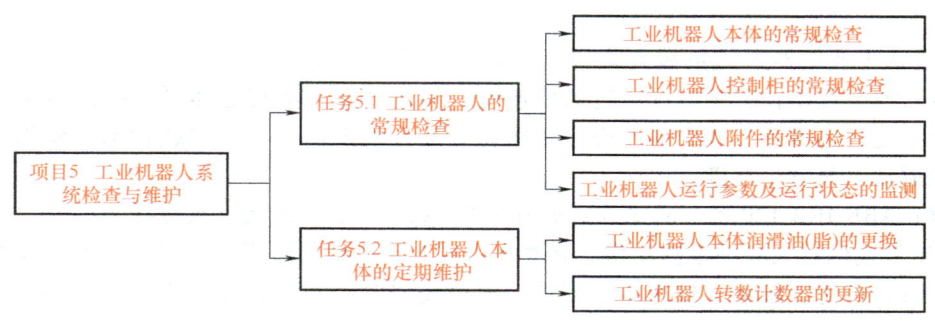

任务 5.1　工业机器人的常规检查

任务描述

在工业机器人操作与编程学习中，小明勤奋练习，但这两天因为小明操作工业机器人时伴有"咯吱咯吱"的响动，吴师傅要求小明对工业机器人进行检查，找出异响发出的地方，在此之前不允许他启动设备。这可憋坏了小明，但他理解吴师傅的良苦用心，明白有问题不解决就存在安全隐患，学习工业机器人常规检查十分必要。

任务目标

1. 了解工业机器人系统维护中工业机器人本体、控制柜及附件的常规检查项目。
2. 掌握监测工业机器人操作模式、工业机器人控制柜状态、程序运行状态和运行速度的技能。
3. 能对工业机器人系统中工业机器人本体、控制柜及附件进行检查维护，并填写相关表格。

工业机器人本体的常规检查

知识平台

5.1.1　工业机器人本体的常规检查

工业机器人本体的常规检查主要分为 5 部分：机械噪声及异响、润滑油泄漏、工业机器人线缆检查、机械限位检查、电池组电量检查与电池更换。工业机器人本体如图 5-1 所示。

1. 机械噪声及异响

正常情况下，在操作期间，电动机、变速箱、轴承等不应发出机械噪声。如发生异常振动、响声，可考虑以下解决措施。

1）当螺栓松动时，使用防松胶，以适当的力矩拧紧螺栓。改变地装底板的平面度，使工业机器人底部平稳。确认是否夹杂异物，如有异物，应将其去除。

2）加固架台、地板面，提高其刚性。当无法加固架台、地板面时，应通过改变动作程序减缓振动。工业机器人本体加固台对比如图 5-2 所示。

图 5-1　工业机器人本体

3）确认工业机器人的负载允许值。当超过负载允许值时，应减少负载，或改变动作程序。可通过降低速度、加速度等方法将总体循环时间带来的影响控制在最低限度；还可通过改变动作程序减缓特定部分的振动；不在过载状态下使用工业机器人，避免驱动系统发生故障。

注意：ABB IRB 120 工业机器人有效载荷为 3kg。不应长时间过载运行。

4）使工业机器人各轴单独动作，观察是由哪个轴产生的振动。问题可能存在于振动轴对应的电动机、齿轮、轴承、减速器等部件。按照规定时间间隔补充指定的润滑脂，可以防止

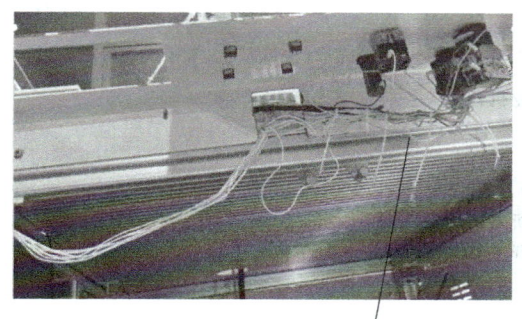 

器件凌乱(松动)　　　　　　　　　　　相对整洁
且缺乏横梁加固　　　　　　　　　　　且有加固横梁

图 5-2　工业机器人本体加固台对比

故障的发生。

5）对于更换过振动轴的电动机，应确认该电动机是否还振动。若工业机器人仅在特定姿势下振动，可按顺序检查电动机电缆—电源电缆，确认电压是否正常，确认动作控制变量是否正确。

6）切实连接地线，避免接地碰撞，防止电气噪声从其他地方混入。

2. 润滑油泄漏

日常工业机器人维护保养中需对电动机和变速箱油进行检查更换（排油、注油操作）。

检查及处理方式：检查是否有油从电动机或变速箱周围的区域中渗出来。有油液渗出时，将其擦拭干净。并建议执行以下操作：

1）在运转前清扫油封部位下侧的油液，可以防止油液的累积。

2）如果驱动部位温度过高，润滑脂槽内压可能会上升。在运转刚刚结束后，打开一次排脂口，可以恢复内压。

3）如果擦拭油液的频率很高，开放排脂口来恢复润滑脂槽的内压也得不到改善时，那么铸件上很可能发生了龟裂等情况。

在工业机器人本体润滑油泄漏处置过程中的应急措施：可用密封剂封住裂缝防止润滑脂泄漏。正确操作：尽快更换部件。

提示：

1）减速器故障发出噪声主要是因为减速器过热造成的。过热原因可能是使用的润滑油质量低或油面高度不正确，或齿轮箱内出现过大压力。

2）更换润滑油时须注意，油温可能高于 90℃，待冷却后再更换；戴手套防止过敏反应；小心缓慢打开放油孔防止润滑油飞溅。

3）3~5 轴更换润滑油时须注意调整角度，调整完成后务必关闭连接工业机器人的所有电源、液压源和气源。

工业机器人油箱检查操作见表 5-1，工业机器人油箱排油操作见表 5-2，工业机器人油箱加油操作见表 5-3。根据不同工业机器人型号查阅对应工业机器人维护保养表，确保油号油量正确。

表 5-1　工业机器人油箱检查操作

序号	操作说明	是否完成(完成打√,未完成请备注原因)
1	处理齿轮箱油会涉及一些安全风险。继续处理之前,请先阅读工业机器人安全信息	

(续)

序号	操作说明	是否完成（完成打√，未完成请备注原因）
2	危险！进入工业机器人工作区域前关闭连接工业机器人的所有电源、液压源和气源	
3	检查是否有油从电动机或变速箱周围的区域渗出	
4	打开正确的油塞，检查是否需要加油。标准工业机器人是打开注油塞，悬挂工业机器人是排油孔（总是打开工业机器人上方的油孔）	
5	根据需要加油，盖上油塞孔	

表 5-2　工业机器人油箱排油操作

序号	操作说明	是否完成（完成打√，未完成请备注原因）
1	处理齿轮箱油会涉及一些安全风险。继续处理之前，请先阅读工业机器人安全信息	
2	危险！进入工业机器人工作区域前关闭连接工业机器人的所有电源、液压源和气源	
3	把集油器尽可能靠近排油孔	
4	打开排油塞，尽快插入一根口径合适的软管并连接到集油器（废油是有害物体，必须妥善处理）	
5	打开注油塞开始排油，放油时要打开注油塞，否则有可能损坏变速箱零件（排油后齿轮箱内仍会有残留）	
6	完成后重新装上油塞（注意注油塞和排油塞的拧紧扭矩）	

表 5-3　工业机器人油箱加油操作

序号	操作说明	是否完成（完成打√，未完成请备注原因）
1	处理齿轮箱油会涉及一些安全风险。继续处理之前，请先阅读工业机器人安全信息	
2	危险！进入工业机器人工作区域前关闭连接工业机器人的所有电源、液压源和气源	
3	打开注油塞	
4	根据参照表的规格型号添加所用油，加油量的多少取决于之前的消耗	
5	完成后检查油位置，盖上注油塞	

3. 工业机器人线缆检查

工业机器人布线包含工业机器人与控制柜之间的线缆，主要是电动机动力电缆、SMB 电缆、示教器电缆和用户电缆（选配），大型工业机器人本体还有电缆支架，如图 5-3 所示。

（1）检查及处理方式

① 目视检查：对于工业机器人与控制柜之间的线缆，查找是否有磨损、切割或挤压损坏。

② 如果检测到磨损或损坏，则更换线缆。

（2）进行工业机器人线缆检查操作时建议参照表 5-4 进行并完成填写

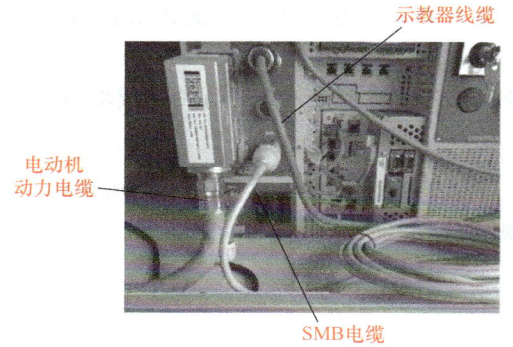

a) 工业机器人与控制柜之间的电缆　　　b) 工业机器人电缆支架

图 5-3　工业机器人电缆及电缆支架

表 5-4　工业机器人线缆检查操作

序号	操作说明	是否完成（完成打√，未完成请备注原因）
1	危险！进入工业机器人工作区域前关闭连接工业机器人的所有电源、液压源和气源	
2	目视检查所有电缆，看是否有磨损或损坏	
3	检查所有电缆连接器是否完好	
4	检查所有支架和束缚带是否完好地固定在工业机器人本体上	
5	如有裂纹、磨损或损坏应立即更换	

4. 机械限位检查

轴 1-3 的运动位置有机械限位，用于限制轴的运动范围，保护工业机器人。为了安全，要定期检查所有的机械限位是否完好，功能是否正常。工业机器人本体机械限位阻尼器如图 5-4 所示。

阻尼器是用来保护机械限位装置的，图 5-5 所示为 IRB 120 型工业机器人 1 轴机械限位阻尼器实物。

（1）检查及处理方式

① 目视检查：检查机械限位阻尼器是否完好。

② 机械限位阻尼器出现裂纹、松动、损坏等情况时，须马上进行更换。

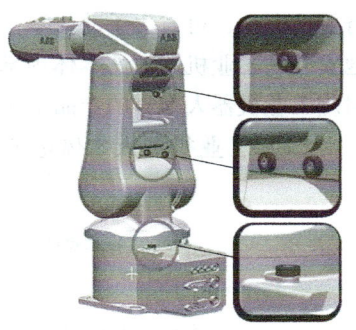

图 5-4　工业机器人本体机械限位阻尼器

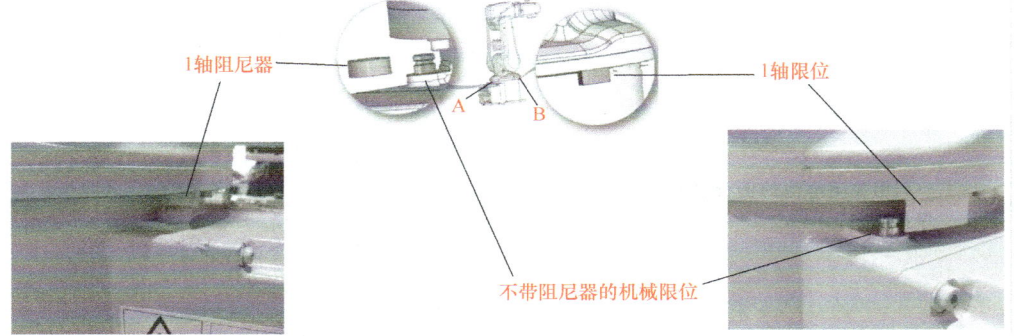

图 5-5　IRB 120 型工业机器人 1 轴机械限位阻尼器实物

注意：与机械限位的碰撞会缩短齿轮箱的预期使用寿命。在示教与调试工业机器人时要特别小心。

（2）工业机器人阻尼机械限位装置检查及更换操作建议参照表 5-5 进行并完成填写

表 5-5 工业机器人阻尼机械限位装置检查及更换操作

序号	操作说明	是否完成（完成打√，未完成请备注原因）
1	危险！进入工业机器人工作区域前关闭连接工业机器人的所有电源、液压源和气源	
2	定期检查机械限位是否有弯曲或其他损坏（包括：锁附螺钉、支架、O形阻尼垫圈、限位销）	
3	如有裂纹、松动、损坏，应立即更换	
4	机械限位销正常情况下可左右稍稍摆动	

5. 电池组电量检查与电池更换

关掉工业机器人主电源后，就需要依靠 SMB 电池来保存 6 个轴的数据。工业机器人电池在工业机器人本体内，如图 5-6 所示。

当工业机器人示教器的信息栏显示代码"38213"时，则表示工业机器人本体的电池电量低，需要尽快更换电池。一般情况下，电池的剩余后备容量（工业机器人电源关闭）不足两个月时，将显示低电量警告。在 SMB 电池即将耗尽之前进行更换电池，可省去手动找零位的工作。SMB 及电池安装在工业机器人的本体内部，具体位置可以在对应工业机器人型号的产品手册中查询。

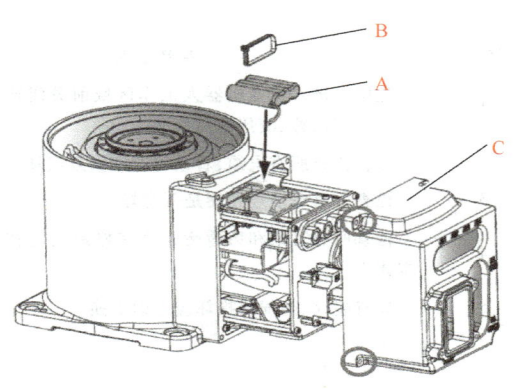

图 5-6 工业机器人本体电池安装位置
A—电池组 B—电缆绑扎带 C—底座盖

（1）工业机器人本体电池更换操作步骤见表 5-6

表 5-6 工业机器人本体电池更换操作步骤

序号	操作说明	图片
1	将工业机器人恢复到机械零点位置，具体操作可参考表 5-14——工业机器人六轴回机械零点操作表	
2	调用关闭电池的例行服务程序：Bat_Shutdown	1.选中 Bat_Shutdown 2.单击"转到"按钮

（续）

序号	操作说明	图片
3	切断电源、气源和液压源，进入工业机器人安全操作区	
4	卸下连接螺钉，从工业机器人上卸下底座，拿掉后盖	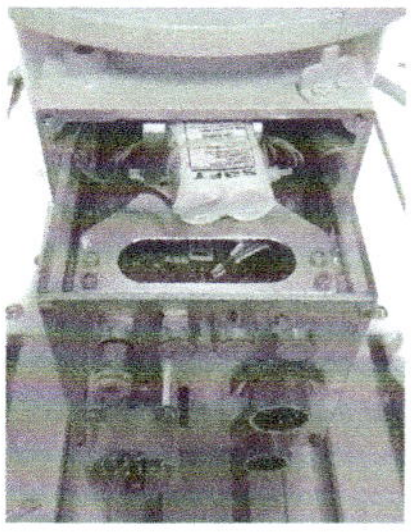
5	断开电池电缆与编码器接口电路板的连接	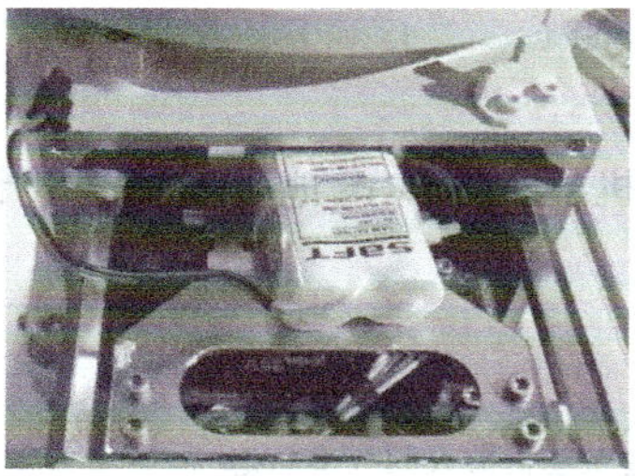
6	切断电缆带，更换电池组	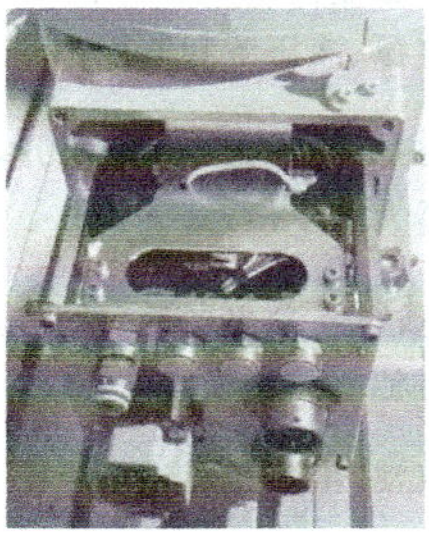
7	将电池电缆与编码器接口电路板相连	

(续)

序号	操作说明	图片
8	用连接螺钉将底座盖重新安装到工业机器人上	
9	更新转数计数器	

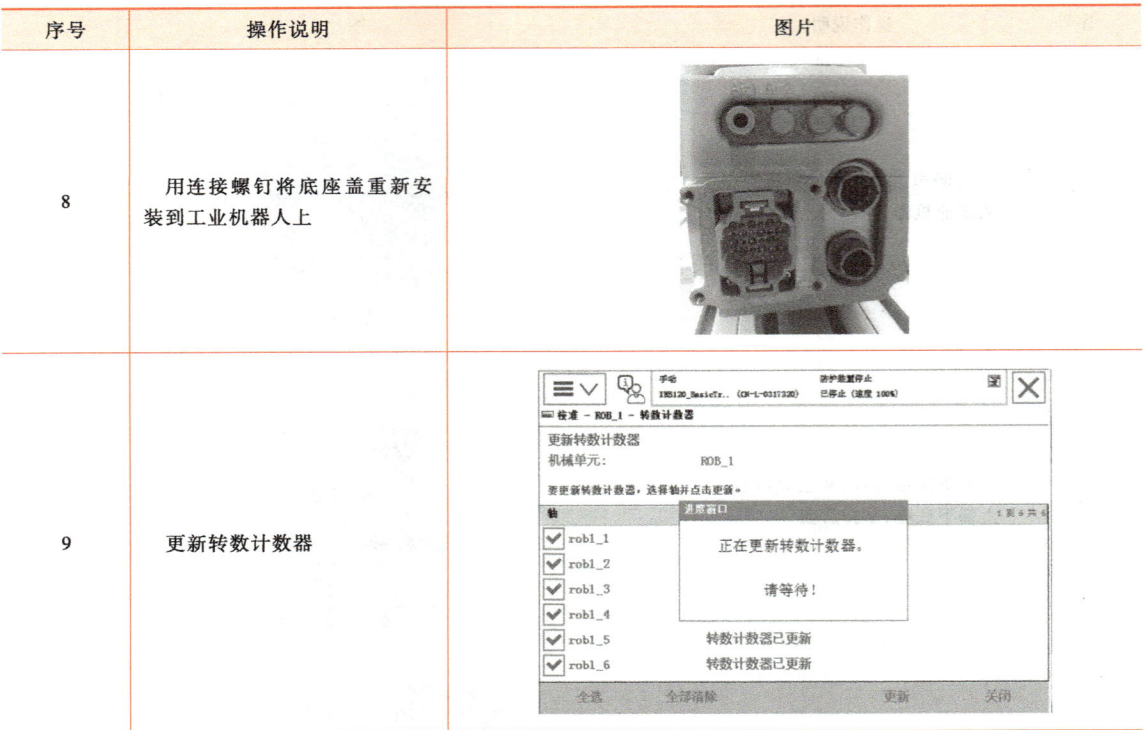

(2) 工业机器人本体电池更换操作建议参照表 5-7 进行并完成填写

表 5-7 工业机器人本体电池更换操作

序号	操作说明	是否完成(完成打√,未完成请备注原因)
1	调整工业机器人到校准状态	
2	危险！进入工业机器人工作区域前关闭连接工业机器人的所有电源、液压源和气源	
3	该装置受 ESD(静电放电)影响,继续处理之前,请先阅读工业机器人安全信息	
4	拆下备份电池盖,拿出电池,断开电池电缆连接,并妥善处理废旧电池	
5	更换新的电池,重新插上连接电缆,并安装	
6	安上新的电池,盖上后盖,锁紧螺钉	
7	更新转数计数器	
8	确保所有安全条件满足,执行测试	

6. 工业机器人本体常规检查的主要内容

工业机器人本体常规检查主要内容包括外伤、油漆脱落、沾水的检查,露出的连接器是否松动,末端执行器安装螺栓是否紧固,盖板安装螺栓、外部主要螺栓是否紧固,机械式制动器的检修,垃圾、灰尘等的清除,机械手电缆、外设电池电缆的检查,电池的更换（指定内置电池时）,各轴减速器的供脂是否正常,机构部位内电缆的更换等。

可对照图 5-7 所示表格进行本体的常规检查作业。

	检修和更换项目	检修时间/h	供脂量	首次检修 320	3个月 960	6个月 1920	9个月 2880	1年 3840	4800	5760	6720	2年 7680	8640	9600	10560
机构部位	1 外伤,油漆脱落的检查	0.1	—		○	○	○	○	○	○	○	○	○	○	○
	2 沾水的检查	0.1	—		○	○	○	○	○	○	○	○			○
	3 露出的连接器是否松动	0.2	—		○			○				○			
	4 末端执行器安装螺栓是否紧固	0.2	—												
	5 盖板安装螺栓、外部主要螺栓是否紧固	2.0	—		○		○					○			
	6 机械式制动器的检修	0.1	—		○							○			
	7 垃圾、灰尘等的消除	1.0	—		○	○	○	○	○	○	○	○	○	○	○
	8 机械手电缆、外设电池电缆(可选购项)的检查	0.1	—		○		○				○				
	9 电池的更换(指定内置电池时)	0.1	—					●				●			
	10 各轴减速器的供脂是否正常	0.5	14ml 12ml												
	11 机构内部电缆的更换	4.0	—												

图 5-7 工业机器人本体常规检查主要内容

7. 工业机器人本体的清洁保养

工业机器人本体清洁一般指工业机器人本体垃圾、灰尘的清除,可以使用的清洁方式有真空吸尘器除尘、用布擦拭、用水冲洗、用高压水或蒸汽清洁。工业机器人本体清洁保养方式见表 5-8。

表 5-8 工业机器人本体清洁保养方式

清洁方式	标准清洁	清洁升级	清洁再升级
真空吸尘器除尘	是	是	是
用布擦拭	是,使用少量清洁剂	是,使用少量清洁剂	是,使用少量清洁剂或酒精
用水冲洗	是。强烈推荐在水中加入缓蚀剂并在清洁后将工业机器人上的清洁液去除	是。强烈推荐在水中加入缓蚀剂并清洁	是。强烈推荐在水中加入缓蚀剂并清洁

（续）

清洁方式	标准清洁	清洁升级	清洁再升级
用高压水或蒸汽清洁	否	是。强烈推荐加入缓蚀剂，不含清洁剂	是。强烈推荐加入缓蚀剂，不含清洁剂

工业机器人本体清洁保养注意事项见表 5-9。

表 5-9　工业机器人本体清洁保养注意事项

可以做的	不可以做的
任何其他清洁设备可能缩短工业机器人寿命；清洁前检查收起工业机器人防护罩	不能用水射流在接头、密封件或垫圈等部位 不能使用压缩空气清洁工业机器人 不能使用溶剂，未经批准清洁工业机器人 不要太接近工业机器人，最近距离为 0.4mm 不要拆除工业机器人的任何保护装置

5.1.2　工业机器人控制柜的常规检查

1. 排除静电危险

ESD（静电放电）是电动势不同的两个物体间的静电传导，它可以通过直接接触传导，也可以通过感应电场传导。

控制柜容易受 ESD（静电放电）影响，所以在进行控制柜常规检查之前需按照以下所示方法排除静电危险。静电放电标志及控制柜内部结构如图 5-8 所示。

工业机器人控制柜的常规检查

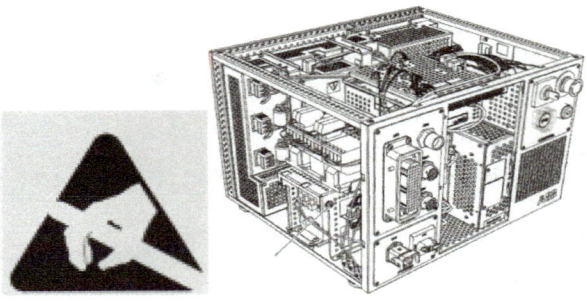

图 5-8　静电放电标志及控制柜内部结构

① 使用手腕带按钮：手腕带按钮必须经常检查以确保没有损坏并且要正确使用，如图 5-9 所示。
② 使用 ESD 保护地垫：此垫必须通过限流电阻接地，如图 5-10a 所示。
③ 使用防静电桌垫：此垫应能控制静电放电且必须接地，如图 5-10b 所示。

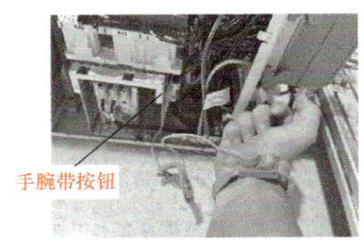
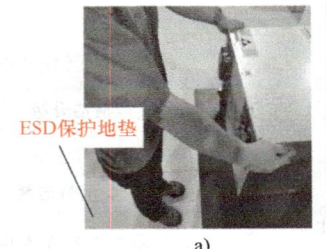
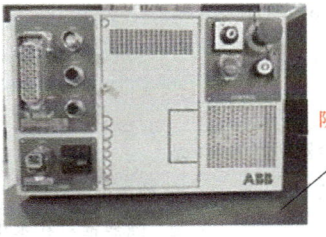

a)　　　　　　　　b)

图 5-9　使用手腕带按钮　　　　图 5-10　使用 ESD 保护地垫或使用防静电桌垫

2. 控制柜布线检查

1）检查控制柜上连线和布线以确认接线准确，且布线无损坏，如图 5-11 所示。
2）查看控制器线路航空插头是否插好，做到线路接口无松动，如图 5-12 所示。

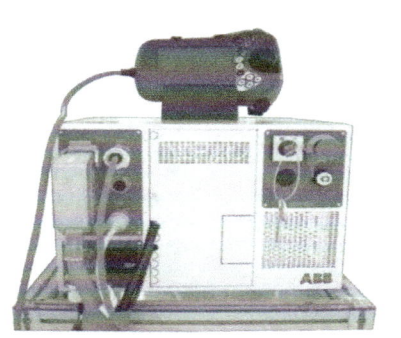

图 5-11 控制柜上的连线

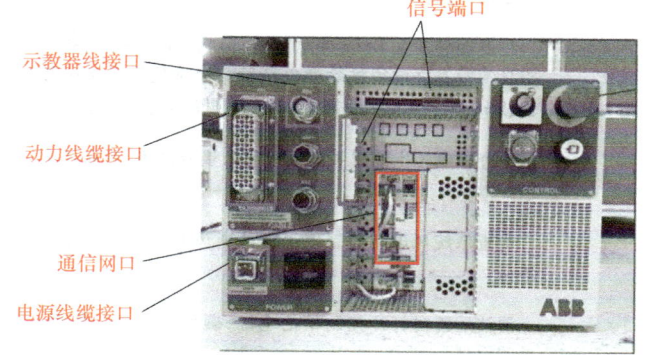

图 5-12 控制器线路航空插头

3. 控制柜风扇检查及清洁

1）检查系统风扇和控制柜表面的通风孔以确保其干净清洁，控制柜散热正常，如图 5-13 所示。

2）控制器正常上电后，示教器上无报警。控制器背面的散热风扇运行正常，如图 5-14 所示。

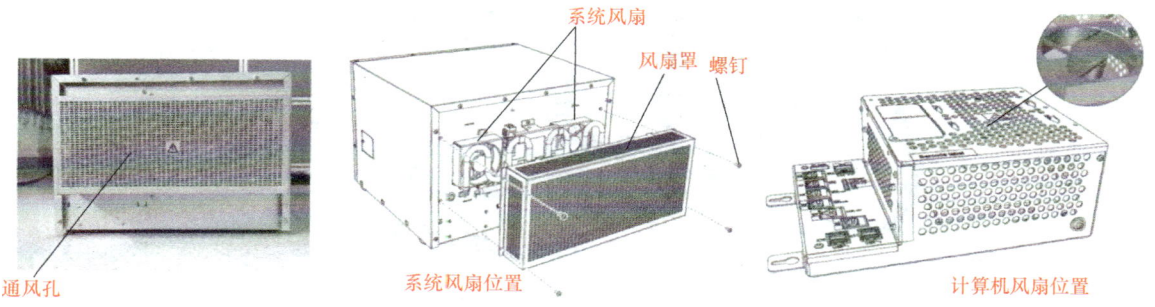

图 5-13 控制器表面通风孔　　　　图 5-14 控制器背面散热风扇

3）散热风扇清洁：在开始检查作业之前，请关闭工业机器人的主电源，如图 5-15 所示。

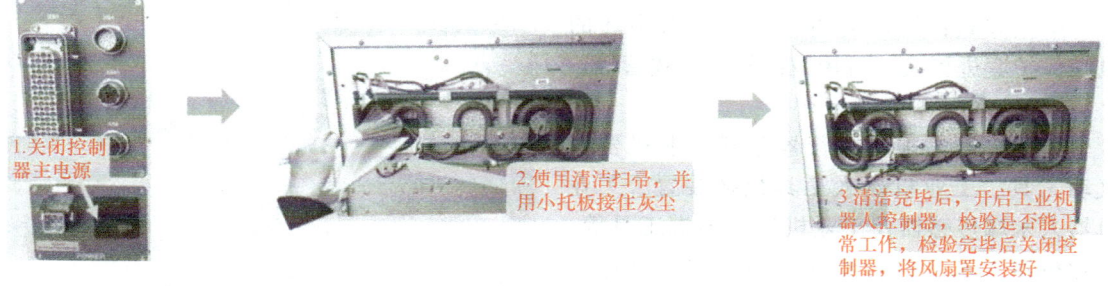

图 5-15 散热风扇清洁流程

工业机器人控制柜常规检查操作见表 5-10。

表 5-10 工业机器人控制柜常规检查操作

序号	操作说明	是否完成（完成打√,未完成请备注原因）
1	危险！在控制柜内进行任何作业之前，首先确保主电源已经关闭，断开输入电源线缆与墙壁插座的连接	
2	控制柜容易受 ESD（静电放电）影响，所以在进行控制柜日常检查之前须排除静电危险。通常使用手腕带按钮、ESD 保护地垫和防静电桌垫来排除静电放电危险	
3	检查控制柜上连线和布线以确认接线准确，且布线无损坏	
4	检查系统风扇和控制柜表面的通风孔以确保其干净清洁	
5	清洁后暂时打开控制柜的电源，确保其正常工作后，关闭电源	

5.1.3 工业机器人附件的常规检查

1. 管线包的检查

工业机器人附件的常规检查

管线包用于机械手臂、示教器、控制柜内部的相互连接，采用特殊材料进行绝缘，拥有非常好的耐弯曲特性，外面一般覆盖耐油、阻燃的柔性材料，可以满足工业机器人电缆的使用需求，如图 5-16 所示。

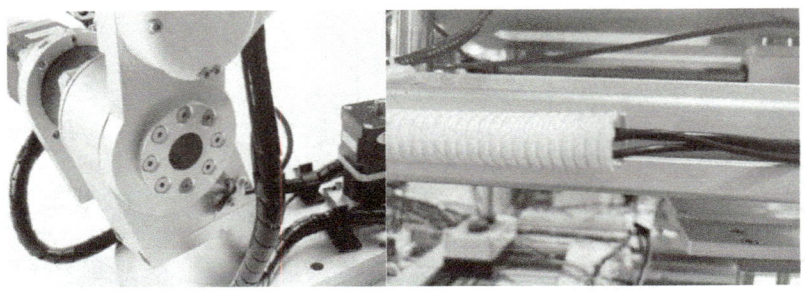

a) 绕线管　　　　　　　　b) 波纹管

图 5-16　管线包

检查内容：确认管线包外表有无损坏；电缆是否有弯曲缠绕现象；末端执行器线缆（如焊枪工具）有无过度弯曲等。

解决方式：增加电缆保护套或对损坏的电缆保护套进更换，可用波纹管、绕线管等。

2. 末端执行器的检查

工业机器人末端执行器包括工业机器人气动工具、工业机器人工具快换装置、工业机器人末端传感器及工业机器人末端工具等。工业机器人末端执行器的正确维护能够保证工业机器人作业准确，满足工艺要求，如图 5-17 所示。

（1）快换装置的检查　检查活塞能否吸

图 5-17　工业机器人末端执行器实物

回与弹出到位，确保钢珠能正常动作，能够实现工具的安装与拆卸，如图 5-18 所示。

活塞吸回　　　　　　　　　　　　活塞弹出

图 5-18　快换装置的检查

（2）末端工具的检查　检查 5 种常用工具是否能正常使用，如有损坏应及时维修或更换。
① 检查吸盘工具的吸盘是否完好，有无硬化，如有损坏将影响工件的吸取，如图 5-19 所示；
② 检查涂胶工具的笔尖是否完好，有无折断，如有损坏将影响模拟涂胶，如图 5-20 所示；
③ 检查夹爪工具是否完好，能否夹紧、张开，如有损坏将影响工件的抓取，如图 5-21 所示；
④ 检查抛光工具是否完好，如有损坏将有可能影响抛光工艺的进行，如图 5-22 所示；
⑤ 检查焊枪工具是否完好，如有损坏将影响焊接工艺的进行，如图 5-23 所示。

图 5-19　吸盘工具　　　　图 5-20　涂胶工具　　　　图 5-21　夹爪工具

图 5-22　抛光工具　　　　　　　　图 5-23　焊枪工具

（3）气动工具的检查　检查快换装置上及连接在工业机器人本体上的气管。避免在工业机器人运动过程中气管与其他部件之间缠绕造成的损坏。

如有损坏应及时更换，同时须使用绑扎线带整理并固定气管，如图 5-24 所示。

3. 气动组件的检查

1）空气两点套件，如图 5-25 所示，需要进行图 5-26 所示项目的检查。

2）气压组件，请进行以下项目的检查，如图 5-27 所示，需要进行图 5-28 所示项目的检查。

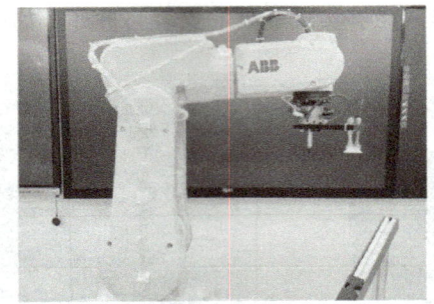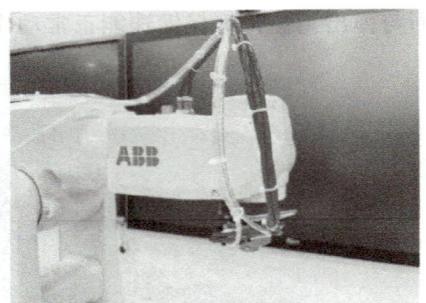

a) 工业机器人本体上的气管整理完好

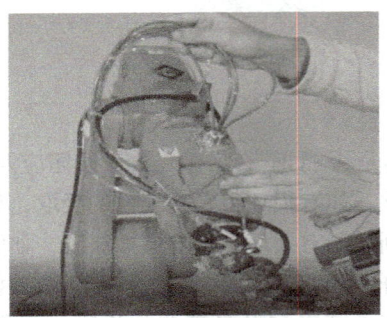

b) 工业机器人本体上的气管　　　　c) 快换装置上的气管

图 5-24　工业机器人快换装置上及本体上的气管

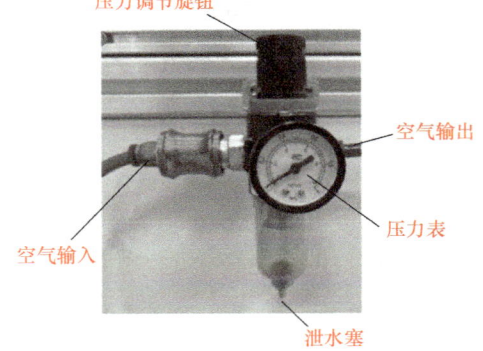

图 5-25　空气两点套件

序号	检修项目		检修要领
1	空气两点套件	气压的确认	通过空气两点套件的压力表进行确认。若压力没有处在0.49MPa（5kgf/cm²）这样的规定压力下，则通过压力调节旋钮进行调节
2		配管有无泄漏	检查接头、软管等是否泄漏。有故障时，拧紧接头或更换部件
3		泄水的确认	检查泄水，并将其排出。在泄水量显著的情况下，请在空气供应源一侧设置空气干燥器

图 5-26　空气两点套件检修项目

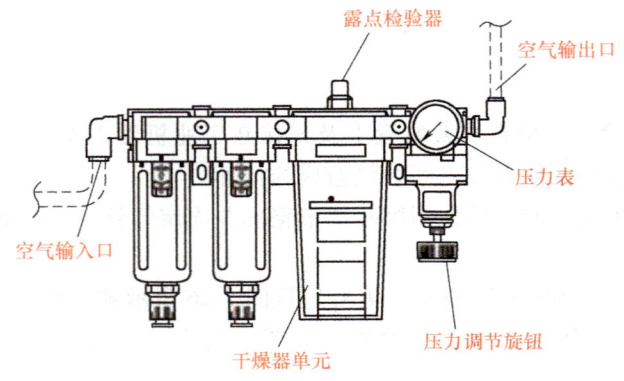

图 5-27　气压组件

项目5 工业机器人系统检查与维护

序号	检修项目	检修要领
1	气压组件 确认供应压力	通过气压组件的压力表确认供应压力。若压力没有处在10kPa(0.1kgf/cm²)这样的规定压力下，则通过压力调节旋钮进行调节
2	确认干燥器	确认露点检验器的颜色是否为蓝色。露点检验器的颜色发生变化时，应弄清原因并采取对策，同时更换干燥器
3	泄水的确认	检查泄水。在泄水量显著的情况下，请在空气供应源一侧设置空气干燥器

图 5-28 气压组件检修项目

工业机器人附件常规检查操作见表 5-11。

表 5-11 工业机器人附件常规检查操作

序号	操作说明	是否完成(完成打√,未完成请备注原因)
1	检查管线包内电缆是否有弯曲缠绕等现象	
2	检查末端执行器电缆有无过度弯曲	
3	检查末端执行器气管有无过度弯曲	
4	检查末端执行器紧固螺栓,并拧紧	
5	手动测试电磁阀,检查气缸动作是否符合要求	
6	调节节流阀,手动测试电磁阀,观察气缸动作有无变化	

5.1.4 工业机器人运行参数及运行状态的监测

在手动操纵工业机器人运动或程序调试过程中，可以在手动操纵界面查看当前工业机器人的运行参数，包括当前使用的机械单元、工业机器人当前的动作模式、使用的工具坐标系、工件坐标系和有效载荷等。在示教器上选择各功能按钮（除去灰色部分）后可进入对应的设置界面。手动操纵界面如图 5-29 所示。

工业机器人运行参数及运行状态的监测

1. 工业机器人运行参数监测

示教器状态栏会显示与工业机器人系统状态有关的重要信息，如操作模式、电动机开启/关闭、活动机械单元和程序状态等，图 5-30 所示中 B~F 标注的为状态栏显示的全部内容。

2. 工业机器人运行状态的监测

（1）操作模式　在状态栏可以监测到图 5-31 和图 5-32 所示当前工业机器人的操作模式：手动和自动模式。

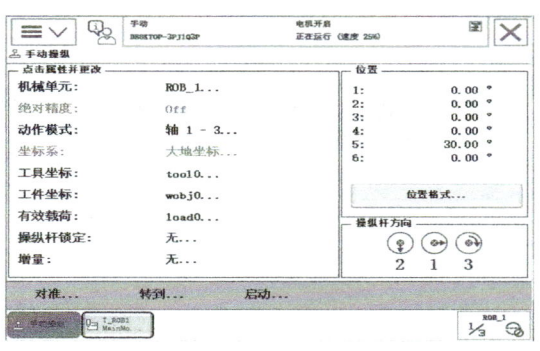

图 5-29 工业机器人手动操纵界面

图 5-30　示教器状态栏显示

A—操作员窗口　B—操作模式　C—系统名称（控制柜名称）　D—控制柜状态　E—程序状态　F—机械单元

图 5-31　手动模式状态

图 5-32　自动模式状态

（2）系统名称　修改控制柜和系统名称操作步骤见表 5-12。

表 5-12　修改控制柜和系统名称操作步骤

序号	操作步骤	图示
1	进入"控制面板"操作界面	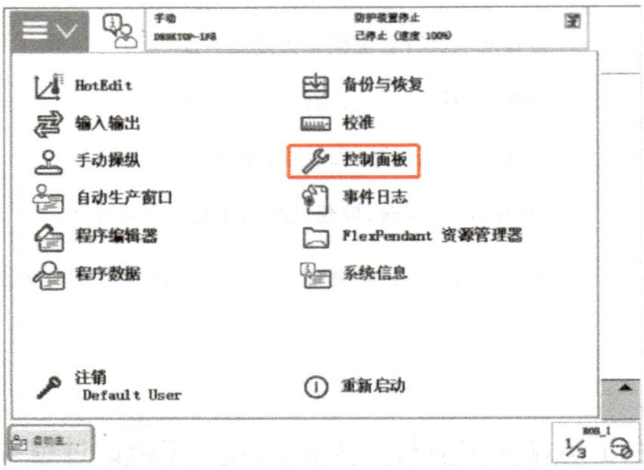
2	选择图示选项，进入示教器系统配置界面	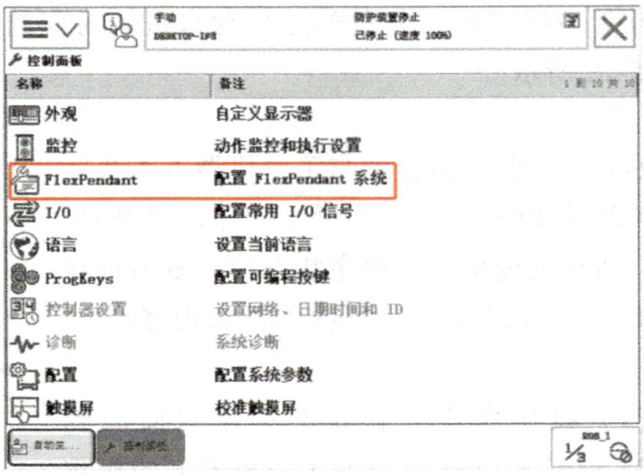

（续）

序号	操作步骤	图示
3	选择"控制柜和系统名称"选项，进入设置界面，可对具体显示选项进行设置	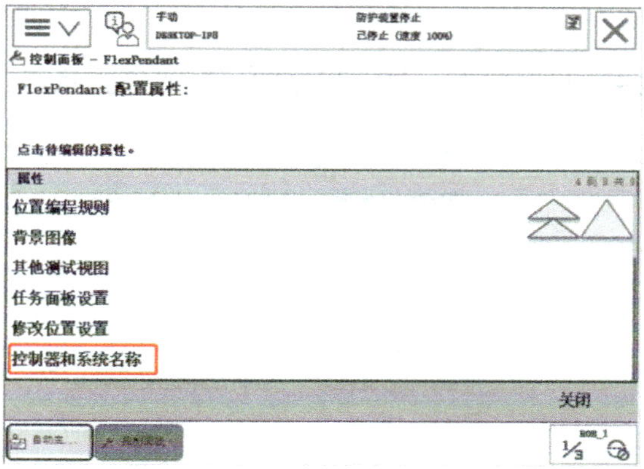
4	选择"控制器名称和系统名称二者"单选按钮，并确定设置	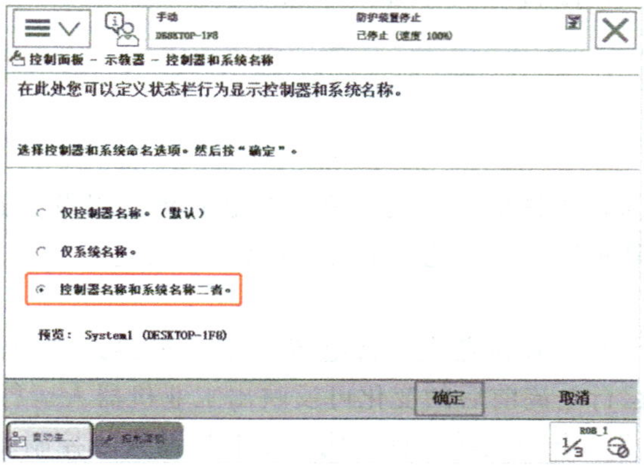
5	完成设置后可在状态栏中看到显示的系统名称和控制柜名称	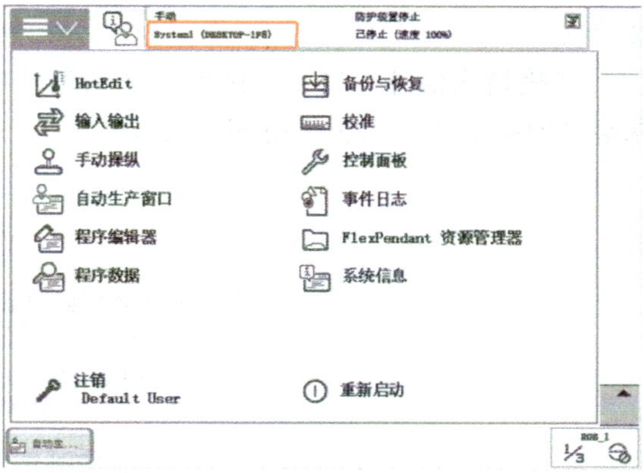

（3）控制柜状态 按下使能器按钮至中间档位置，示教器会显示"电动机开启"；松开使能器按钮或用力按至底部，示教器会显示"防护装置停止"，如图5-33和图5-34所示。

图 5-33 电动机开启状态

图 5-34　防护装置停止状态

（4）程序状态　显示程序的运行或停止状态，如图 5-35 和图 5-36 所示。

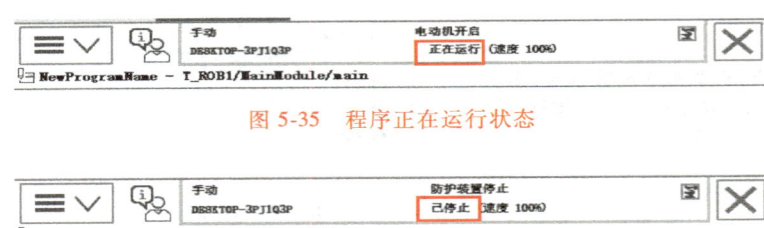

图 5-35　程序正在运行状态

图 5-36　程序停止运行状态

（5）运行速度　图 5-37 所示位置显示当前工业机器人的运行速度。

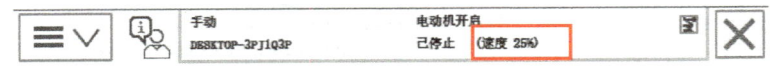

图 5-37　工业机器人的运行速度

（6）机械单元　机械单元选定单元（以及与选定单元协调的任何单元）时以边框标记。启动单元显示为彩色，未启动单元呈灰色。

3. 工业机器人常见运行参数

（1）工业机器人运行电流　工业机器人的控制面板一般可检测工业机器人的运行电流，通过运行电流前后的变化可反映出工业机器人运行状态的变化。

（2）电动机转矩百分比　工业机器人的控制面板一般可检测每个轴的电动机转矩百分比，通过转矩的变化可观察每个轴的负载，从而合理分配每个轴的转矩负载，使工业机器人的运行更加流畅。

（3）碰撞检测信息　当工业机器人受到意外碰撞后，控制面板将留下报警记录，这些报警记录会及时提醒操作人员进行相关的维护。

4. 工业机器人运行参数及运行状态检测实操（见图 5-38）

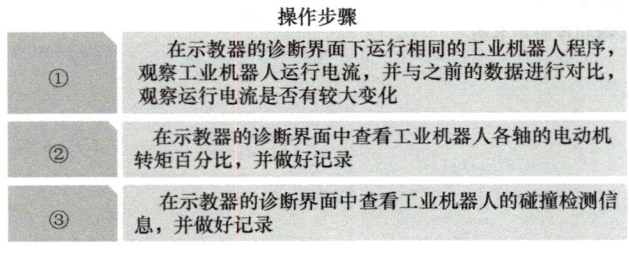

图 5-38　工业机器人运行参数及运行状态检测操作步骤

> **知识回顾**

【知识点总结】

1. 了解工业机器人系统中工业机器人本体常规检查。主要包括机械噪声及异响、润滑油泄漏、机器人线缆检查、机械限位检查、电池组电量检查与电池更换。

2. 熟悉工业机器人控制柜检查。主要是排除静电危险、控制柜布线检查和控制柜风扇检查。

3. 明确工业机器人系统附件检查。主要是末端执行器检查、气动组件检查和管线包检查。

4. 掌握监测工业机器人操作模式、工业机器人控制柜状态、程序运行状态和运行速度的技能。

【思考与练习】

1+X 初级真题

1．选择题

（1）（多选）减速器过热可能由哪些原因造成？（　　）

A．使用的润滑油的质量低或油面高度不正确

B．工业机器人工作周期内特定关节轴运行困难

C．减速器内出现过大的压力

D．工业机器人本体处于初始启动状态

（2）（多选）检查工业机器人机械停止装置之前，需要执行哪些操作？（　　）

A．关闭工业机器人的电源

B．关闭工业机器人的液压源

C．关闭工业机器人的气源

D．操纵机器人运动至各关节轴限位位置

（3）（多选）对控制柜进行常规检查时，排除静电危险的方式有哪些？（　　）

A．使用手腕带　　　　　　　B．使用 ESD 保护地垫

C．使用防静电桌垫　　　　　D．关闭电源即可

（4）图 5-39 为 ABB 工业机器人控制柜，方框处的接口为（　　）。

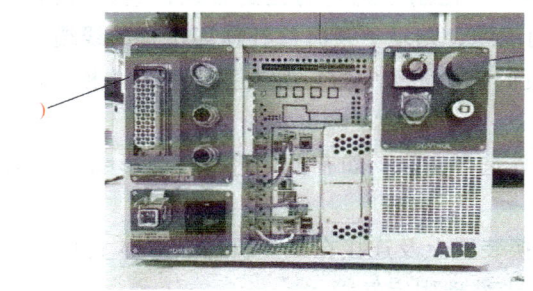

图 5-39　题（4）图

A．示教器线接口　　　　　　B．电源线缆接口

C．动力线缆接口　　　　　　D．通信网口

（5）检查快换装置上及连接在工业机器人本体上的（　　），如有损坏应及时更换，同时须使用绑扎线带整理并固定。

A．气管　　　　　　　　　　B．波纹管

C．气管和波纹管　　　　　　D．电缆线

（6）以下选项中不是对快换工具检查的是（　　）。

A．检查吸盘工具的吸盘是否完好

B. 检查夹爪工具是否完好

C. 检查快换装置上的波纹管有无损坏

D. 检查抛光工具是否完好

（7）"手动操纵"界面的"位置"选项显示当前工业机器人相对所选择参照坐标系的精确位置。可根据需求，单击（　　）进入设置界面，自行选择显示方式和参考坐标系。

A. "位置格式"按钮　　　　　B. "对准"按钮

C. "转到"按钮　　　　　　　D. "启动"按钮

（8）工业机器人当前的动作模式，没有（　　）的控制模式。

A. 单轴运动　　　　　　　　B. 双轴运动

C. 线性运动　　　　　　　　D. 重定位运动

答案：（1）ABC（2）ABC（3）ABC（4）C（5）C（6）C（7）A（8）B

2. 判断题

（1）检查工业机器人本体上的机械限位阻尼器是否出现裂纹及其他类型的损坏。如果检测到裂纹或损坏，则须进行更换。（　　）

（2）在开始对机器人本体的线缆进行维护操作前，请关闭机器人的所有电力、液压和气压供给。（　　）

（3）如果台架刚性不够，工业机器人可能出现减速器过热的现象。（　　）

（4）ESD 是电动势不同的两个物体间的静电传导，它可以通过直接接触传导。（　　）

（5）静电放电可以通过感应电场传导。（　　）

（6）正常情况下，在进行控制柜常规检查之前无须排除静电。（　　）

（7）检查系统风扇和控制柜机柜表面的通风孔以确保其干净清洁，控制柜散热正常。（　　）

（8）检查工业机器人与控制柜之间的控制布线，查找磨损、切割或挤压损坏的线缆。如果检测到磨损或损坏的线缆，则须更及时修补损坏位置的线缆。（　　）

（9）检查涂胶工具的笔尖是否完好，如有损坏会影响模拟涂胶，须及时维修或更换。（　　）

（10）检查抛光工具是否完好，如有损坏将有可能影响抛光工艺的进行，须及时维修或更换。（　　）

（11）定期检查快换装置上及连接在工业机器人本体上的气管及波纹管，如有损坏须及时更换，无须使用绑扎线带整理固定气管。（　　）

（12）在手动操纵工业机器人运动或程序调试过程中，可以在程序编辑界面查看当前工业机器人的运行参数。（　　）

（13）在示教器背面，按下使能器按钮至中间档位置，示教器状态栏会显示"电动机开启"状态。（　　）

（14）手动操纵界面的"位置"选项，显示当前工业机器人相对所选择参照坐标系的精确位置。可根据需求，单击"位置格式"按钮，进入设置界面，自行选择显示方式和参考坐标系。（　　）

答案：（1）√（2）√（3）×（4）√（5）√（6）×（7）√（8）√（9）√（10）√（11）×（12）×（13）√（14）√

任务5.2 工业机器人本体的定期维护

任务描述

在学习工业机器人操作安全事项后,吴师傅要求小明对工业机器人本体进行基本的了解,为后续对工业机器人进行操作和示教编程打下良好基础。

任务目标

1. 了解工业机器人本体定期维护的意义。
2. 能对工业机器人本体进行润滑油(脂)的更换。
3. 了解工业机器人需要更新转数计数器的5种情况。
4. 掌握ABB工业机器人转数计数器更新的操作方法。

知识平台

5.2.1 工业机器人本体润滑油(脂)的更换

1. 典型工业机器人油腔、油孔位置

(1)免维护终身润滑的工业机器人 ABB IRB 120型工业机器人各关节轴的减速器位置如图5-40所示。

(2)IRB 1410型工业机器人 如图5-41所示,IRB 1410型工业机器人5/6轴减速器须每4000h或一年注射一次润滑脂进行润滑。注射润滑脂的位置如图5-42和图5-43所示。

工业机器人本体润滑油(脂)的更换

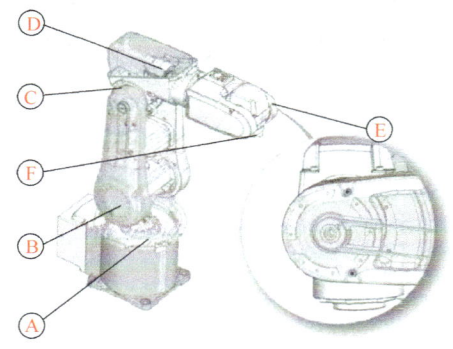

图5-40 ABB IRB 120型工业机器人各关节轴的减速器位置
A—1轴减速器(底座内) B—2轴减速器 C—3轴减速器 D—4轴减速器 E—5轴减速器 F—5轴减速器

图5-41 IRB 1410型工业机器人实物

(3)IRB 6620型工业机器人 IRB 6620型工业机器人的6个关节轴减速器须每12个月定期更换一次润滑油。6个关节轴注油和排油的位置分别如图5-44~图5-49所示。

2. 润滑脂更换注意事项

工业机器人关节润滑脂的更换周期根据工业机器人具体型号、使用减速器型号的不同而有一定差异。具体的更换周期须查看工业机器人对应型号的产品手册。

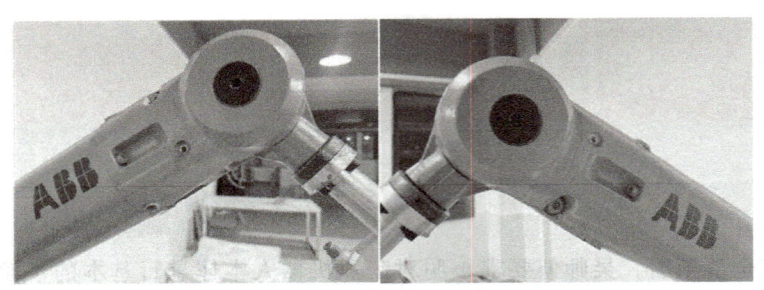
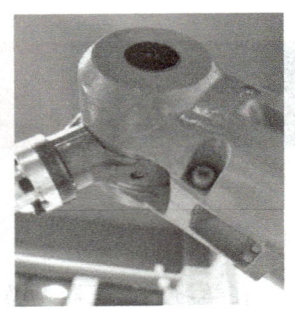

图 5-42　IRB 1410 型工业机器人 5 轴左右两端各有一个油孔位置　　图 5-43　IRB 1410 型工业机器人 6 轴油孔位置

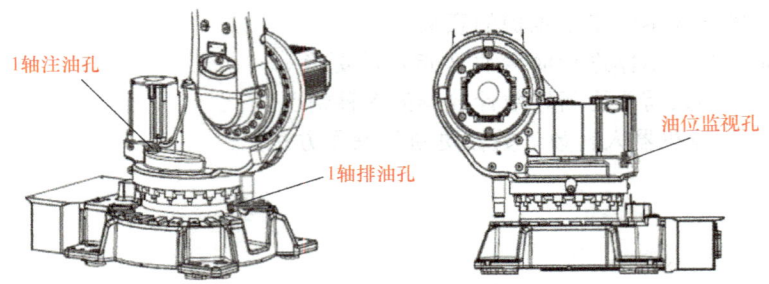

图 5-44　IRB 6620 型工业机器人 1 轴油孔位置

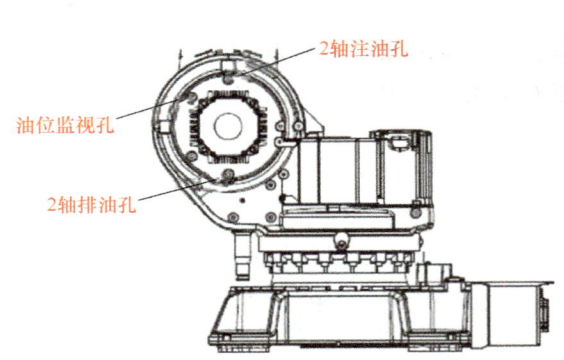
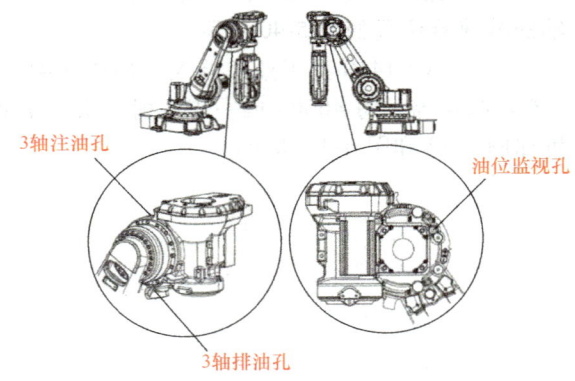

图 5-45　IRB 6620 型工业机器人 2 轴油孔位置　　图 5-46　IRB 6620 型工业机器人 3 轴油孔位置

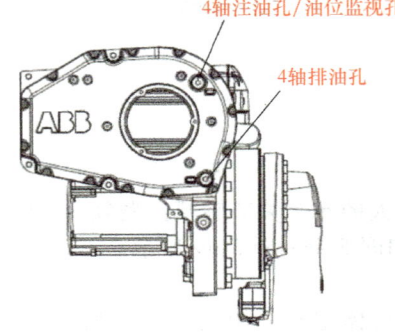
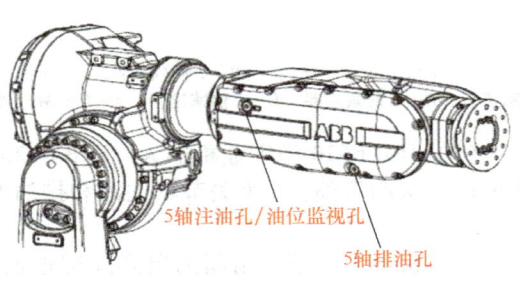

图 5-47　IRB 6620 型工业机器人 4 轴油孔位置　　图 5-48　IRB 6620 型工业机器人 5 轴油孔位置

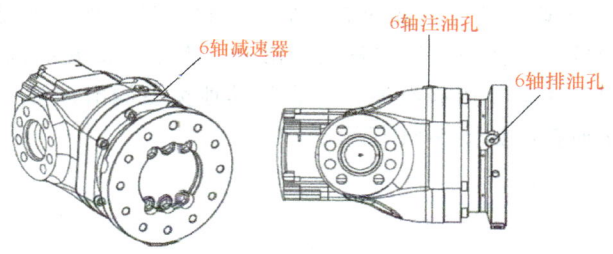

图 5-49 IRB 6620 型工业机器人 6 轴油孔位置

注意：处理齿轮润滑剂时，会出现人身伤害和产品损坏的风险。在对齿轮箱中的润滑剂进行任何处理前，请务必注意下面的安全信息：

1）在处理油、润滑脂或其他化学物质时，必须遵守制造商提供的安全信息。
2）在处理腐蚀性介质时，必须采取适当的护肤措施。建议使用护目镜和手套。
3）放油时，确保尽量将齿轮箱中的油放尽，必须遵守有关妥善处理废物的规定。
4）处理热润滑油时应特别小心。

排除工业机器人润滑（油）脂相关危险的描述及操作见表 5-13。

表 5-13 排除工业机器人润滑（油）脂相关危险的描述及操作

警告	描述	排除危险/操作
润滑油或润滑脂过热	齿轮润滑油或润滑脂的更换和排放可能在高达 90℃ 的温度下方能进行	请确保工作中始终佩戴防护工具（如护目镜和手套）
过敏反应	处理齿轮润滑剂时存在出现过敏反应的风险	请确保始终佩戴防护工具（如护目镜和手套）
齿轮箱中可能存在的压力	打开润滑油或润滑脂塞时，齿轮箱中可能存在一定的压力，会导致润滑剂从开口处喷出	小心打开塞子并远离开口处。灌注润滑油或润滑脂时防止溢出
切勿溢出	齿轮润滑剂溢出可能会导致齿轮箱内部压力过高，而又将导致：损坏密封件和垫圈。密封件和垫圈损坏会影响机械设备的正常运行	请确保为齿轮箱灌注润滑油或润滑脂时不会溢出。灌注后，请检查油位是否正确

3. 典型工业机器人更换润滑脂的方法及步骤

（1）以 IRB 1410 型工业机器人关节轴的润滑为例，讲解更换润滑脂方法及步骤。

① 如果工业机器人为悬挂或墙面安装，必须先将工业机器人卸下并固定在地面上。
② 将工业机器人恢复到零点位置。
③ 切断电源、气源和液压源，进入工业机器人安全操作区。
④ 清理注油孔，以免注油时有异物进入油腔。
⑤ 选用与工业机器人型号对应的润滑脂和油枪嘴，通过油孔挤入润滑脂。由手册查得：壳牌润滑油脂 60g，如图 5-50 所示。

图 5-50 IRB 1410 型工业机器人 5-6 轴润滑脂要求手册截图

⑥ 完成润滑脂的更换后，将油孔周围清理干净。

（2）以 IRB 6620 型工业机器人关节轴 1 轴润滑油的更换为例，讲解润滑油更换的方法及步骤。

方法与 IRB 1410 型工业机器人更换润滑脂基本一致，只是须拆下排油孔处的油塞，将关节油腔内的失效润滑油排出，使用专用容量的润滑油。拆下注油孔的油塞，按照 IRB 6620 型工业机器人 1 轴注油要求注射专用润滑油，切忌与其他类型润滑油混合使用。IRB 6620 型工业机器人润滑油要求手册截图如图 5-51 所示。

IRB 6620 -150/2.2, M2004

Axis	WebConfig number	Type	Amount
1	3HAC032140-001	Kyodo Yushi TMO 150	~6 l
2	3HAC032140-001	Kyodo Yushi TMO 150	~4 l
3	3HAC032140-001	Kyodo Yushi TMO 150	~2 l
4	11712016-604	Mobilgear 600 XP 320	~5.5 l
5	11712016-604	Mobilgear 600 XP 320	~3 l
6	3HAC032140-001	Kyodo Yushi TMO 150	Protection type Standard: ~0.3 l
7	3HAC032140-001	Kyodo Yushi TMO 150	Protection type Foundry Plus: ~0.4 l

图 5-51　IRB 6620 型工业机器人润滑油要求手册截图

注意：不同型号工业机器人各关节轴的注油要求不同，具体须查询手册。以 1 轴为例，须注入日本协同油脂公司的 TMO150 保养油脂，油腔最大容量为 6L。

卸下出油口塞子，利用手动加油枪或气动加油枪对本体各轴加入新油，将老油挤出（加油过程中新油会随老油一起挤出），当挤出的油大多为新油时停止加油。即所需油量为 6L 时一般需准备 8L 油量，具体以实际操作为准。

5.2.2　工业机器人转数计数器的更新

1. 需要对机械原点位置进行转数计数器更新操作的情况

工业机器人的转数计数器是用来记录各个轴数据的，它使用独立的电源进行供电。常见需要更新转数计数器的情况有如下 5 种。

工业机器人转数计数器的更新

1）更换伺服电动机转数计数器电池后。

2）当转数计数器发生故障，修复后。

3）转数计数器与测量板之间断开过之后。

4）断电状态下，工业机器人关节轴发生了移动（见图 5-52）。

5）当系统报警提示"10036 转数计数器未更新"时。

2. 更新转数计数器的操作步骤

（1）工业机器人六轴回机械零点　ABB 工业机器人六轴回机械零点顺序为轴 4-5-6-1-2-3，分别通过手动操作，依次按顺序把工业机器人 6 个轴转到机械原点刻度位置。这样的操作顺序可以方便操作者查看，减少来回走动。

校准工业机器人原点位置时，操作工业机器人最适合的运动模式是使用轴运动模式。

工业机器人六轴回机械零点操作见表 5-14。

（2）转数计数器更新操作　转数计数器更新操作步骤：主菜单界面—校准—选择需要校准的机械单元"ROB_1"—手动方法（高级）—更新转数计数器—选择需要更新转数计数器的转动轴—更新—确定，转数计数器更新操作步骤见表 5-15。

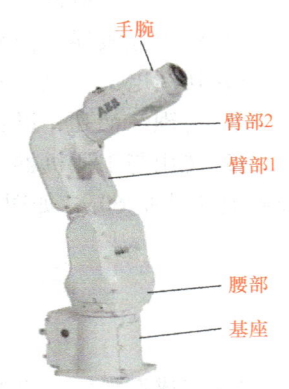

图 5-52　工业机器人对应各轴指示

表 5-14　工业机器人六轴回机械零点操作步骤

序号	操作步骤	图示
1	移动工业机器人第 4 轴运动到机械原点位置	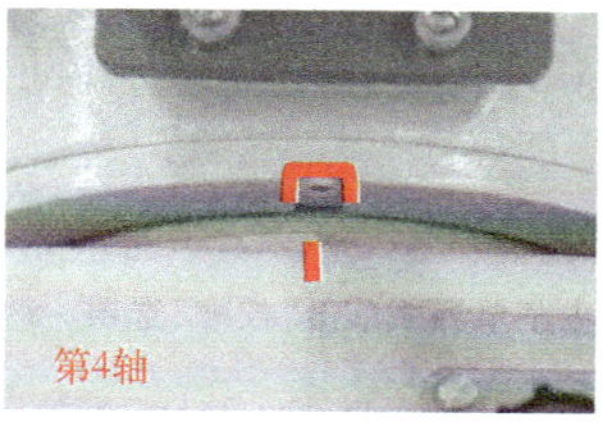
2	移动工业机器人第 5 轴运动到机械原点位置	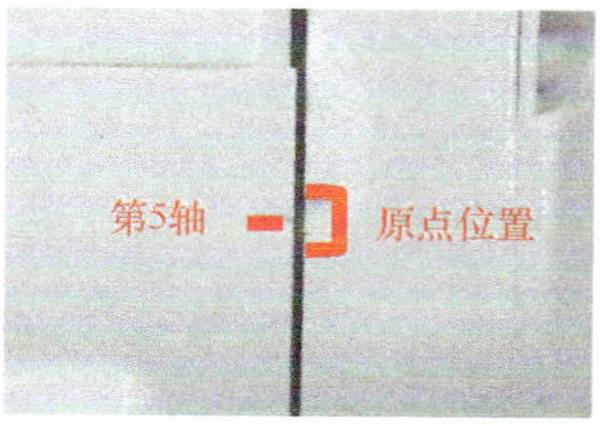
3	移动工业机器人第 6 轴运动到机械原点位置	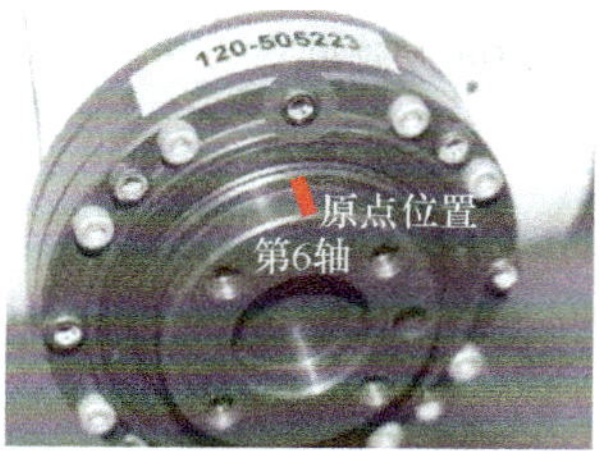
4	移动工业机器人第 1 轴运动到机械原点位置	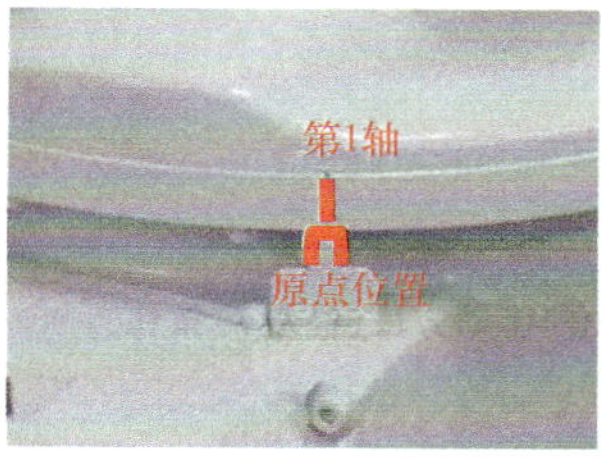
5	移动工业机器人第 2 轴运动到机械原点位置	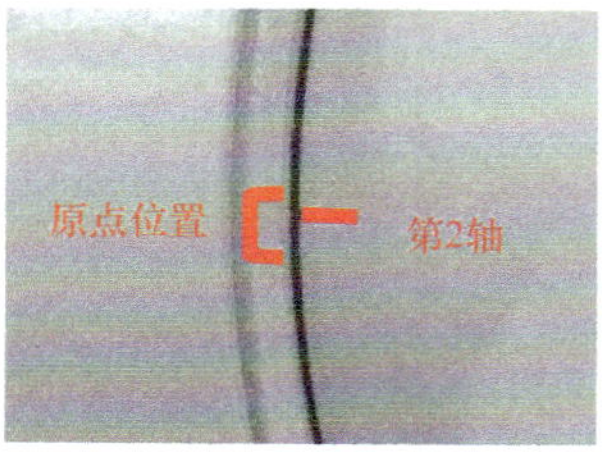
6	移动工业机器人第 3 轴运动到机械原点位置	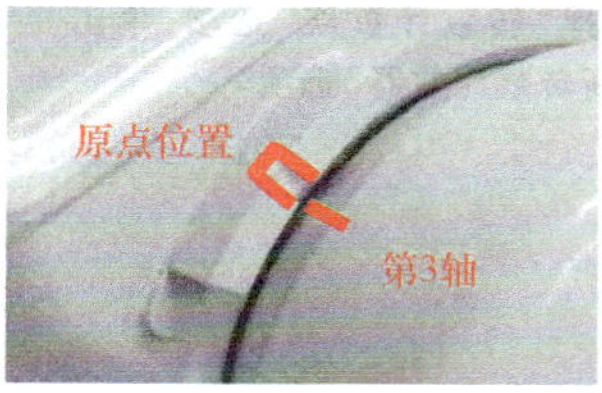

表 5-15　转数计数器更新操作步骤

序号	操作步骤	图示
1	在主菜单界面单击"校准"选项	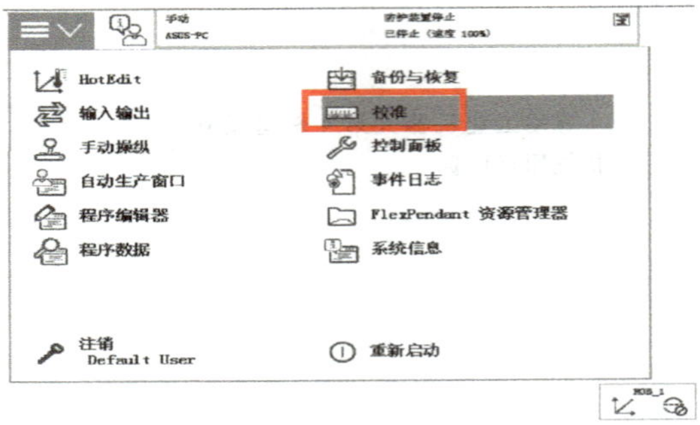
2	单击"ROB_1"选项	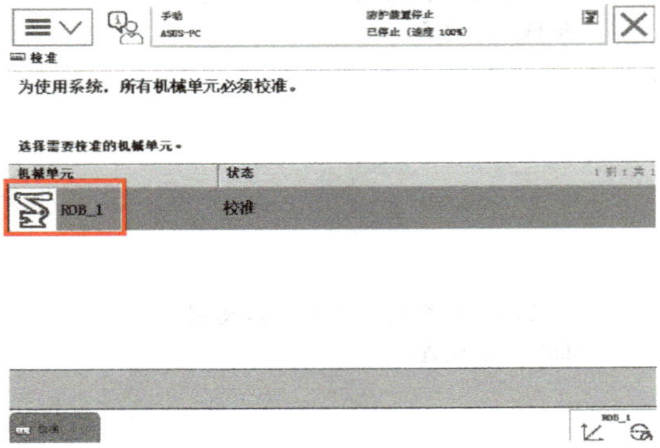
3	单击"手动方法（高级）"按钮	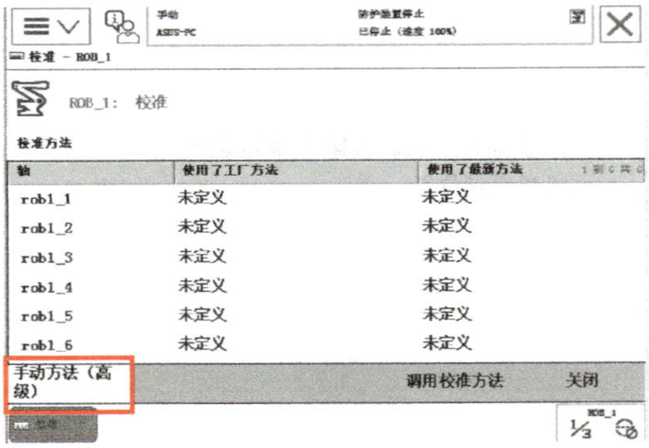
4	选择"转数计数器"选项，单击"更新转数计数器"选项	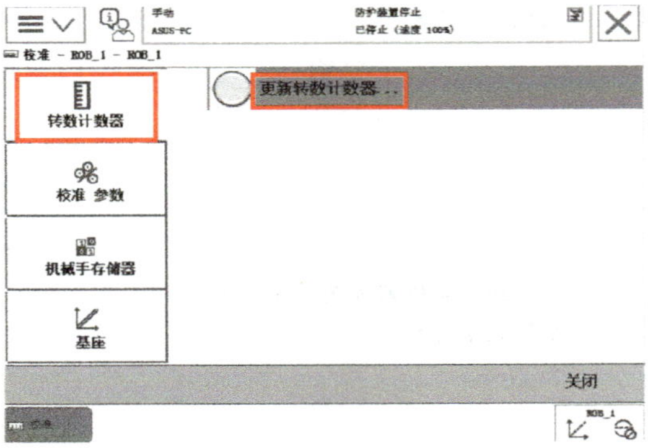

(续)

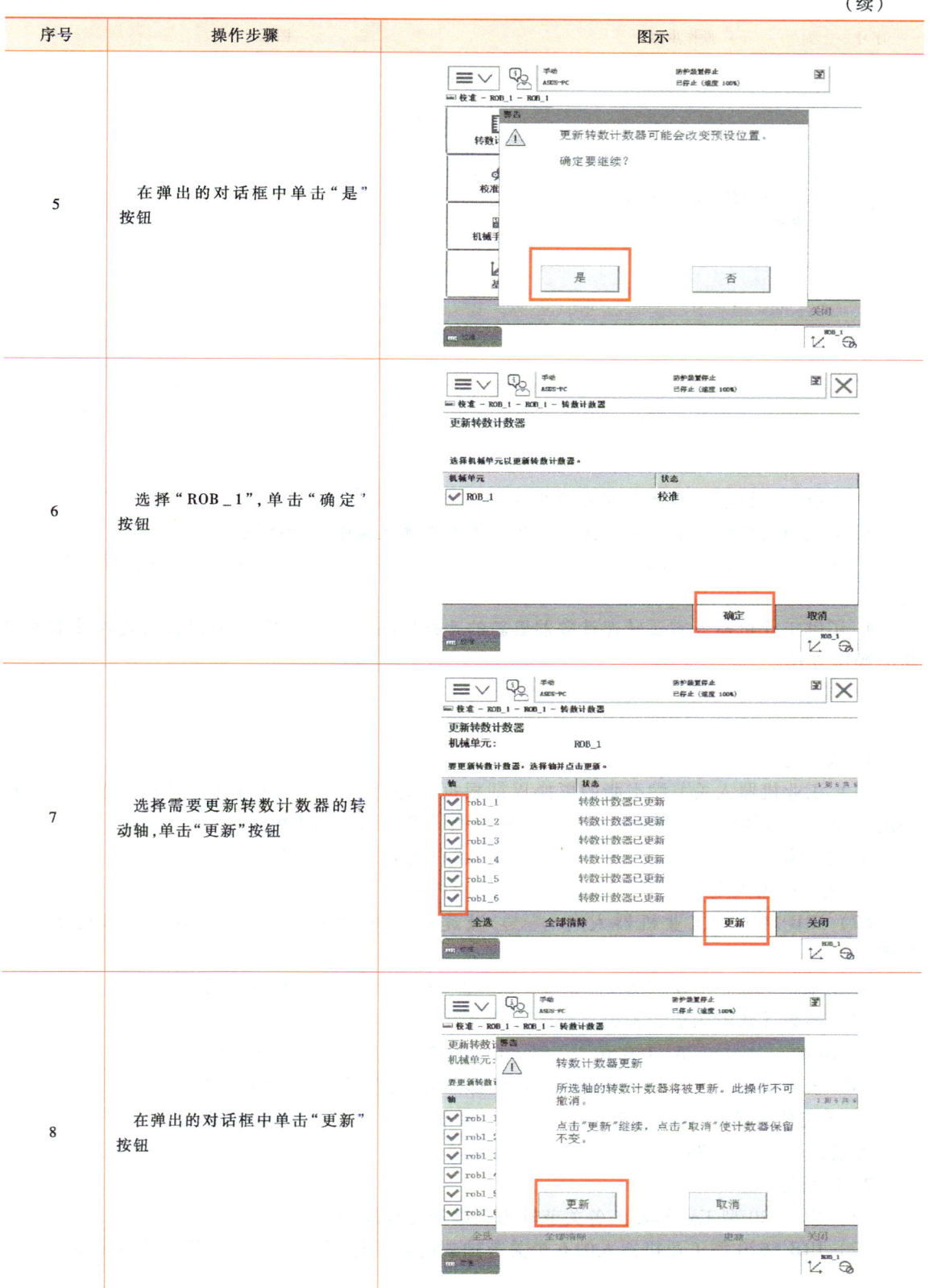

序号	操作步骤	图示
5	在弹出的对话框中单击"是"按钮	
6	选择"ROB_1",单击"确定"按钮	
7	选择需要更新转数计数器的转动轴,单击"更新"按钮	
8	在弹出的对话框中单击"更新"按钮	

序号	操作步骤	图示
9	在弹出的对话框中单击"确定"按钮	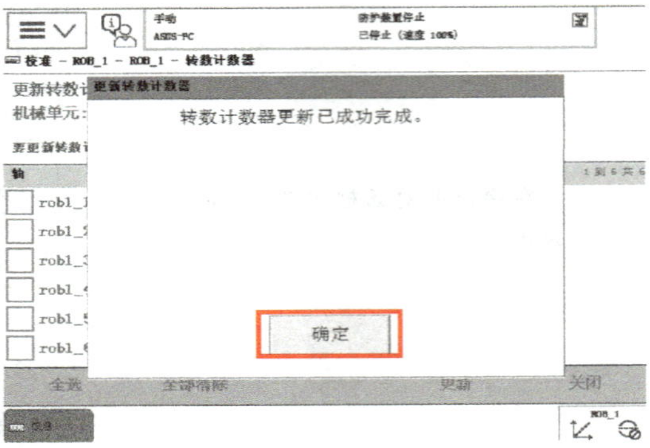

知识回顾

【知识点总结】

1. 了解工业机器人本体定期维护的意义。

2. 掌握通过机械异响噪声等排查工业机器人本体机械限位的问题。

3. 熟悉工业机器人各轴注油口及卸油口位置,能对工业机器人本体进行润滑油(脂)的更换。

4. 了解工业机器人需要转速计数器更新的 5 种情况。掌握 ABB 工业机器人转速计数器更新的操作方式。

【思考与练习】

1+X 初级真题

1. 选择题

(1) 工业机器人关节润滑脂的更换周期根据具体(　　)、使用减速器型号的不同而有一定差异,具体的更换周期须查看对应工业机器人型号的产品手册。

　　A. 用户使用要求　　　　　　　　B. 用户制定的检修标准

　　C. 工业机器人型号　　　　　　　D. 用户差异

(2) IRB 1410 型工业机器人(　　)减速器须每 4000h 或一年注射一次润滑脂进行润滑。

　　A. 1 轴　　　　B. 2 轴　　　　C. 3/4 轴　　　　D. 5/6 轴

(3) 转数计数器未更新报警提醒序号是(　　)。

　　A. 10086　　　　B. 10026　　　　C. 10036　　　　D. 10006

(4) 校准工业机器人原点位置时,使用哪种运动模式操作工业机器人合适(　　)。

　　A. 重定位运动　　B. 线性运动　　C. 单轴运动　　D. 以上都可以

答案:(1) C　(2) D　(3) C　(4) C

2. 判断题

(1) IRB 120 型工业机器人各关节轴为免维护终身润滑。　　　　　　　　　　(　　)

(2) IRB 6620 型工业机器人的 6 个关节轴减速器须每 12 个月定期更换一次润滑油。

(　　)

(3) 给工业机器人更换润滑脂,如果工业机器人为悬挂或墙面安装,必须先将工业机器人卸下并固定在地面上,将工业机器人恢复到零点位置。( )
(4) 转数计数器更新时,必须同时对6个轴进行更新。( )
(5) 更新转数计数器可能会改变预设工业机器人位置。( )

答案:(1) ×　(2) √　(3) √　(4) ×　(5) √

项目总结

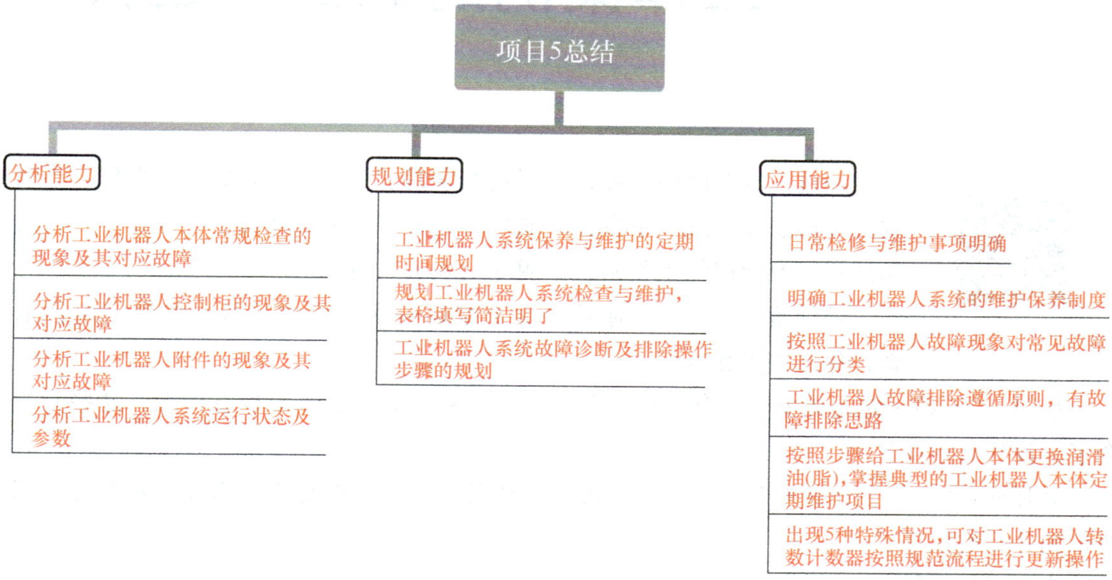

项目5总结

分析能力
- 分析工业机器人本体常规检查的现象及其对应故障
- 分析工业机器人控制柜的现象及其对应故障
- 分析工业机器人附件的现象及其对应故障
- 分析工业机器人系统运行状态及参数

规划能力
- 工业机器人系统保养与维护的定期时间规划
- 规划工业机器人系统检查与维护,表格填写简洁明了
- 工业机器人系统故障诊断及排除操作步骤的规划

应用能力
- 日常检修与维护事项明确
- 明确工业机器人系统的维护保养制度
- 按照工业机器人故障现象对常见故障进行分类
- 工业机器人故障排除遵循原则,有故障排除思路
- 按照步骤给工业机器人本体更换润滑油(脂),掌握典型的工业机器人本体定期维护项目
- 出现5种特殊情况,可对工业机器人转数计数器按照规范流程进行更新操作

项目6

ABB工业机器人搬运码垛典型工作案例的调试与运行

项目引入

项目6导学

经过一段时间的学习,小明基本掌握了工业机器人的基本操作。小明找到吴师傅想要炫耀一下自己的成果时,碰巧看到吴师傅正在操作一个新的工作站——搬运码垛工作站,小明立刻来了兴趣。

吴师傅:"正好,你看看这个搬运码垛工作站项目,如果交给你来负责,你需要干什么?"

小明:"开始一定是先安装设备,然后再标定坐标系,最后示教编程就行啦,这些我早就会了,没什么难度!"

吴师傅:"这个工作站有几个需要示教的点,如果有几百个点是不是都逐一示教呢?那你要忙到什么时候啊?"

小明不解地问:"啊这……师傅,这可怎么办啊?"

吴师傅语重心长地说:"不要心急,我这边已经将资料整理好了,接下来你按照任务边学边做就能学会了。"

开始的时候,小明还很好奇吴师傅的方法,当边学边实践后,小明发现新的方法好用极了……

项目目标

1. 能够全面了解工业机器人搬运码垛工作站的程序模块化结构。
2. 能够掌握工业机器人样例程序恢复的操作。
3. 能了解和掌握使用工业机器人的手动调试和自动运行。
4. 能正确地掌握使用工业机器人的信息提示和事件日志的查看并解决实际问题。
5. 通过对搬运码垛工作站的学习,掌握工业机器人的实际应用方式。
6. 增长见识,提高学习工业机器人的信心,激发学习的兴趣。
7. 根据任务要求优化搬运码垛功能等,提高职业能力和工匠意识。

项目6　ABB工业机器人搬运码垛典型工作案例的调试与运行

知识图谱

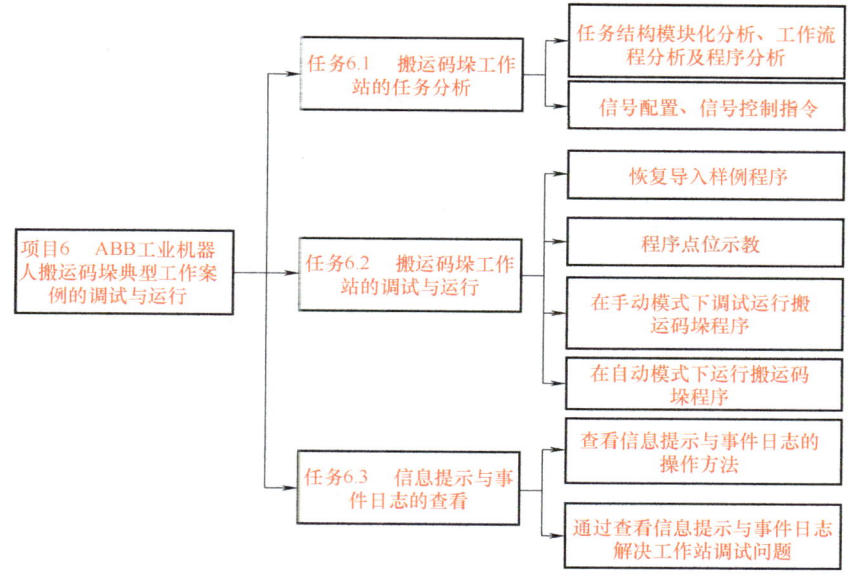

任务6.1　搬运码垛工作站的任务分析

任务描述

工业机器人搬运码垛工作站是替代人工进行码垛的，不但能够大大提高工作效率，而且工业机器人码垛可以长时间地运作，降低了劳动成本。小明已经在项目2中了解了工业机器人搬运码垛工作站是什么，吴师傅说那些是远远不够的，下面他将带领小明对工作站进行分析，通过分析明确怎么做。

搬运码垛工作站的任务分析

任务目标

1. 了解工业机器人系统工作站程序模块化结构分析。
2. 熟练掌握信号配置、信号控制指令。
3. 能够通过程序模块化分析加强对样例程序的理解，减轻调试压力。

知识平台

6.1.1　任务结构模块化分析

搬运码垛工作站的工业机器人要进行搬运码垛工作，首先要完成各模块的安装，将搬运码垛样例程序导入工业机器人系统，按照任务要求完成信号配置，并完成工件坐标和各点位示教，最终完成调试。图6-1所示为搬运码垛工作站任务结构模块化分析。

1. 硬件安装

硬件安装可分为硬件设备、电路接线及气路接线三部分，如图6-2所示。

根据工业机器人应用方案、装配图、电气图、工艺文件的要求安装工业机器人搬运码垛

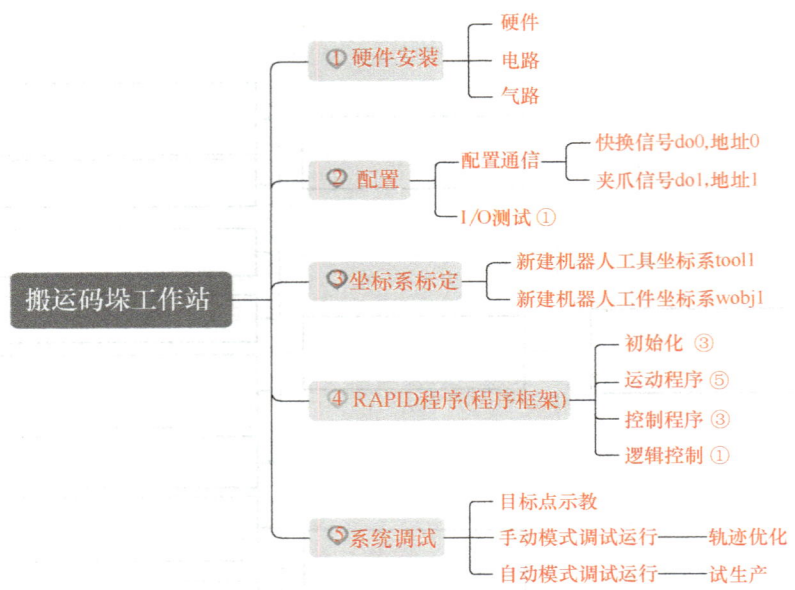

图 6-1 搬运码垛工作站任务结构模块化分析

系统硬件。具体安装操作请参照本书"项目3的任务3工业机器人工作站的现场安装"。

（1）硬件设备安装　具体根据所提供的工作站机械布局图对设备进行硬件安装。如图6-3所示，硬件设备安装要遵循图样尺寸要求，选用卷尺等测量工具确定工业机器人本体安装底板

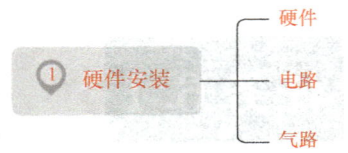

图 6-2 硬件安装三部分

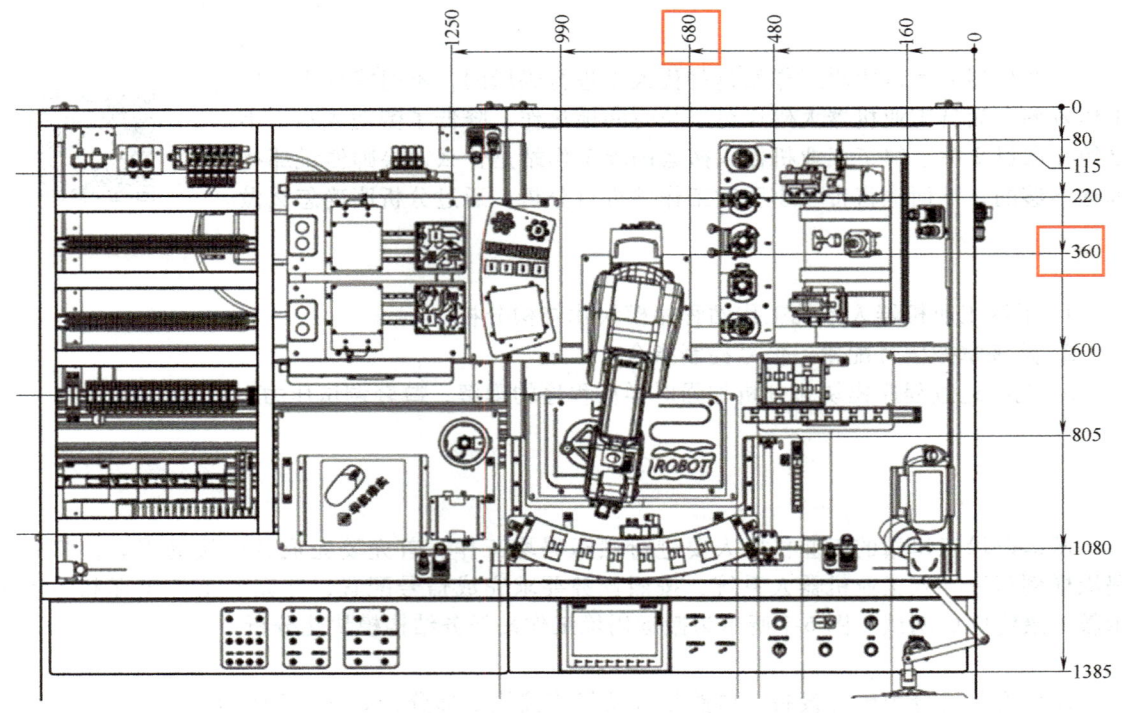

图 6-3 某工作站机械布局

项目6 ABB工业机器人搬运码垛典型工作案例的调试与运行

实际安装位置及其他设备安装位置,使用六角扳手、螺钉旋具等安装工具对工业机器人本体及搬运码垛平台其他相关设备进行测量安装,安装须紧固。正确放置工业机器人控制柜,并正确使用动力线缆和SMB电缆连接工业机器人控制柜和工业机器人本体。具体安装操作请参照本书"3.3.7 搬运码垛工作站的安装"。

(2)电路安装　分为主电路和控制电路两部分。对工作站内工业机器人及其外围设备进行电路安装须规范使用线缆的线径、线色,使用冷压端子及线号管确保接线正确且稳固,安装完成后,整理线缆入线槽。图6-4所示工作站电路接线图可分为供电模块及控制模块,按照功能分开接线。具体安装操作请参照本书"3.3.5 工业机器人工作站的电气连接"。

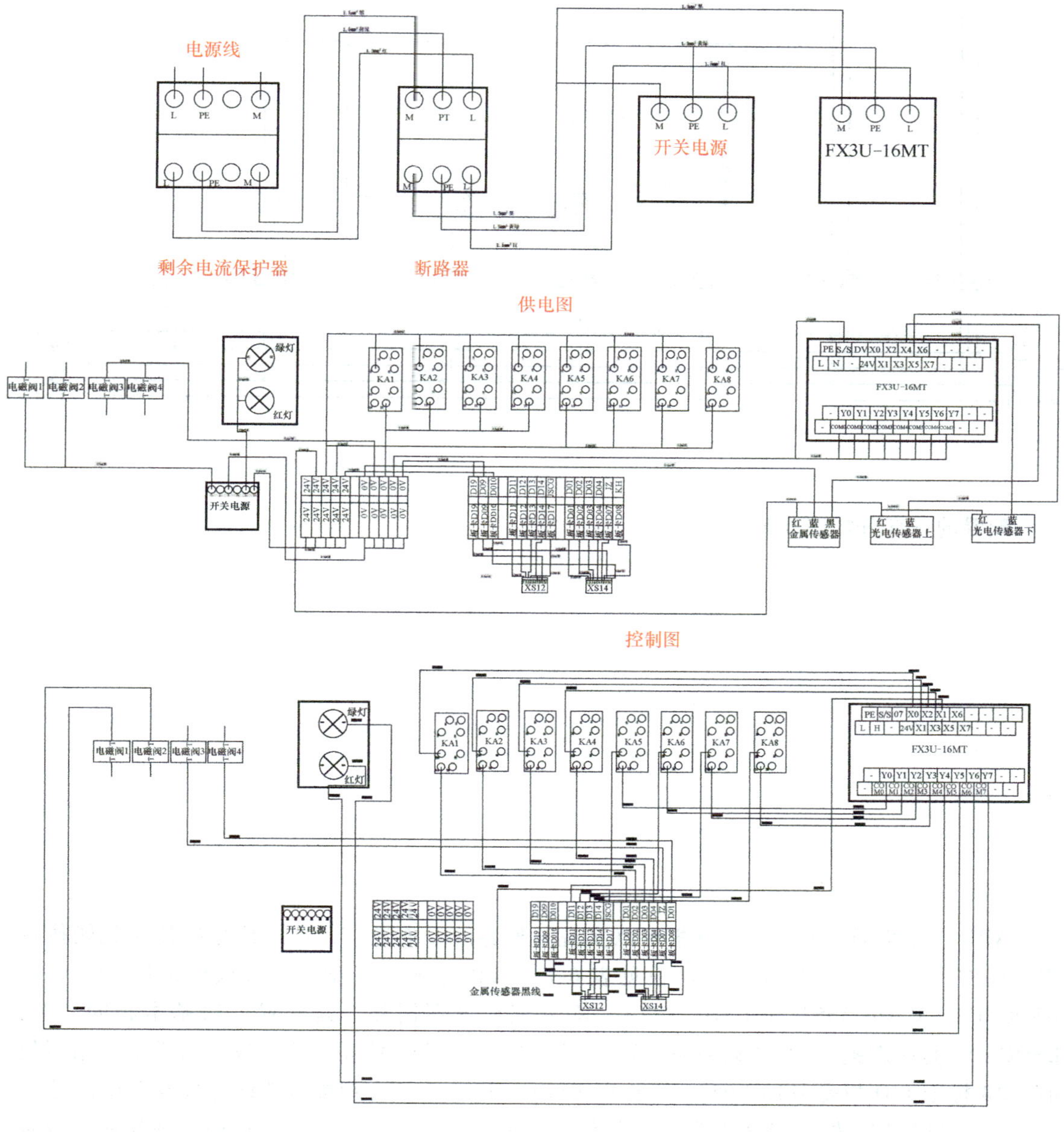

图6-4　范例工作站电路接线图

（3）气路安装　可参考本书"3.3.6 工业机器人末端执行器的安装"学习具体安装步骤。如图 6-5 所示，根据工作站气路连接图完成工具快换装置的气路连接，从而实现调节对应气路电磁阀上的手动调试按钮时，工具快换装置法兰端与工具端可以正常锁定和释放。完成气路的连接后，将气路压力调整到 0.4~0.6MPa，打开过滤器末端开关，测试气路连接的正确性。最后，使用绑扎带捆扎气管，气路捆扎应美观安全，不影响工业机器人正常动作，且不会与周边设备发生刮擦勾连。整理气管，将台面上的气管整齐地放入线槽中，并盖上线槽盖板。

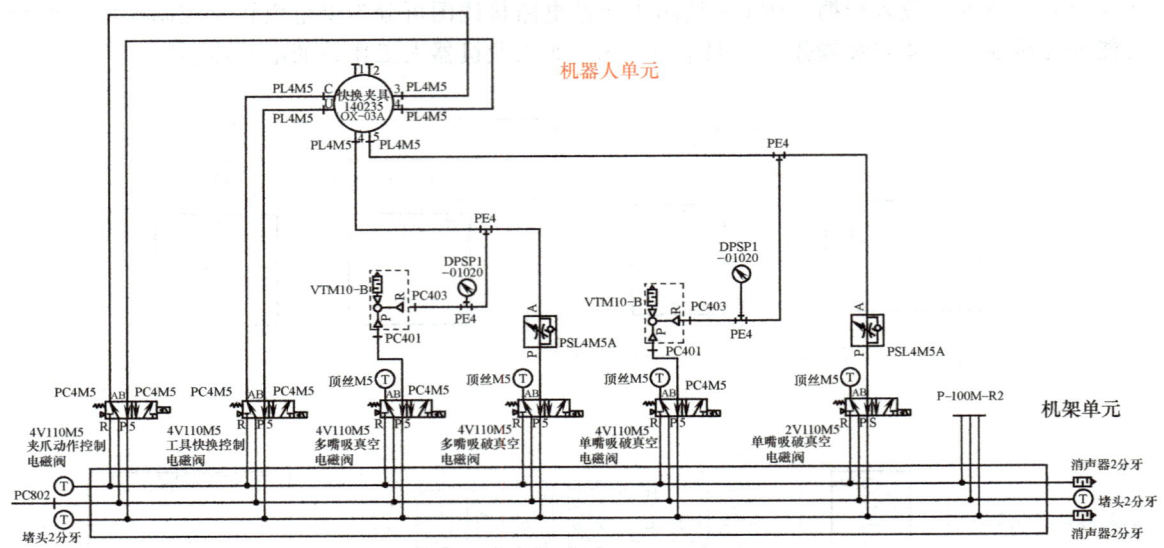

图 6-5　范例工作站气路连接图

2. 配置

配置的三部分如图 6-6 所示。

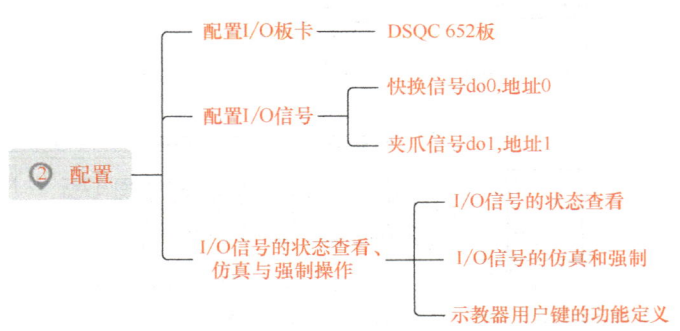

图 6-6　配置的三部分

ABB 工业机器人的标准 I/O 板可以实现与外界的 I/O 通信，通过信号的传递就能执行相应的操作。常用的 ABB 标准 I/O 板见表 6-1。ABB 标准板卡型号有 DSQC 651、DSQC 652、DSQC 653、DSQC 355A 和 DSQC 377A，除分配地址不同外，其配置方法基本相同。例如，DSQC 652 是一款拥有 16 个数字输入和 16 个数字输出的信号板。基于搬运码垛工作站所使用的 ABB 标准 I/O 板是 DSQC 652，下面以 DSQC 652 板为例介绍配置总线连接及 I/O 信号。

（1）配置 I/O 板　ABB 工业机器人有丰富的 I/O 通信接口，可以轻松实现与周边设备的通信。ABB 工业机器人通信方式见表 6-2，与 PC 通信协议有 RS232 通信协议、OPC serber 通信协议、Socket Message 通信协议，与其他设备通信时可根据不同厂商推出的现场总线协议进行选配，现场总线协议有 Device Net、Profibus、Profibus-DP、Profinet、EtherNet/IP 等，如果使用 ABB 标准 I/O 板就必须有 DebiceNet 的总线。

表 6-1 常用的 ABB 标准 I/O 板

型号	说明
DSQC 651	分布式 I/O 模块 DI8\DO8 AO2
DSQC 652	分布式 I/O 模块 DI16\DO16
DSQC 653	分布式 I/O 模块 DI8\DO8 带继电器
DSQC 355A	分布式 I/O 模块 AI4\AO4
DSQC 377A	输送链跟踪单元

表 6-2 ABB 工业机器人通信方式

ABB 工业机器人		
PC	现场总线	ABB 标准
RS232 通信协议	Device Net Profibus	标准 I/O 板
OPC serber 通信协议	Profibus-DP Profinet	PLC
Socket Message 通信协议	EtherNet/IP CCLink	……

ABB 标准 I/O 模块都是挂靠在 Device Net 现场总线下的设备，DSQC 652 板通过 X5 端子与 DeviceNet 现场总线进行通信。如图 6-7 所示，X5 端子即 DeviceNet 接口，模块的地址通过 X5 端子的 6~12 跨接线来决定，因地址 0~9 已经被系统占用，所以模块的地址可用范围为 10~63。

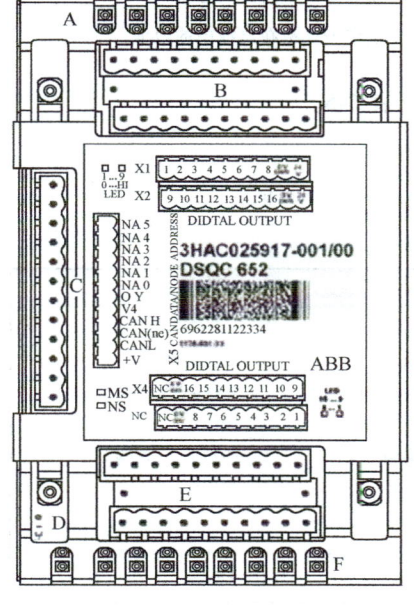

标号	说明
A	数字输出信号指示灯
B	X1、X2 数字输出接口
C	X5 DeviceNet 接口
D	模块状态指示灯
E	X3、X4 数字输入接口
F	数字输入信号指示灯

图 6-7 DSQC 652 板模块接口说明

X5 端子使用定义及端子接线见表 6-3。在 Device Net 现场总线下，根据工业现场所需的 I/O 信号的类型和数量，可挂多块 ABB 标准 I/O 板，但是每块 I/O 板在 Device Net 现场总线下的地址都是唯一的，地址重复会产生报警，所以 ABB 工业机器人通信配置需要设定模块在网络中的地址。配置 DSQC 652 板总线连接的相关参数说明见表 6-4。

表 6-3　X5 端子使用定义及端子接线

X5 端子编号	使用定义	图示
1	0V，黑色	
2	CAN 信号线，Low，蓝色	
3	屏蔽线	
4	CAN 信号线，High，白色	
5	24V，红色	
6	GND 地址选择公共端	
7	模块 ID bit0(LSB)	
8	模块 ID bit1(LSB)	
9	模块 ID bit2(LSB)	
10	模块 ID bit3(LSB)	
11	模块 ID bit4(LSB)	
12	模块 ID bit5(LSB)	

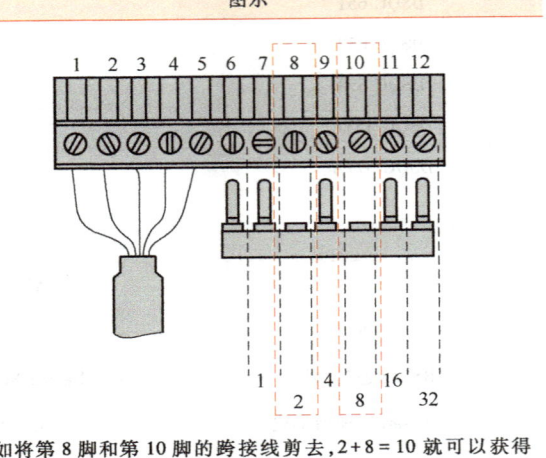

如将第 8 脚和第 10 脚的跨接线剪去，2+8 = 10 就可以获得 10 的地址，I/O 模块在 Device Net 上的地址就是 10

表 6-4　DSQC 652 板参数说明

参数名称	设定值	说明
Name	Board10	设定 I/O 板在系统中的名字
Type of Unit	d652	设定 I/O 板的类型
Connected to Bus	DeviceNet1	设定 I/O 板连接的总线
DeviceNet Address	10	设定 I/O 板在总线中的地址

DSQC 652 板的配置操作（总线连接操作步骤）见表 6-5。

表 6-5　DSQC 652 板的配置操作步骤

序号	操作说明	图示
1	单击示教器触摸屏左上角 ABB 菜单，选择"控制面板"选项	

项目6
ABB工业机器人搬运码垛典型工作案例的调试与运行

（续）

序号	操作说明	图示
2	选择"配置"选项，进入配置界面	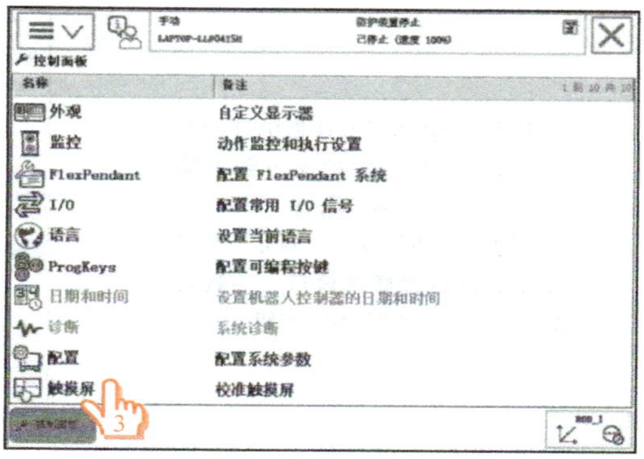
3	进入配置系统参数界面后，单击选择"DeviceNet Device"选项，然后双击或单击"显示全部"按钮进行DSQC 652 模块的选择及其地址设定	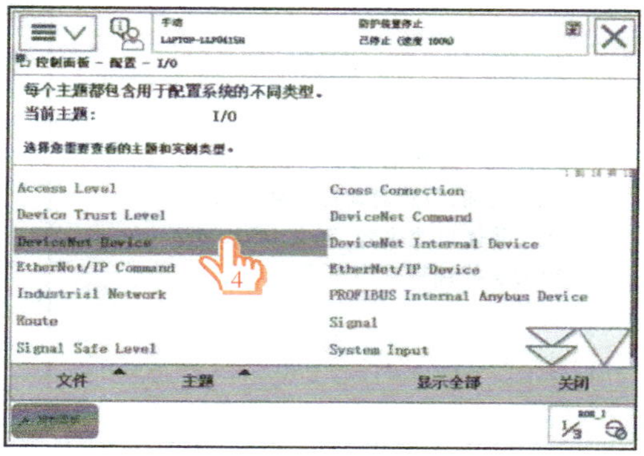
4	单击"添加"按钮，进行新增编辑	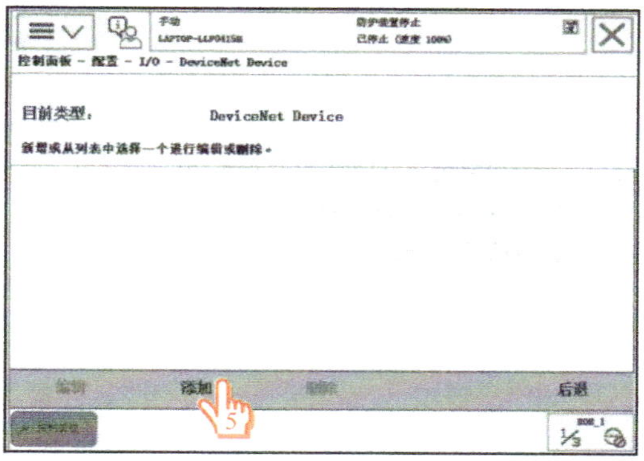
5	进行添加时，可以选择模板中的值，单击"默认"下拉列表，选择"DSQC 652 24 VDC I/O Device"	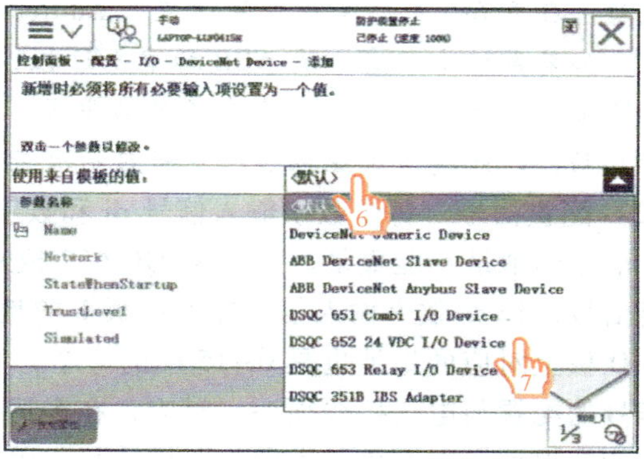

— 201 —

（续）

序号	操作说明	图示
6	选择 DSQC 652 I/O 板中自带默认值，单击窗口中的向下翻页箭头，找到"Address"项，将"Address"的值改为"10"，单击"确定"按钮退出数值设置修改窗口。参数设定完成后，单击"确定"按钮	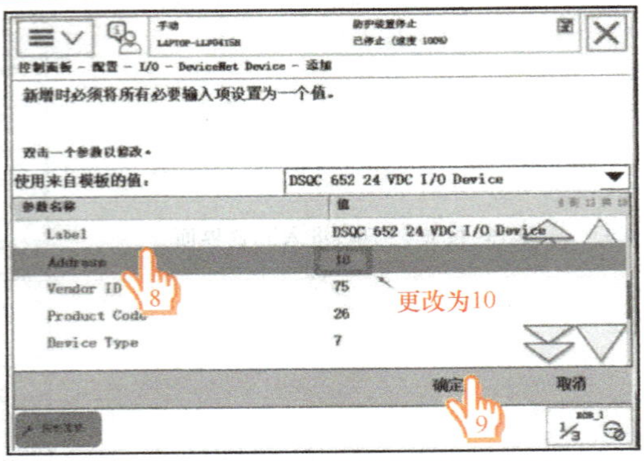
7	弹出"重新启动"对话框，单击"是"按钮，重新启动控制系统，确定更改并使更改生效，定义 DSQC 652 板的总线连接操作完成	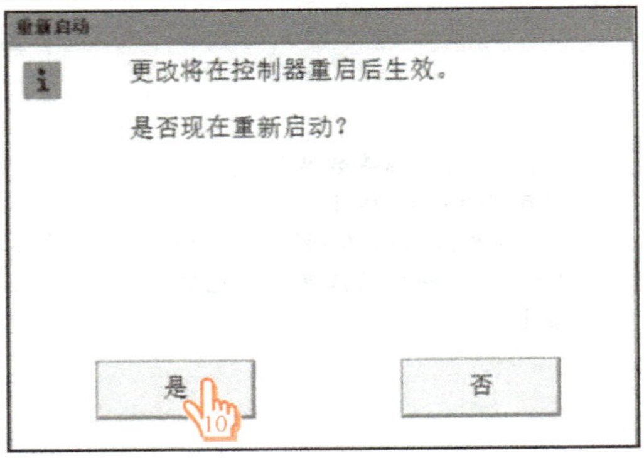
8	操作完成后，可在"控制面板-配置-I/O-DeviceNet Device"中查看到新增的 d652 板	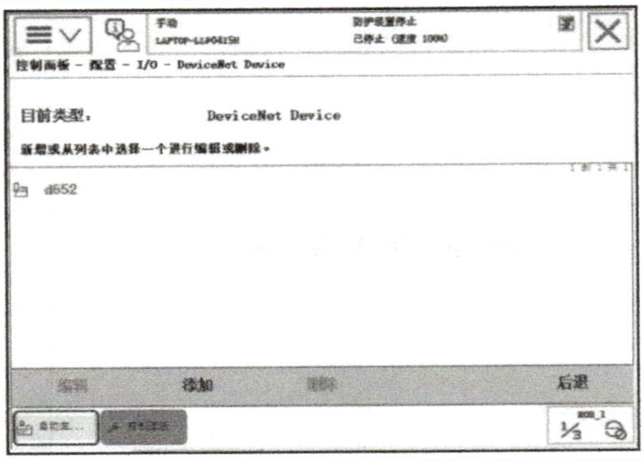

注意：在表 6-5 中序号 6 步骤设置"Address"的值为"10"，10 代表此 I/O 板在总线中的地址，如果系统中只有一块 ABB 标准 I/O 板，工业机器人厂家出厂默认地址为 10，如果有多块，地址不能重复。序号 7 的重新启动步骤，一般也可以等后面所有 I/O 信号配置完成后再重新启动，以此减少工业机器人重新启动次数，节省操作时间。

（2）配置信号 每个数字输入信号 di 和数字输出型号 do 都要定义它在 I/O 板下的地址，且每个信号的地址不能重复。对于 DSQC 652 板来说，可以配置 16 个数字输入信号和 16 个数字输出信号，16 个数字输入信号在 I/O 板上的地址范围是 0~15 中的一个，16 个数字输出信号在 I/O 板上对应的地址也是 0~15 中的一个，如图 6-8 所示。

信号的配置与电气接线须一一对应，在搬运码垛任务书中可以检索重要信息：信号名称、对应功能及地址。工业机器人搬运码垛信号相关参数见表 6-6。

项目6
ABB工业机器人搬运码垛典型工作案例的调试与运行

X1端子编号	使用定义	地址分配	X3端子编号	使用定义	地址分配
1	OUTPUT CH1	0	1	INPUT CH1	0
2	OUTPUT CH2	1	2	INPUT CH2	1
3	OUTPUT CH3	2	3	INPUT CH3	2
4	OUTPUT CH4	3	4	INPUT CH4	3
5	OUTPUT CH5	4	5	INPUT CH5	4
6	OUTPUT CH6	5	6	INPUT CH6	5
7	OUTPUT CH7	6	7	INPUT CH7	6
8	OUTPUT CH8	7	8	INPUT CH8	7
9	0V		9	0V	
10	24V		10	未使用	
X2端子编号	使用定义	地址分配	X4端子编号	使用定义	地址分配
1	OUTPUT CH9	8	1	INPUT CH9	8
2	OUTPUT CH10	9	2	INPUT CH10	9
3	OUTPUT CH11	10	3	INPUT CH11	10
4	OUTPUT CH12	11	4	INPUT CH12	11
5	OUTPUT CH13	12	5	INPUT CH13	12
6	OUTPUT CH14	13	6	INPUT CH14	13
7	OUTPUT CH15	14	7	INPUT CH15	14
8	OUTPUT CH16	15	8	INPUT CH16	15
9	0V		9	0V	
10	24V		10	未使用	

图 6-8　DSQC 652 板信号端口说明

表 6-6　工业机器人搬运码垛信号相关参数

序号	信号类型	信号名称	信号地址	信号功能
1	数字量输出信号	do0	0	快换取放信号
2	数字量输出信号	do1	1	夹爪取放信号

搬运码垛信号配置操作步骤见表 6-7。

表 6-7　搬运码垛信号配置操作步骤

序号	操作说明	图示
1	在菜单栏中选择"控制面板"选项,如右图所示	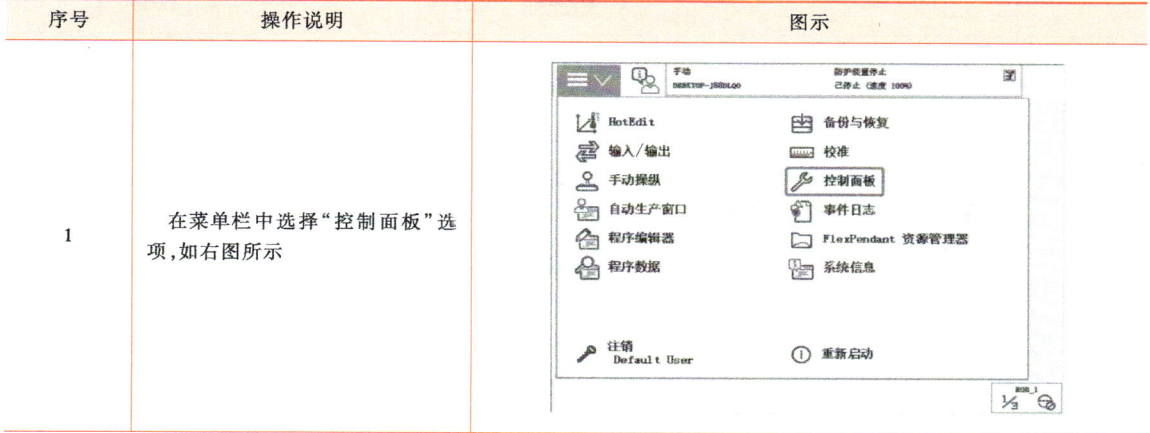

— 203 —

（续）

序号	操作说明	图示
2	选择"配置"选项，进入信号配置界面	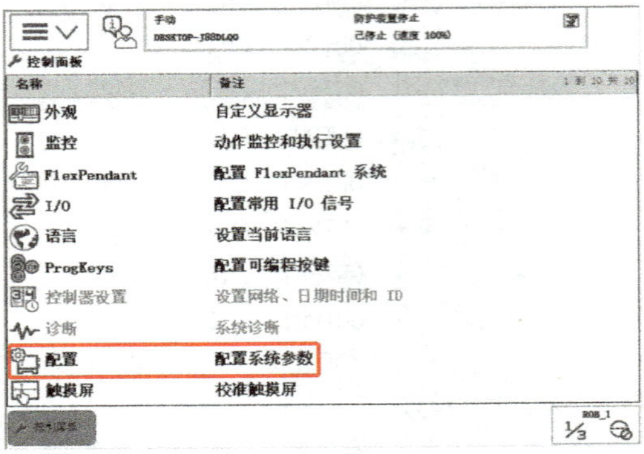
3	单击图示界面中的"Signal"选项，进入I/O信号配置界面	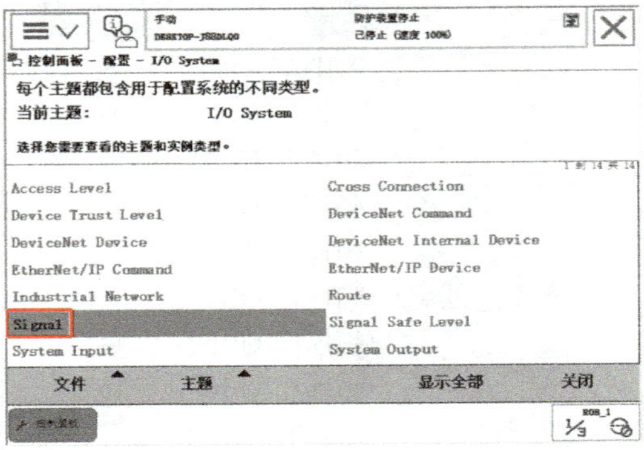
4	单击"添加"按钮，添加需要的输入/输出信号	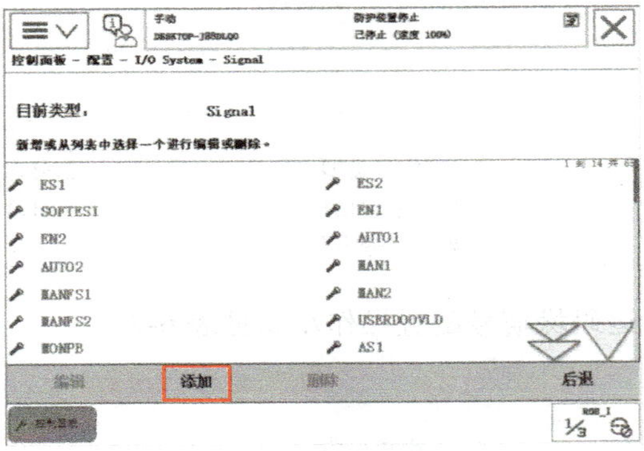
5	在添加信号界面配置对应的输出信号"do0"	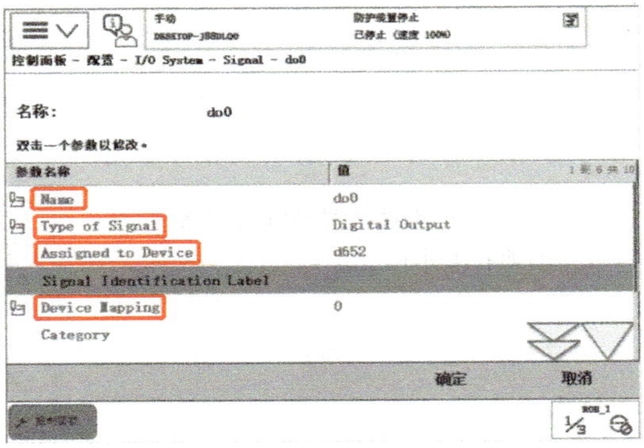

（续）

序号	操作说明	图示
6	配置完成后单击"确定"按钮，如右图所示	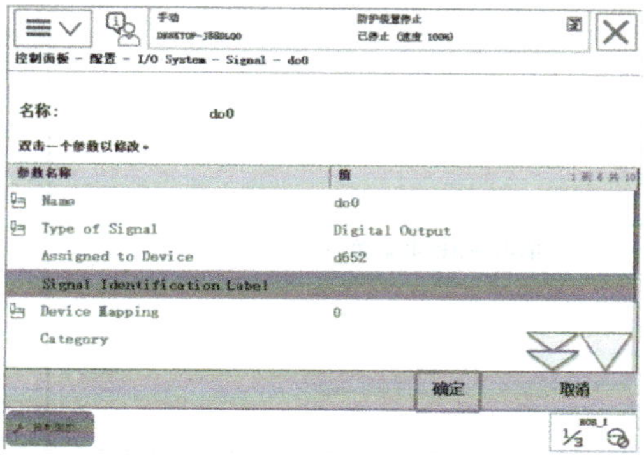
7	在添加信号界面配置对应的输出信号"do1"	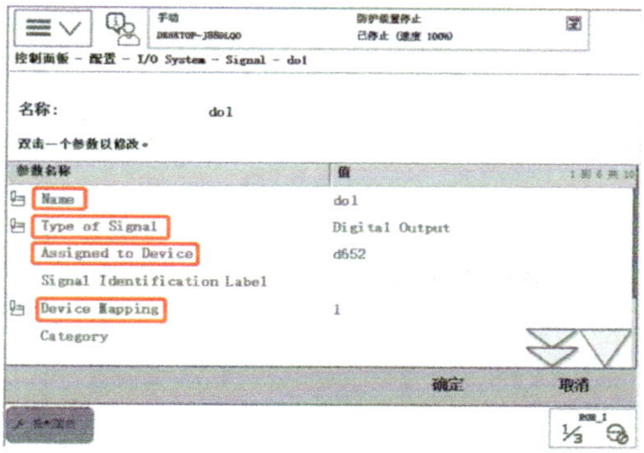
8	配置完所需要的 I/O 信号之后，需要对工业机器人示教器进行重启	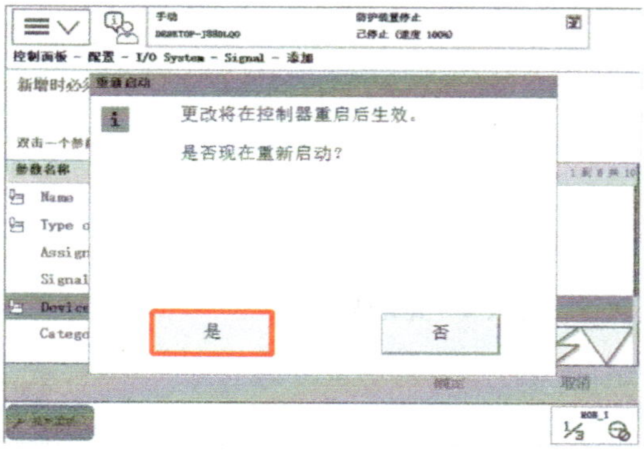

（3）I/O 信号的状态查看、仿真与强制操作　I/O 信号的状态查看、仿真与强制操作可以通过快捷键设置仿真、强制，使信号状态改变，也可以使用信号控制指令改变信号状态。

① I/O 信号状态的查看。I/O 信号状态查看操作见表 6-8。

表 6-8　I/O 信号状态查看操作

序号	操作说明	图示
1	单击 ABB 主菜单	
2	选择"输入/输出"选项	
3	进入 I/O 查看界面	

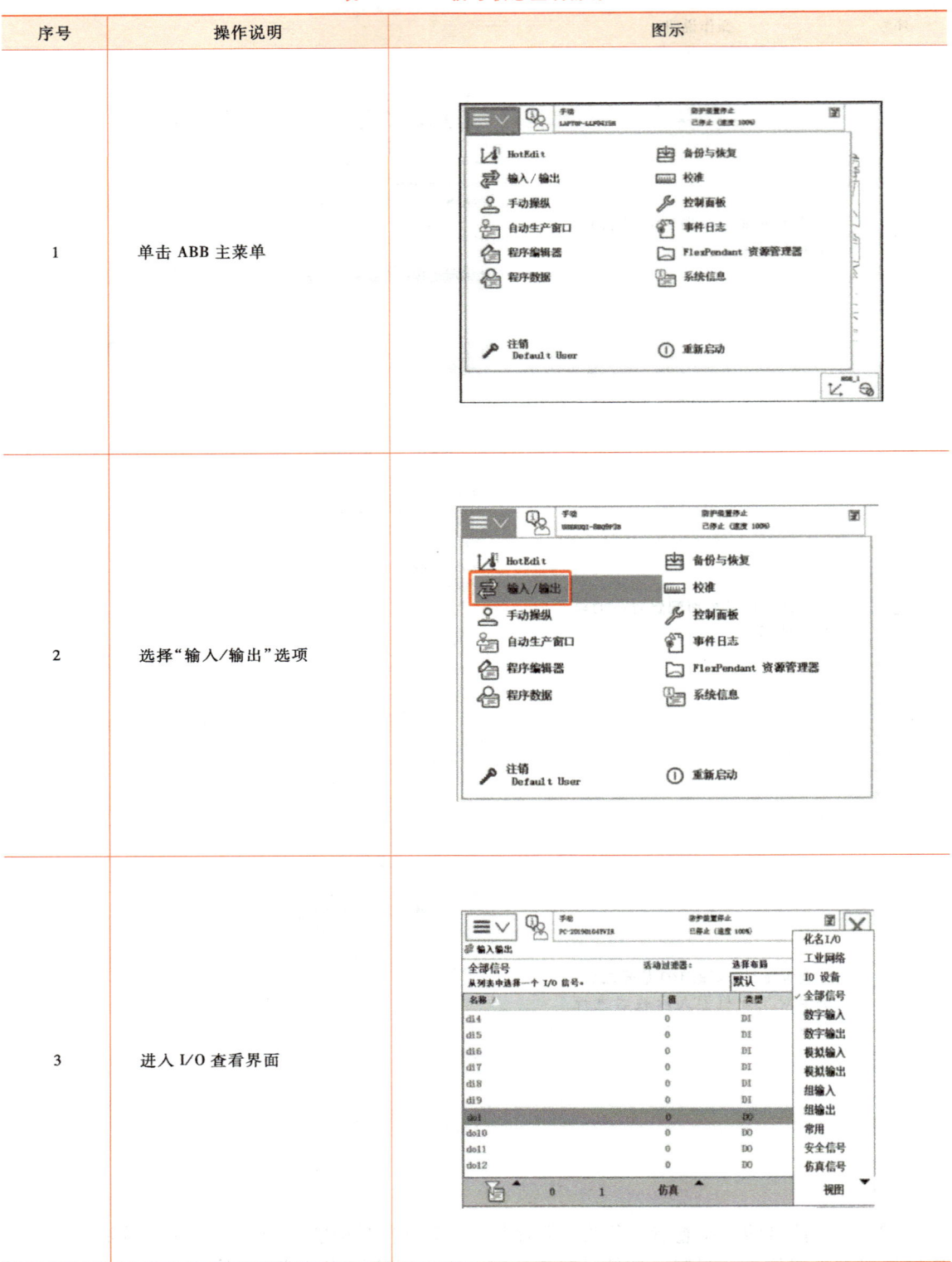

② I/O 信号的仿真和强制。I/O 信号仿真和强制操作见表 6-9。

项目6
ABB工业机器人搬运码垛典型工作案例的调试与运行

表6-9 I/O信号仿真和强制操作

序号	操作说明	图示
1	进入I/O查看界面	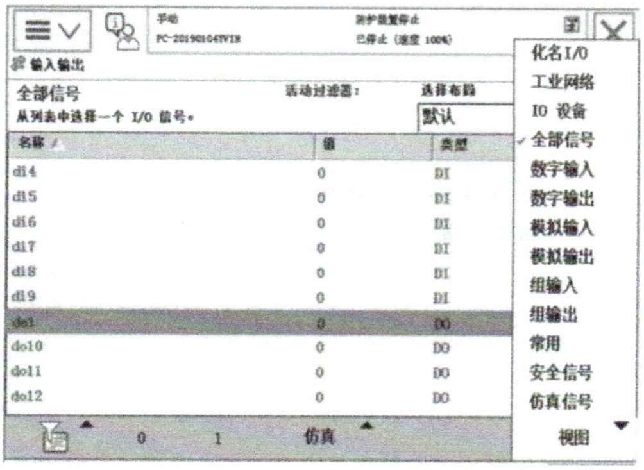
2	选中任意数字输出信号，在界面的下方即可进行仿真、强制操作	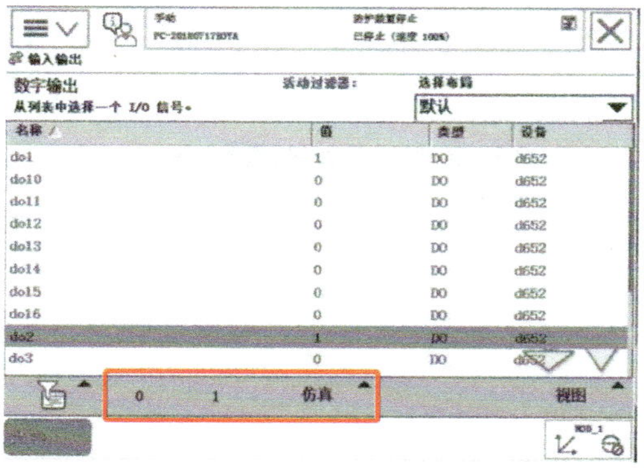

③ 示教器用户键的功能定义。可编程按键的配置就是把常用的I/O信号配置到示教器快捷操作按钮上，通过示教器操作控制关联信号，以便对I/O信号进行强制与仿真操作。只要把I/O信号与可编程按键进行绑定，就可以方便快捷地对I/O信号进行仿真或强制输出操作。

可编程按钮1配置数字信号do1的操作见表6-10。

表6-10 可编程按钮1配置数字信号do1的操作

序号	操作说明	图示
1	选择"控制面板"选项	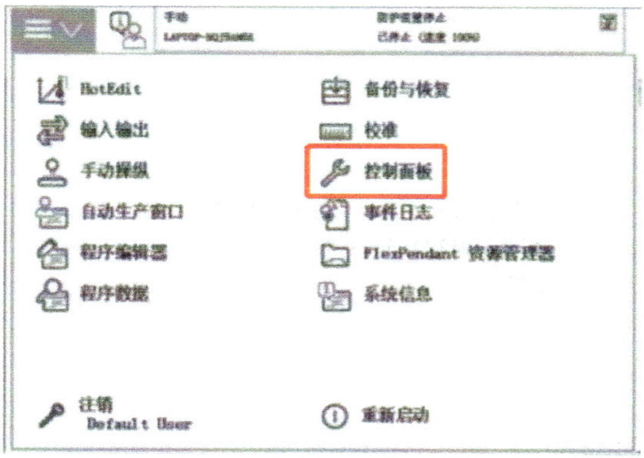

工业机器人操作与运维

（续）

序号	操作说明	图示
2	单击选择"ProgKeys"选项配置可编程按键	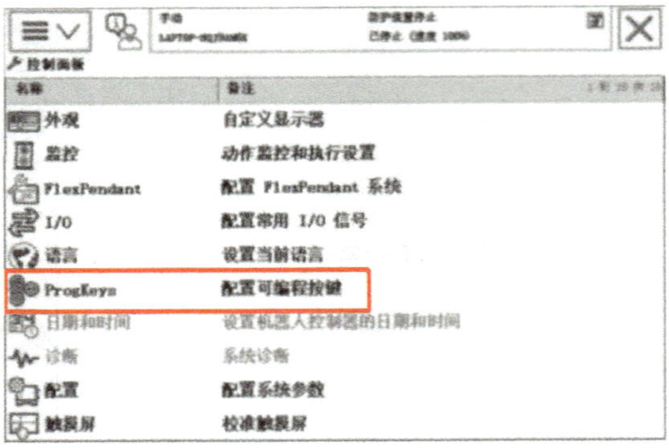
3	单击"类型"下拉按钮，选择"输出"选项	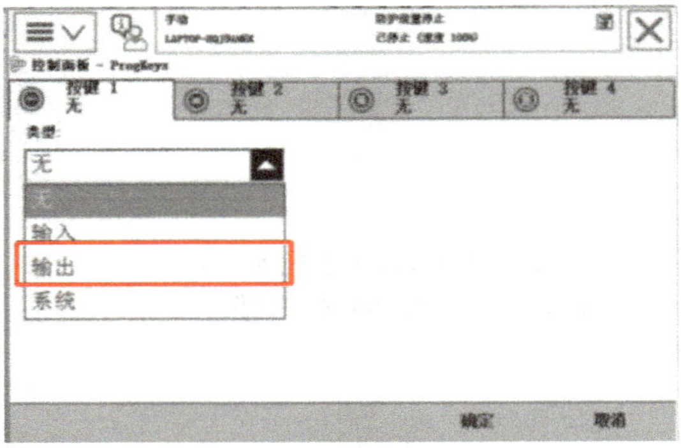
4	在窗口的右侧"数字输出"中的下拉列表中单击选中"do1"选项；单击"按下按键"下拉按钮，单击选中下拉列表中的"按下/松开"选项（可以根据实际需求选择按键动作特征），单击"确定"按钮完成设置	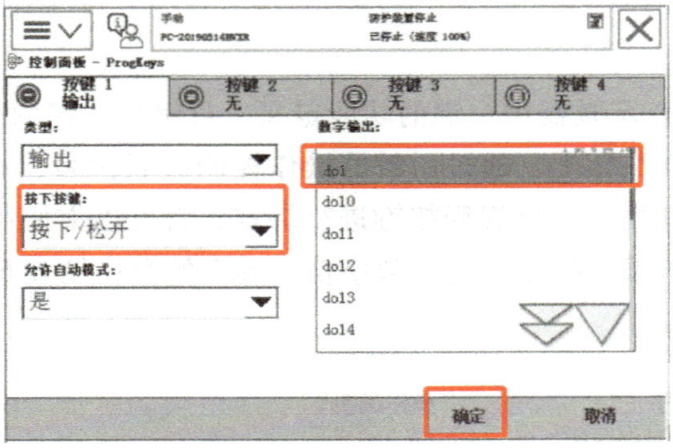
5	设定完成之后，可在手动模式下通过可编程按键1对do1进行强制操作	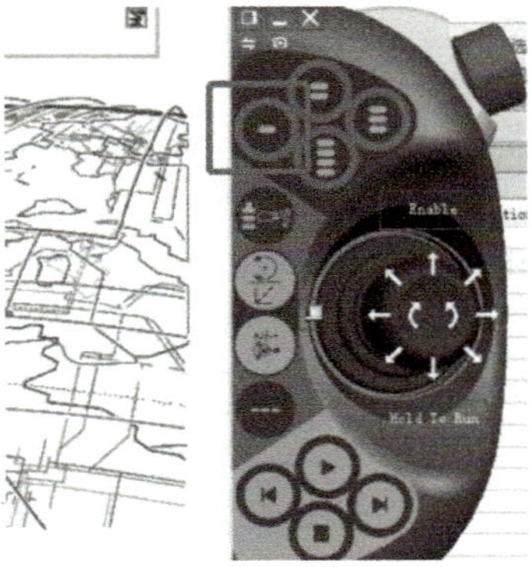

· 208 ·

在可编程按键配置界面可以配置的信号类型有三种,见表 6-11。

表 6-11 可编程按键配置界面可以配置的信号说明

序号	类型	说明
1	输入	设定对应按键为输入功能
2	输出	设定对应按键为输出功能
3	系统	设定对应按键为系统功能

输出类型中"按下按键"5 种动作类型的含义见表 6-12。

表 6-12 输出功能配置界面各项说明

序号	按钮动作	说明
1	切换	把信号的当前值进行置反,如当前信号为 0,按一下变为 1,再按一下变为 0
2	设为 1	把信号置 1,如当前信号为 0,按下即为 1,再次按下也为 1
3	设为 0	把信号复位,如当前信号为 1,按下为 0,再次按下也为 0
4	按下/松开	把按键按下后,信号输出 1,松开后信号复位 0
5	脉冲	按下后,输出 1s 为 1 的信号

3. 坐标系标定

在执行项目时,为操作便捷,用户可根据实际情况设定适用于自己的工具坐标系及工件坐标系,如图 6-9 所示。

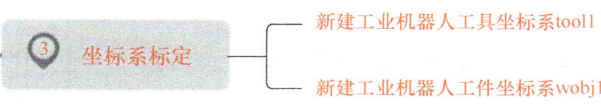

图 6-9 坐标系标定两项

(1) 新建工业机器人工具坐标系 tool1 在本搬运应用中,工具坐标系的设置较为简单,可用 TCP 标定法来标定,只须相对于初始工具坐标系 Tool0 沿着其 Z 方向偏移一定的距离即可。如图 6-10 所示,夹爪下表面距离法兰盘 180mm,工具中心距离法兰盘约 100mm,质量 0.7kg。

具体新建工业机器人工具坐标的操作步骤可查阅本书项目 4 任务 3 "ABB 工业机器人的系统设置"中"工业机器人坐标系的标定"内容。

(2) 新建工业机器人工件坐标系 wobj1 在本搬运码垛项目中,工件料仓为一个斜滑台,为方便操作可新建一个平行于滑台面的工件坐标系 wobj1,如图 6-11 所示,以方便后续手动操作。工件坐标系对应工件,定义工件相对于大地坐标系(或其他坐标系)的位置。工件坐标系创建步骤操作见表 6-13。

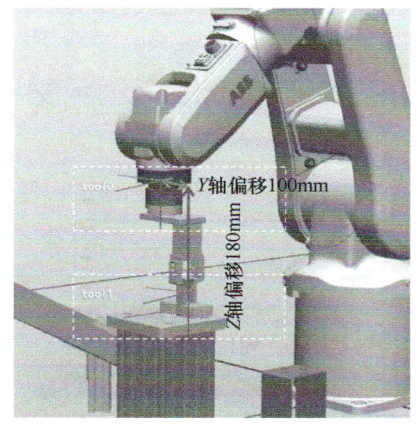

图 6-10 新建工业机器人工具坐标 tool1

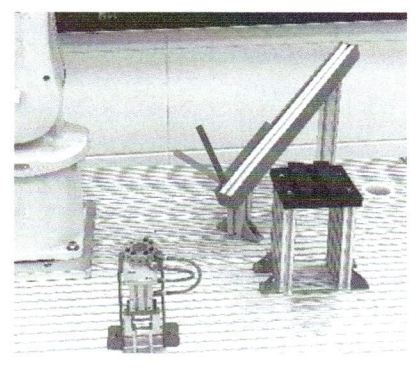

图 6-11 新建工业机器人工件坐标 wobj1

表 6-13 工件坐标系创建步骤操作

序号	操作说明	图示
1	单击示教器触摸屏左上角 ABB 菜单,选择"手动操纵"选项	
2	选择"工件坐标"选项	
3	新建工件坐标系	
4	修改"名称"为"wobj1",单击"确定"按钮	

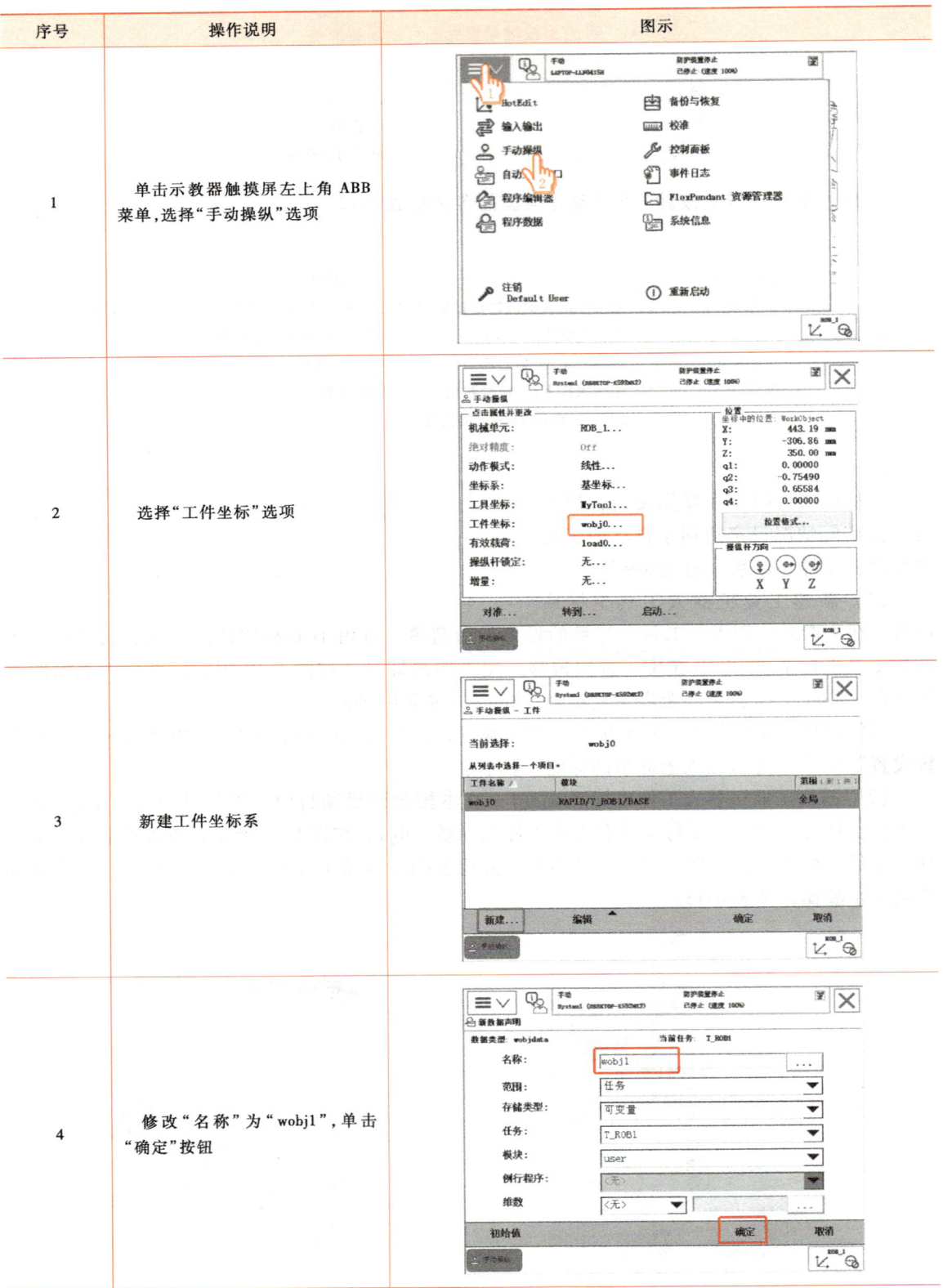

（续）

序号	操作说明	图示
5	选择wobj1，单击"编辑"按钮，在弹出的下拉列表中选择"定义"选项	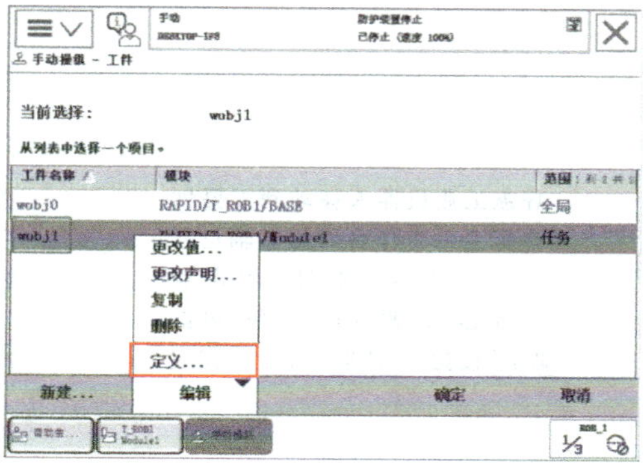
6	创建用户坐标系的原理是在工作台面上选3个点，选择用户方法，X1确定坐标系原点，X2确定X轴正方向点，Y1确认Y轴的正方向，根据右手定则可知Z轴正方向	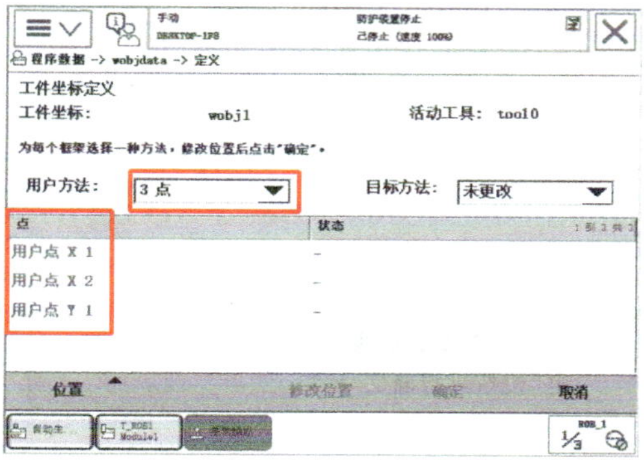
7	操纵工业机器人移动到需要创建坐标系的工作台面的原点，在示教器上选择"用户点X1"，单击"修改位置"按钮	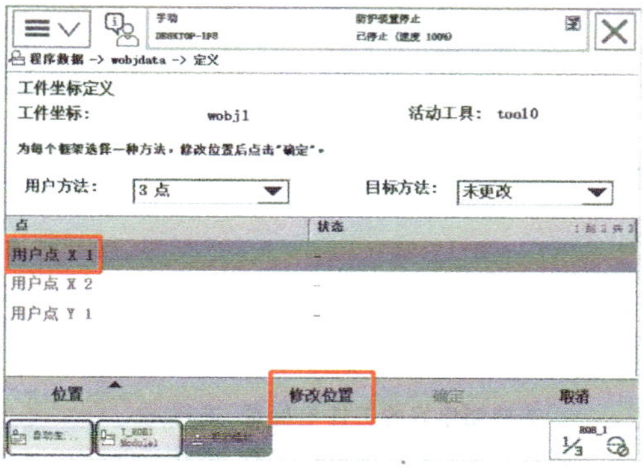
8	操纵工业机器人移动到需要创建坐标系的工作台面的X轴正方向	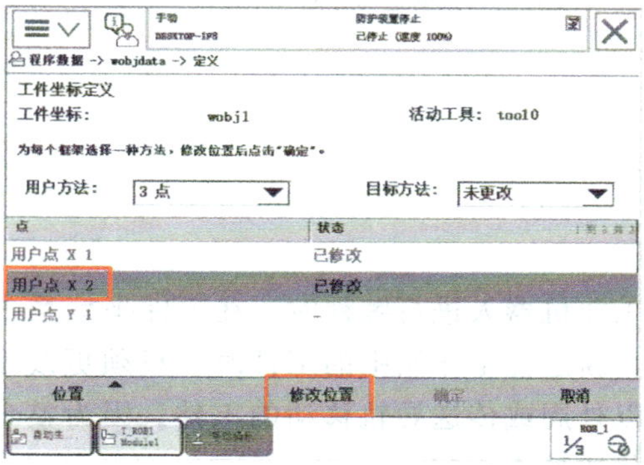

(续)

序号	操作说明	图示
9	操纵工业机器人移动到需要创建坐标系的工作台面的 Y 轴正方向。在示教器上选择"用户点 Y1",单击"修改位置"按钮,单击"确定"按钮,工件坐标系定义完成	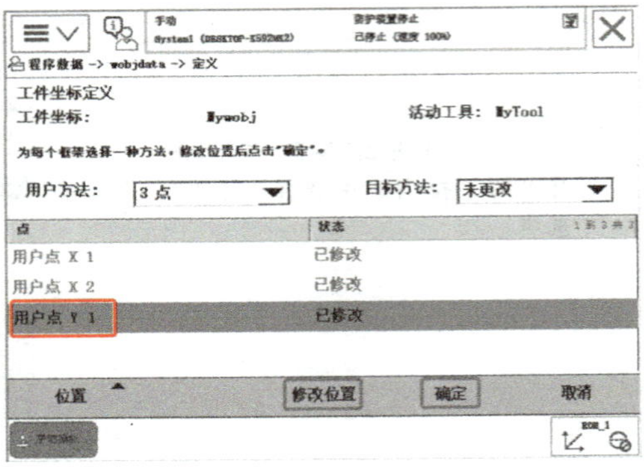
10	查看定义好的参数,再单击"确定"按钮进行确认	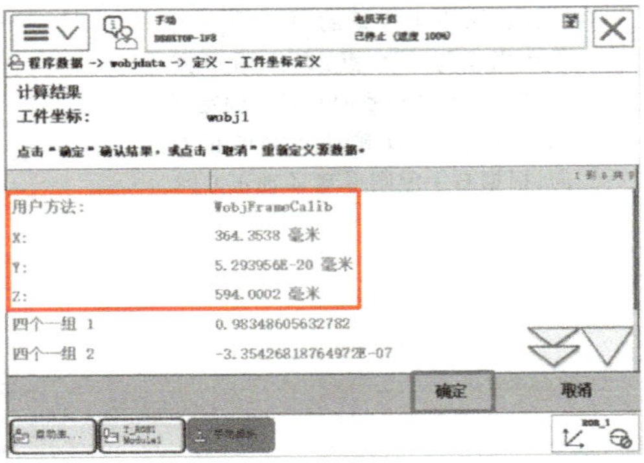
11	选择创建好的工件坐标系,进行确认。按照右图配置好参数,体验工件坐标系的运动方向	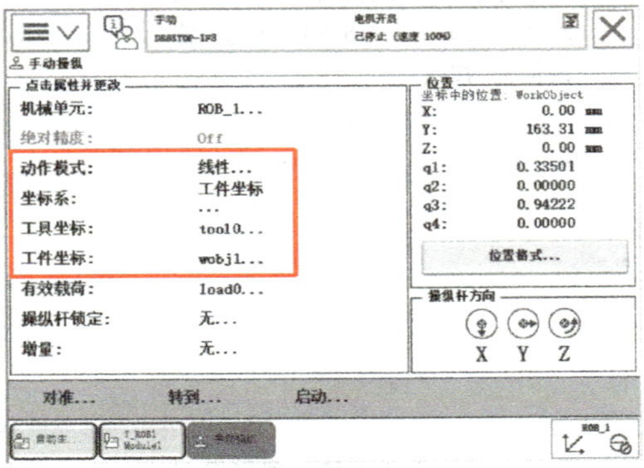

对工业机器人进行编程时,在工件坐标系中创建目标和路径有很多优点:除方便手动操作外,重新定位工作站中的工件时,只须更改工件坐标的位置,所有路径将即随之更新;允许操作以外周或传送导轨移动的工件,因为整个工件可连同其路径一起移动。创建工件坐标的应用优势见表 6-14。

项目6 ABB工业机器人搬运码垛典型工作案例的调试与运行

表 6-14 创建工件坐标的应用优势

序号	应用优势	图示
1	便于手动操作：选定工业机器人"动作模式"为"线性"，"坐标系"确定为"工件坐标"，朝对应方向波动操纵杆即可使工业机器人TCP沿工件边沿方向线性运动	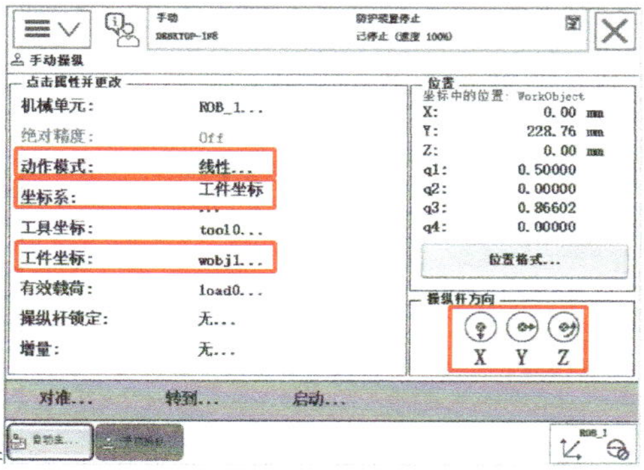 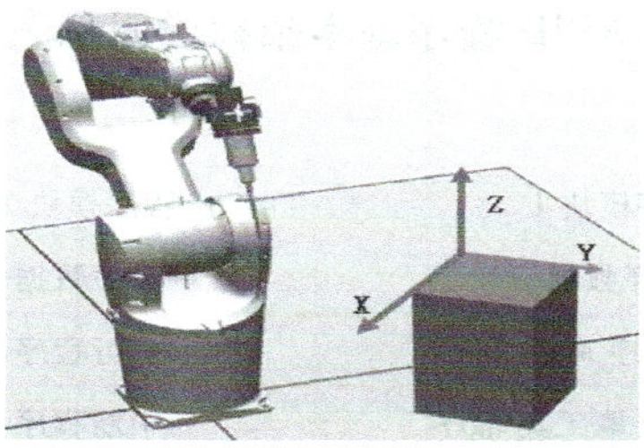
2	便于运动轨迹迁移：当A位置与工件相关的运动轨迹是在自定义工件坐标系下编程的，只需要重新在B位置对工件坐标系进行定义即可实现相关运动轨迹的迁移	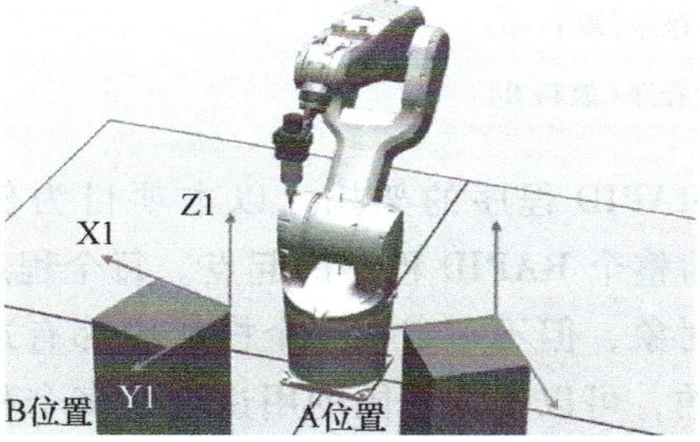
3	便于坐标系偏移补偿：当切削打磨工具对产品上表面进行加工且每次加工深度一致时，可以进行工件坐标系偏移，以补偿工件削减厚度，确保有效加工	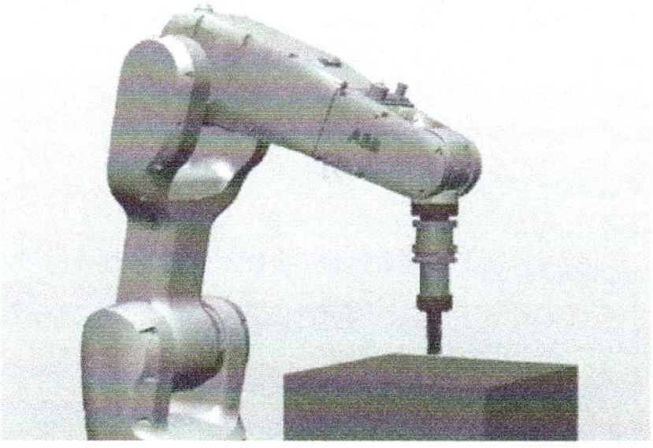

4. RAPID 程序（程序框架）

在硬件搭建完成后，还需要进行软件编程，首先要设想程序架构。我们可以参照 PLC 的 SFC 编程方式思考，先设想需要初始化的数据有哪些，再设想工业机器人运动步骤完成运动程序的编写，添加好每一步对应的控制指令。根据本任务要求，可以知道工业机器人需要多次搬运码垛，为简化编程，可使用逻辑控制指令循环处理，如图 6-12 所示。

```
                                        ┌─ 数据初始化
                            ┌─ 初始化 ───┼─ 信号初始化
                            │            └─ 机器人位置初始化
                            │                              ┌─ 取工具
                            │                              ├─ 卸工具
⊕ RAPID程序(程序框架) ──────┼─ 运动程序 ─── 路径规划 ──────┤
                            │                              ├─ 取工件
                            │                              └─ 放工件
                            │                 ┌─ Set
                            ├─ 控制程序 ──────┼─ Reset
                            │                 └─ WaitTime
                            └─ 逻辑控制 ─── 循环处理While…do
```

图 6-12 RAPID 程序相关图

本任务 RAPID 程序基本架构说明见表 6-15。

表 6-15 RAPID 程序基本架构说明

程序模块 1	程序模块 2	程序模块 3	程序模块 n
程序数据	程序数据	……	程序数据
主程序 Main	例行程序	……	例行程序
例行程序(取工具 qgj)	中断程序	……	中断程序
例行程序(卸工具 xgj)	功能程序	……	功能程序
例行程序(取料 ql)	……	……	……
例行程序(放料 fl)	……	……	……

关于 RAPID 程序的架构,以本项目为例,可了解到 RAPID 程序中只能有一个主程序 main。作为整个 RAPID 程序的起点。每个程序模块包含了程序数据、例行程序、中断程序和功能 4 种对象,但不一定在一个模块中都有这 4 种对象。程序模块之间的数据、程序是可以互相调用的,可以根据不同的用途创建多个程序模块,如本任务中归类管理不同用途的例行程序与数据,将安装工具、拆卸工具、取料、放料分别创建了例行程序。在示教器中查看RAPID 程序的操作步骤见表 6-16。添加 RAPID 程序指令操作步骤见表 6-17。

表 6-16 查看 RAPID 程序的操作步骤

序号	操作说明	图示
1	单击示教器触摸屏左上角 ABB 菜单,选择"程序编辑器"选项	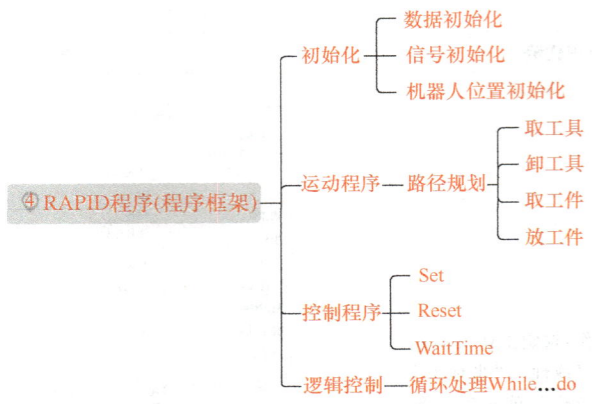

项目6 ABB工业机器人搬运码垛典型工作案例的调试与运行

（续）

序号	操作说明	图示
2	进入主程序窗口，单击右上角"例行程序"下拉按钮，查看例行程序列表	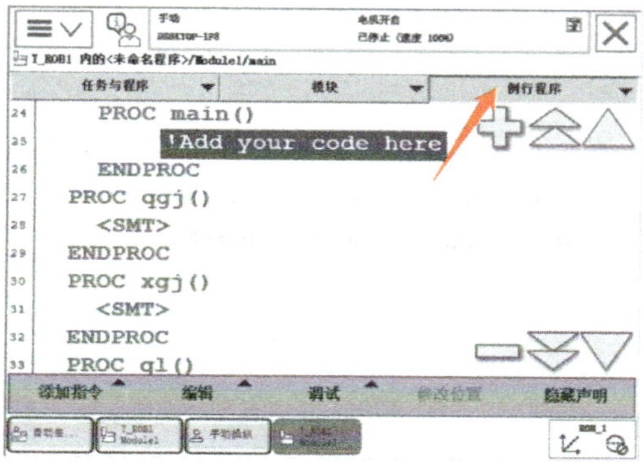
3	程序模块中包含的所有例行程序都被显示出来：1、3、4、5、6分别是fl（放料）、main（主程序）、qgj（取工具）、ql（取料）、xgj（卸工具），均为普通例行程序（Procedure）；2—gongneng（功能）是功能例行程序（Function）；7—zhongduan（中断）是中断例行程序（Trap）	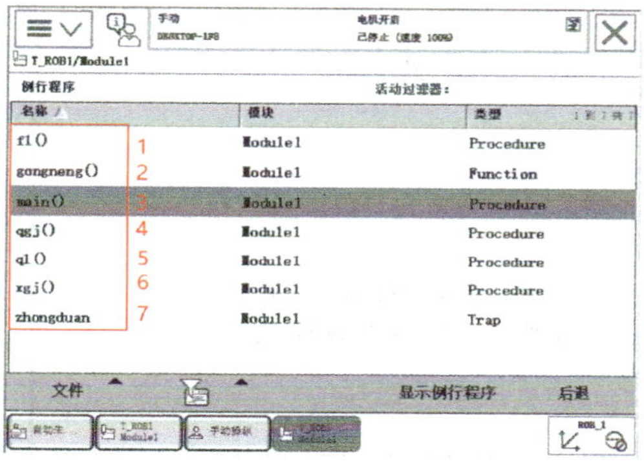
4	单击"后退"按钮，退出当前模块例行程序显示窗口	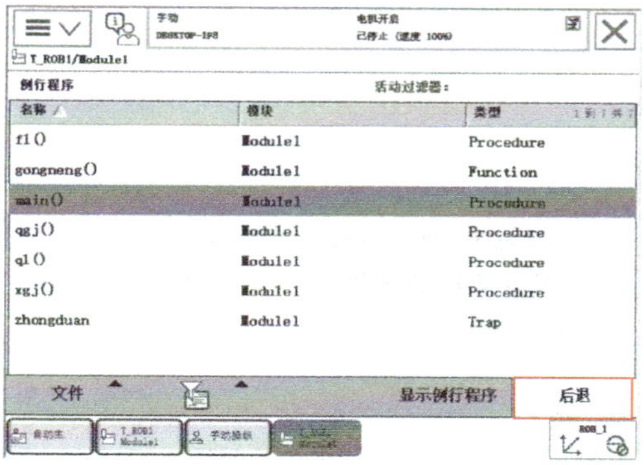
5	右图所示窗口显示所有存在的程序模块。程序模块可以有多个，如果需要查看某一程序模块的例行程序，首先单击选中该模块，然后单击右下角的"显示模块"按钮；程序模块显示窗口中的"BASE"和"user"为系统模块，其他模块皆为程序模块，程序模块可以删除，系统模块不可以删除，否则会造成系统紊乱	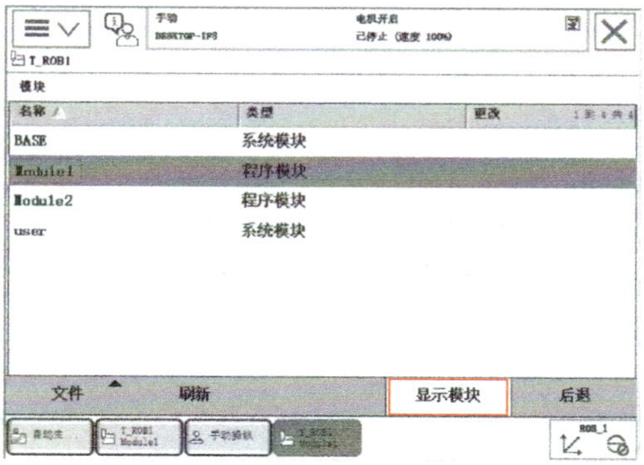

(续)

序号	操作说明	图示
6	单击"后退"按钮或窗口右上角的关闭按钮,即可退出程序编辑器	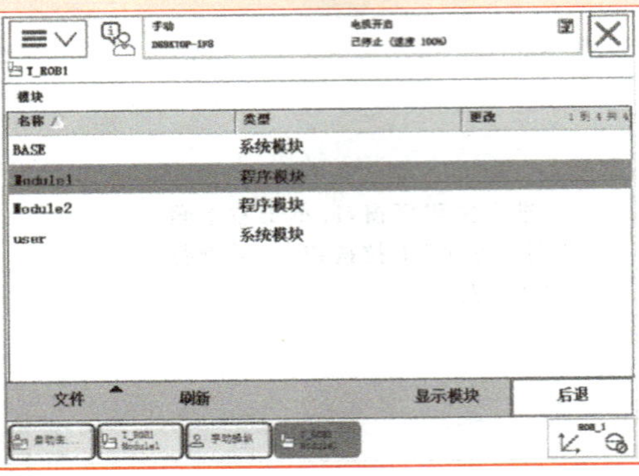

表 6-17 添加 RAPID 程序指令的操作步骤

序号	操作说明	图示
1	单击示教器触摸屏左上角 ABB 菜单,选择"程序编辑器"选项	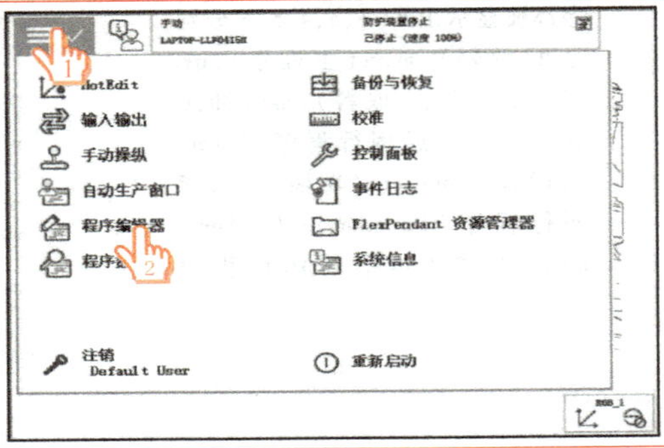
2	选择需要编程的程序模块,单击"显示模块"按钮进入例行程序显示窗口	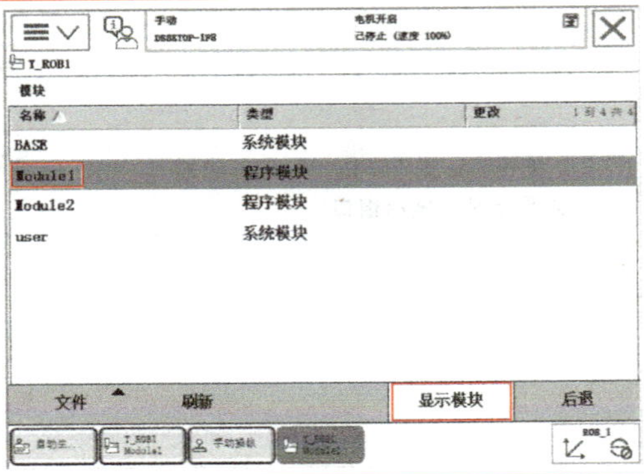
3	单击"文件"下拉按钮,在弹出下拉列表中选择"新建例行程序"选项	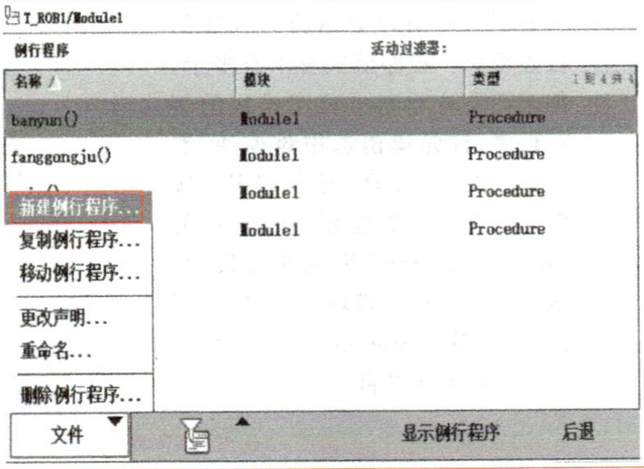

（续）

序号	操作说明	图示
4	修改例行程序的名称、类型，选择是否带参数，单击"确定"按钮	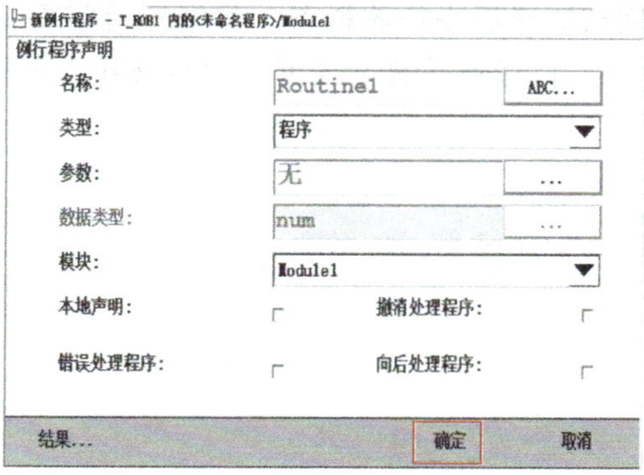
5	进入新建的例行程序中，选中要插入指令的程序位置，选中时显示为高亮蓝色	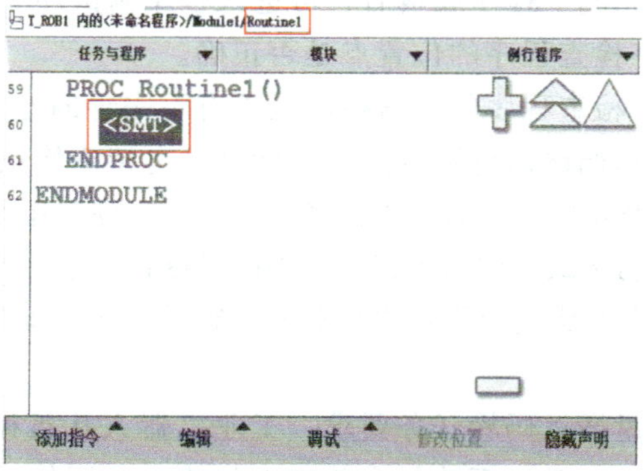
6	单击左下角"添加指令"下拉按钮，会在右侧弹出指令列表（Common）	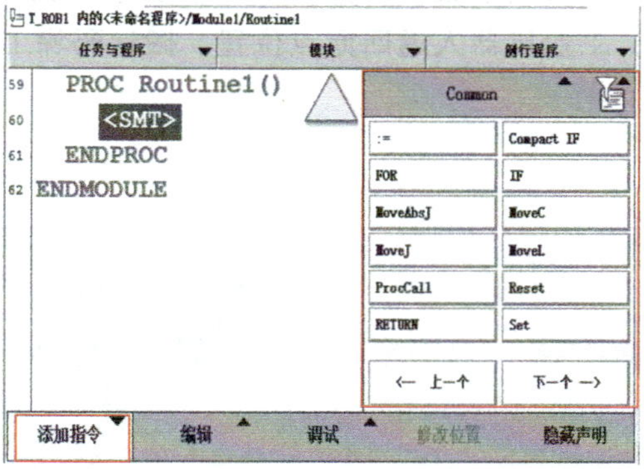
7	单击右侧列表上方的"Common"下拉按钮，可查看不同分类的指令列表，选择需要的指令进行编程即可	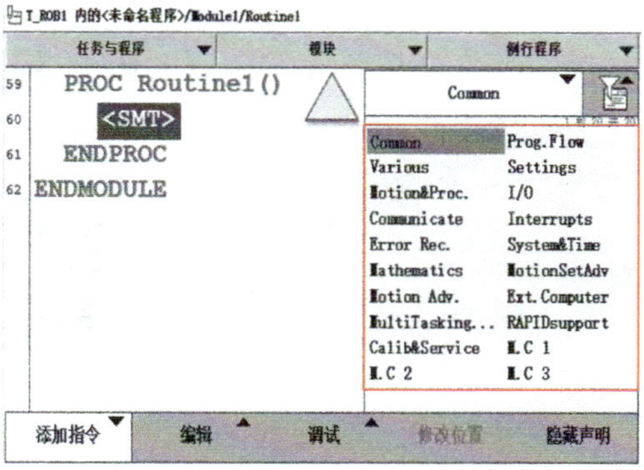

5. 系统调试

对搬运码垛工作站项目进行程序分析，工业机器人先去往工具点安装工具，再去取料点取料，完成取料后去往放料点。我们知道需要示教的点位有三个：工具点 P1、取料点 P2 和放料点 P3。目标点示教方式可查看本书 6.2.2 程序点位示教。系统调试说明如图 6-13 所示。

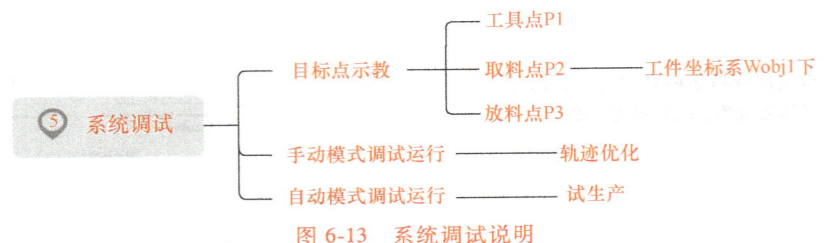

图 6-13　系统调试说明

在完成了程序编辑后，可进入程序调试环节，调试的目的有以下两个：
1) 检查程序的位置点是否正确。
2) 检查程序的逻辑控制是否有不完善的地方。

手动调试运行可以进行目标点位再精确修正，运行速率修改，运动轨迹优化等。其具体操作方式及步骤请查看本书任务 6.2 搬运码垛工作站的调试与运行中手动调试部分内容。自动运行须在手动调试完成后进行，且随时做好按下急停准备，自动运行无误则可投入生产应用。具体操作方式及步骤请查看本书任务 6.2 搬运码垛工作站的调试与运行中自动调试部分内容。

6.1.2　批量搬运码垛流程分析

批量搬运码垛任务要求：工业机器人从机械原点出发，抓取快换夹爪工具，在取料台处抓取工件，搬运至放料台并将工件依次水平铺放，重复搬运三块物料后，将夹爪工具放回工具台处，工业机器人返回原点位置。搬运码垛工作站布局及工作流程如图 6-14 所示。

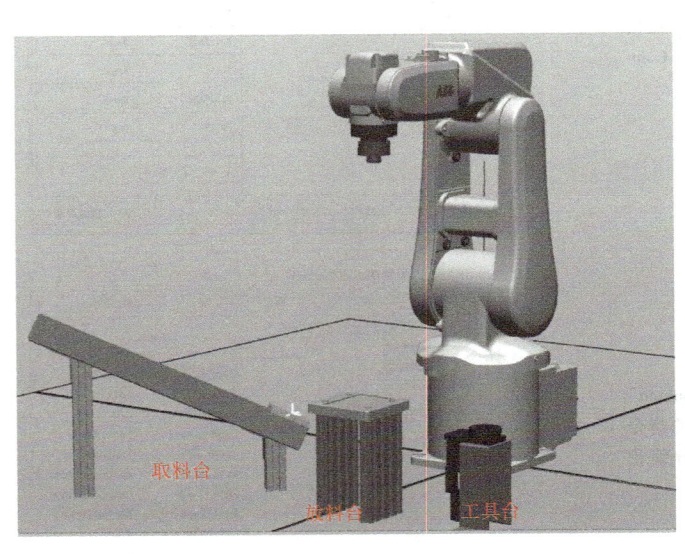
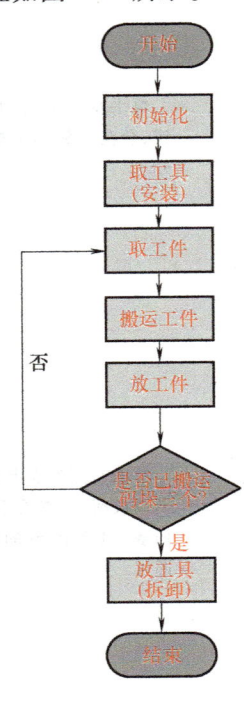

图 6-14　搬运码垛工作站布局及工作流程

项目6　ABB工业机器人搬运码垛典型工作案例的调试与运行

1. 动作流程

工业机器人搬运码垛工作可分为 5 个动作组：抓取工具、放置工具、抓取工件、搬运工件、放置工件。对各动作组进行动作分解，特别需要注意过渡点的设置，以及相关信号的控制，特别需要注意夹爪工具在夹取前需要恢复释放状态，防止碰撞。工业机器人搬运码垛过程动作解析如图 6-15 所示。

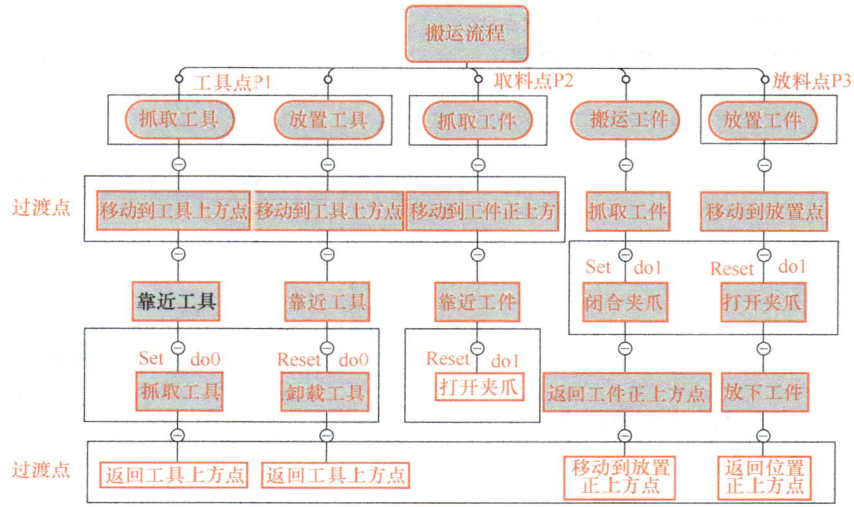

图 6-15　工业机器人搬运码垛过程动作解析

2. 对应程序指令——运动指令

工业机器人在空间中运动主要有绝对位置运动（MoveAbsJ）、关节运动（MoveJ）、线性运动（MoveL）及圆弧运动（MoveC）4 种运动方式。本任务主要应用前三种运动。

（1）MoveAbsJ 绝对位置运动指令　指令格式如图 6-16 所示。

如图 6-16 所示，绝对位置指令是使用 6 个轴和外轴的角度值来定义工业机器人的目标位置数据。MoveAbsJ 指令常用于工业机器人 6 个轴回机械零点。添加 MoveAbsJ 指令的操作见表 6-18。

MoveAbsJ home, v400, z0, tool0;
绝对运动指令　运动目标点　移动速度 400mm/s　转弯半径　工具编号

图 6-16　MoveAbsJ 指令格式

表 6-18　添加 MoveAbsJ 指令的操作

序号	操作说明	图示
1	在程序编辑器窗口中单击"<SMT>"添加位置，单击"添加指令"下拉按钮，在右侧弹出的指令表中找到"MoveAbsJ"指令，单击即可完成添加	

— 219 —

（续）

序号	操作说明	图示
2	右图中"＊"是未命名的位置点数据，单击进入即可进行新建、修改	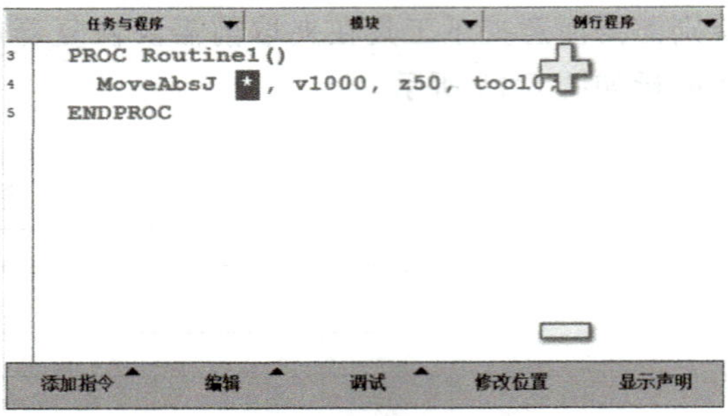
3	进入"更改选择"界面，单击"新建"按钮	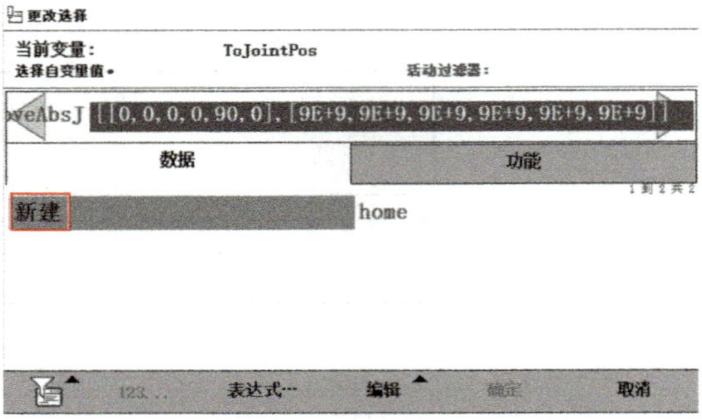
4	新建数据"yuandian"并单击"初始值"按钮，设置初始值	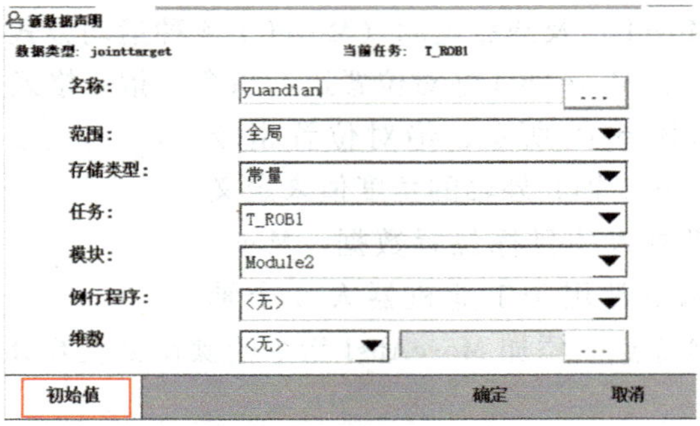
5	将工业机器人"原点"6个轴的数据设置为(0,0,0,0,90,0)，并单击"确定"按钮	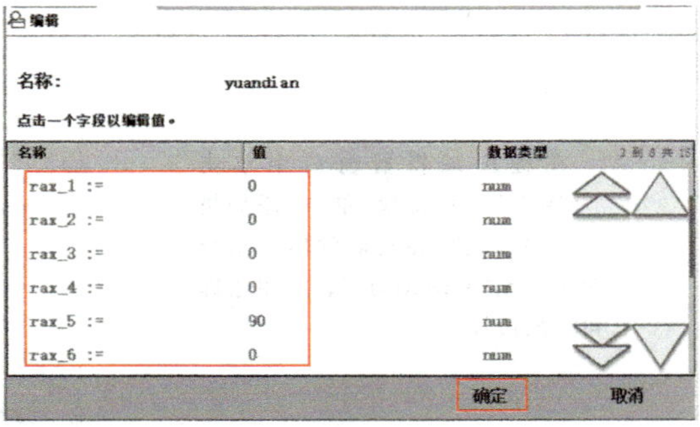

(续)

序号	操作说明	图示
6	"yuandian"数据声明保持,单击"确定"按钮	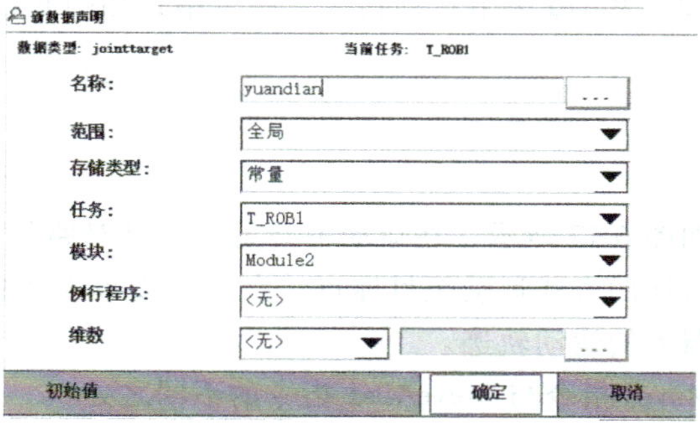
7	选择"yuandian",将"＊"替换成"yuandian",整个程序数据都被替换覆盖,修改完成后单击"确定"按钮	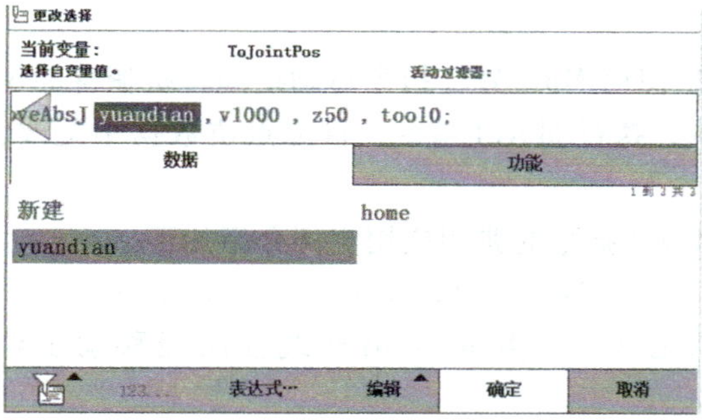
8	返回程序编辑窗口,可以发现MoveAbsJ 指令已被修改。至此,MoveAbsJ 指令添加设置完毕,后续可根据实际需求对点位进行示教修改	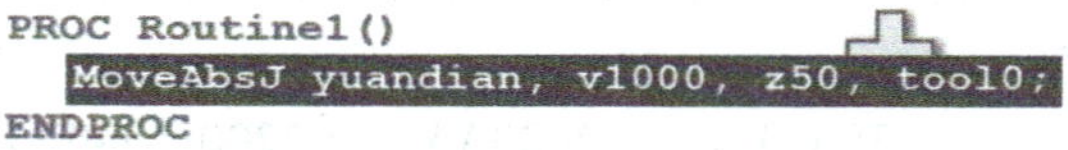

MoveAbsJ 指令的典型应用实例介绍如下。

例6-1 MoveAbsJ p50,v1000,z50,tool2；

通过速度数据 v1000 和区域数据 z50,机械臂及工具 tool2 沿非线性路径运动至绝对轴位置 p50。

例6-2 MoveAbsJ ＊,v1000 \ T：=5,fine,grip3；

机械臂及工具 grip3 沿非线性路径运动至停止点,该停止点储存为指令（标有＊）中的绝对轴位置。整个运动耗时 5s。

例6-3 MoveAbsJ ＊,v2000 \ V：=2200,z40 \ Z：=45,grip3；

工具 grip3 沿非线性路径运动至指令中储存的绝对接头位置。将数据设置为 v2000 和 z40 时,开始运动。TCP 的速率和区域半径分别为 2200mm/s 和 45mm。

例6-4 MoveAbsJ p5,v2000,fine \ Inpos：=inpos50,grip3；

工具 grip3 沿非线性路径运动至绝对接头位置 p5。当满足关于停止点 fine 的 50%的位置条件和 50%的速度条件时,机械臂认为该工具位于点内。其最长等待时间为 2s,以满足各条件。参见数据类型为 stoppointdata 的预定义数据 inpos50。

例6-5 MoveAbsJ \ Conc,＊,v2000,z40,grip3；

工具 grip3 沿非线性路径运动至指令中储存的绝对接头位置。当机械臂运动时，执行后续逻辑指令。

（2）MoveJ 关节运动指令　指令格式如图 6-17 所示。

$$\text{MoveJ} \underset{\text{关节运动指令}}{} \underset{\text{运动目标点}}{p1}, \underset{\text{移动速度}}{v1000}, \underset{\text{转弯半径}}{z50}, \underset{\text{工具编号}}{tool0};$$

图 6-17　MoveJ 指令格式

如图 6-17 所示，在运动不必是直线且对路径精度要求不高的情况下，可使用 MoveJ 指令以最快捷的方式运动至目标点。点到点简单轨迹由计算机控制器计算生成，编程人员不易预见机器人的运动轨迹。

MoveJ 指令与 MoveAbsJ 指令的不同之处：

① MoveAbsJ 指令的目标点数据类型是 jointtarget，而 MoveJ 指令的目标点数据类型是 robtarget。

② 使用 MoveAbsJ 指令运动期间，机械臂的位置不会受到给定工具和工件及有效程序位移的影响；执行 MoveJ 指令，目标点位数据不更改，切换不同的工件和工具，机械臂的位置会变化。

MoveJ 指令的典型应用实例介绍如下。

例 6-6　MoveJ p1, vmax, z30, tool2;

将工具中心点 tool2 沿非线性路径移动至位置 p1，其速度数据为 vmax，且区域数据为 z30。

例 6-7　MoveJ *, vmax \T：=5, fine, grip3;

将工具的 TCPgrip3 沿非线性路径移动至存储于指令中的停止点（标记有 *）。整个运动耗时 5s。

例 6-8　MoveJ *, v2000 \V：=2200, z40 \Z：=45, grip3;

将工具的 TCPgrip3 沿非线性路径运动至指令中存储的位置。将数据设置为 v2000 和 z40 时，开始运动。TCP 的速率和区域半径分别为 2200 mm/s 和 45 mm。

例 6-9　MoveJ p5, v2000, fine \Inpos：=inpos50, grip3;

将工具的 TCPgrip3 沿非线性路径运动至停止点 p5。当满足关于停止点 fine 的 50% 的位置条件和 50% 的速度条件时，机械臂认为该工具位于点内。其最长等待时间为 2s，以满足各条件。参见数据类型为 stoppointdata 的预定义数据 inpos50。

（3）MoveL 线性运动指令　指令格式如图 6-18 所示。

$$\text{MoveL} \underset{\text{直线运动指令}}{} \underset{\text{运动目标点}}{p1}, \underset{\text{移动速度}}{v1000}, \underset{\text{转弯半径}}{z50}, \underset{\text{工具编号}}{tool0};$$

图 6-18　MoveL 指令格式

如图 6-18 所示，线性运动即工业机器人的 TCP 从起点到终点之间的路径始终保持为直线。MoveL 运动轨迹示意如图 6-19 所示。

MoveL 指令的典型应用实例介绍如下。

例 6-10　MoveL p1, v1000, z30, tool2;

将工具的 TCPtool2 将直线运动至位置 p1，其

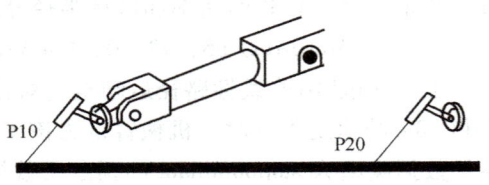

图 6-19　MoveL 运动轨迹示意图

速度数据为 v1000，区域数据为 z30。

例 6-11　MoveL *，v1000\T：=5，fine，grip3；

将工具的 TCPgrip3 沿直线移动至存储于指令中的停止点（标记有 *）。完整的运动耗时 5s。

（4）MoveC 圆弧运动指令　指令格式如图 6-20 所示。

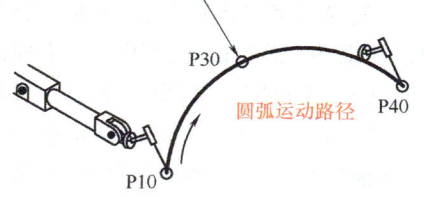

图 6-20　MoveC 指令格式

如图 6-20 所示，通过已知的圆弧起点、圆弧上的点及圆弧的终点，三点确定一段圆弧轨迹。圆弧的起点是前一条运动指令的停止点，圆弧上的点和圆弧的终点由圆弧运动指令来指定。如图 6-21 所示，圆弧上的点为 P30，圆弧终点为 P40，须注意 P10 与 P30 和 P40 的最小距离不得小于 0.1mm，由 P10 作为顶点，P30 与 P40 之间最小夹角不得小于 1°。

MoveC 指令的典型应用实例介绍如下。

例 6-12　MoveC p1，p2，v500，z30，tool2；

将工具的 TCPtool2 沿圆周移动至位置 p2，其速度数据为 v500 区域数据为 z30。根据起始位置、圆周点 p1 和目的点 p2 确定该循环。

例 6-13　MoveC *，*，v500\T：=5，fine，grip3；

将工具的 TCPgrip3 沿圆周移动至指令中存储的精点（标有第 2 个 *）。同时将圆周点存储在指令中（标有第 1 个 *）。完整的运动耗时 5s。

例 6-14　MoveL p1，v500，fine，tool1；
MoveC p2，p3，v500，z20，tool1；
MoveC p4，p1，v500，fine，tool1；

图 6-22 显示了如何通过两个 MoveC 指令实施一个完整的周期。

图 6-21　MoveC 运动轨迹示意图

3. 对应程序指令——常用 I/O 控制指令

工业机器人通过对信号的控制用于实现工业机器人与周边设备进行通信的目的。在工业机器人搬运码垛工作站中使用 Set、Reset 指令，可以对数字输出信号进行控制，从而执行安装、拆除和抓取、放开的动作。在此过程中还有控制精确度的等待指令 WaitTime。

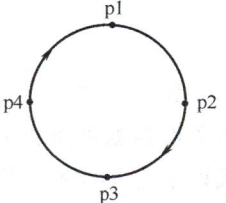

图 6-22　用 MoveC 指令绘制圆轨迹示意图

（1）Set 指令　指令格式如图 6-23 所示。

图 6-23 为 Set 指令格式，样例程序的含义：设置数字输出信号 do0 为 1。Set 指令用于将数字输出信号的值设置为 1，常应用于控制电器的开启。在信号获得新值之前存在短暂延迟。如果想要程序继续执行，直至信号已获得新值，则可以使用指令 SetDO 及可选参数 \Sync。do0 真实值取决于信号的配置。如果在系统参数中反转信号，则该指令将物理通道设置为零。

延伸介绍 SetDO 指令。SetDO 指令应用格式如图 6-24 所示。

图 6-23　Set 指令格式 　　　　图 6-24　SetDO 指令应用格式

SetDO 指令的典型应用实例介绍如下。

例 6-15　SetDO do15，1；

将信号 do15 设置为 1。

例 6-16　SetDO weld，off；

将信号 weld 设置为 off。

例 6-17　SetDO \SDelay：=0.2，weld，high；

将信号 weld 设置为 high，且时间延迟为 0.2 s。通过下一指令，程序继续执行。

例 6-18　SetDO \Sync，do1，0；

将信号 do1 设置为 0。程序执行进入等待，直至从物理上将信号设置为指定值。

（2）Reset 指令　指令格式如图 6-25 所示。

重置数字输出信号指令格式如图 6-25 所示，Reset 指令用于将数字输出信号的值重置为 0，常跟 Set 指令搭配使用，用于控制电器的关闭。

（3）WaitTime 指令　指令格式如图 6-26 所示。

如图 6-26 所示，WaitTime 指令用于等待给定的时间。该指令亦可用于等待，直至机械臂和外轴静止。应用方式如图 6-26 所示，表示程序执行等待 1s。

4. 对应程序指令——逻辑指令

（1）While 指令　指令格式如图 6-27 所示。

```
Reset do0;
重置指令  重置信号名称
```
图 6-25　Reset 指令格式

```
WaitTime 1;
等待时间指令  等待时长
```
图 6-26　WaitTime 指令格式

```
While i<3 do
评估条件指令 给定条件 满足便执行
    banyun;
    循环体
    i:=i+1;
Endwhile
结束
```
图 6-27　While 指令格式

如图 6-27 所示，只要给定条件表达式评估为 TRUE，当重复一些指令时，使用 While。评估条件数据类型：bool，必须评估为 TRUE 的条件才可以执行 While 块中指令的值。如果表达式评估为 TRUE，则执行 While 块中的指令。如图 6-27 中表达式为 TRUE 条件是 i<3，则当 i 为 2 时，2<3 是 TRUE，可以进入循环体执行任务。随后，再次评估条件表达式，如果该评估结果为 TRUE，则再次执行 While 块中的指令。该过程继续，直至表达式评估结果为 FALSE，终止执行 While 块指令，并在 While 块后，继续执行程序本指令。如果表达式评估结果在开始时为 FALSE，则不执行 While 块中的指令，且程序立即转移至 While 块后的指令。

While 指令的典型应用实例介绍如下

例 6-19　While reg1 < reg2 do

…

reg1：=reg1+1；

Endwhile

只要 reg1<reg2，则重复 While 块中的指令。

提示：如果能确定重复的数量，则可以使用 FOR 指令。

（2）FOR 指令　指令格式如图 6-28 所示。

如图 6-28 所示，当一个或多个指令重复多次时，使用 FOR 指令。FOR 指令包含当前循环计数器数值的数据名称,自动声明该数据。如果循环计数器名称与实际范围中存在的任意数据相同,则将现有数据隐藏在 FOR 循环中,且在任何情况下均不受影响。指令中有 3 个数据:Start value 循环计数器的评估起始值(通常为整数值),End value——循环计数器的评估结束值(通常为整数值),Step value——循环计数器在各循环的增量(或减量)值(通常为整数值),如果未指定增量值,则自动将步进值设置为 1 (或者如果起始值大于结束值,则设置为-1)。

图 6-28 FOR 指令格式

FOR 指令的典型应用实例介绍如下。

例 6-20   FOR i FROM 1 TO 10 DO

routine1;

ENDFOR

重复 routine1 无返回值程序 10 次。

例 6-21   FOR i FROM 10 TO 2 STEP -2 DO

a{i}:=a{i-1};

ENDFOR

将数组中的数值向上调整,以便 a{10}:=a{9}、a{8}:=a{7} 等。

5. 搬运码垛程序样例

MODULE Module1

　　PERS num i;

　　PERS jointtarget

home:=[[0,0,0,0,90,0],[9e+09,9e+09,9e+09,9e+09,9e+09,9e+09]];

　　pers robtarget

p1:=[[368.459100317,241.694005523,175.955755136],[0.000000002,-0.000000035,1,-0.000000002],[0,-1,0,0],[9E+09,9E+09,9E+09,9E+09,9E+09,9E+09]];

　　pers robtarget

p3:=[[365.792816235,-3.655480846,340.591354962],[0.000600376,0.999972006,0.007251266,0.001745063],[-1,-1,1,0],[9E+09,9E+09,9E+09,9E+09,9E+09,9E+09]];

　　pers robtarget

p2:=[[78.351387856,18.694243055,160.61553698],[-0.000000137,0.70381812,0.710380218,0.000000018],[-1,-1,1,0],[9E+09,9E+09,9E+09,9E+09,9E+09,9E+09]];

　　PROC Main()

　　　　ReSet do0;

　　　　ReSet do1;

　　　　ReSet fuzi;

　　　　i:=0;

　　　　MoveAbsJ home\NoEOffs,v400,fine,tool0;

　　　　qugongju;

　　　　While i<3 do

```
            banyun;
            i: =i+1;
        Endwhile
        fanggongju;
        MoveAbsJ hoMe\NoEOffs,v400,fine,tool0;
    ENDPROC

    PROC banyun()
        MoveL offs(p2,0,0,100),v400,z0,tool0\wobj: =wobj1;
        MoveL offs(p2,0,0,0),v400,fine,tool0\wobj: =wobj1;
        WaitTime 0.5;
        Set do1;
        WaitTime 0.5;
        MoveL offs(p2,0,0,100),v400,z0,tool0\wobj: =wobj1;
        MoveL offs(p3,32.5*i,0,100),v400,z0,tool0;
        MoveL offs(p3,32.5*i,0,0),v400,fine,tool0;
        WaitTime 0.5;
        ReSet do1;
        WaitTime 0.5;
        MoveL offs(p3,32.5*i,0,100),v400,z0,tool0;
    ENDPROC
    PROC qugongju()
        MoveJ offs(p1,0,0,200),v600,z0,tool0;
        MoveL offs(p1,0,0,80),v300,z0,tool0;
        MoveL offs(p1,0,0,0),v200,fine,tool0;
        WaitTime 0.5;
        Set do0;
        WaitTime 0.5;
        MoveL offs(p1,0,0,80),v300,z0,tool0;
        MoveJ offs(p1,0,0,200),v600,z0,tool0;
    ENDPROC

    PROC fanggongju()
        MoveJ offs(p1,0,0,200),v600,z0,tool0;
        MoveL offs(p1,0,0,80),v300,z0,tool0;
        MoveL offs(p1,0,0,0),v200,fine,tool0;
        WaitTime 0.5;
        ReSet do0;
        WaitTime 0.5;
        MoveL offs(p1,0,0,80),v300,z0,tool0;
```

MoveJ offs(p1,0,0,200),v600,z0,tool0;
ENDPROC
ENDMODULE

知识回顾

【知识点总结】

1. 工业机器人系统结构模块化分析方式。
2. 工业机器人搬运码垛系统硬件安装。
3. 了解熟悉工业机器人坐标系配置。
4. 熟练掌握工业机器人信号配置、信号控制指令、运动指令及逻辑指令。

【思考与练习】

1+X 初级真题

1. 选择题

（1）信号配置时，信号 DO1 的信号类型应设置为（　　）。

A. Digital Input　　　　　B. Digital Output
C. Analog Input　　　　　D. Analog Output

（2）（　　）可以用来置位 DO1。

A. Set DO1　　　　　　　B. Set DO0
C. Reset DO1　　　　　　D. Reset DO0

答案：（1）B　（2）A

2. 判断题

（1）为了提高工业机器人搬运码垛效率，可以去掉过渡点。（　　）

（2）工业机器人程序模块化能够大幅度降低程序的编写时间，提高程序的可利用率，减轻现场调试的压力及改写程序的工作量。（　　）

答案：（1）×　（2）√

任务 6.2　搬运码垛工作站的调试与运行

任务描述

搬运码垛工作站各模块已安装完成，请将搬运码垛样例程序导入工业机器人系统，按照任务要求完成点位示教，并完成在手动模式及自动模式下的调试与运行。

搬运码垛样例程序的恢复与运行

任务目标

1. 能熟练地恢复导入样例程序。
2. 能对程序进行点位示教。
3. 能在手动模式下调试运行搬运码垛程序，能在自动模式下运行搬运码垛程序。

知识平台

6.2.1 恢复导入样例程序

恢复导入样例程序的操作见表 6-19。

表 6-19 恢复导入样例程序的操作

序号	操作说明	图示
1	将存放有搬运码垛程序.mod 文件的 USB 存储设备（如 U 盘）插入示教器的 USB 端口。在程序编辑器内单击"任务与程序"下拉按钮	
2	单击"显示模块"按钮	
3	单击"文件"下拉按钮，在弹出的列表中选择"加载模块"选项	

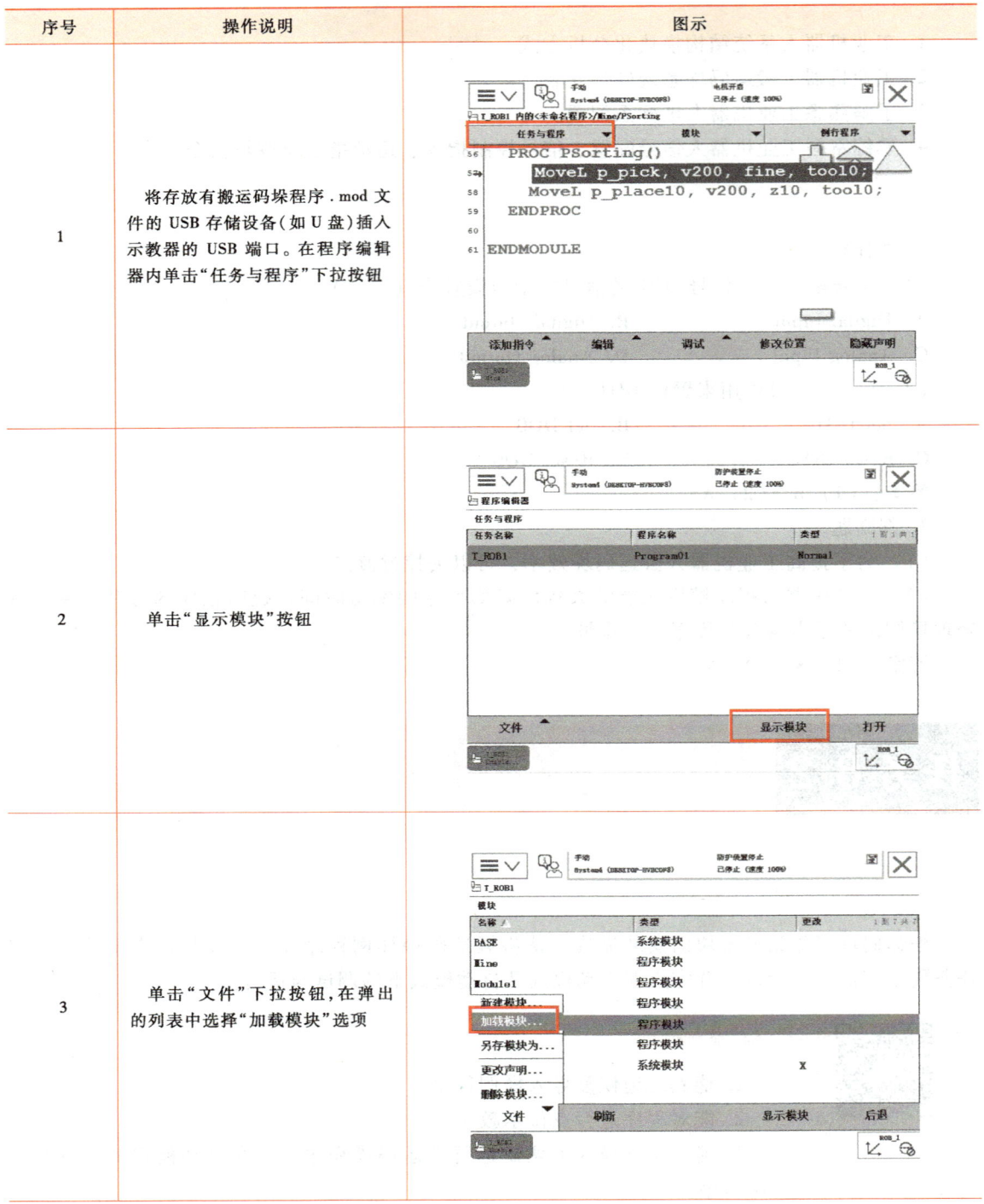

(续)

序号	操作说明	图示
4	在弹出的"模块"对话框中单击"是"按钮	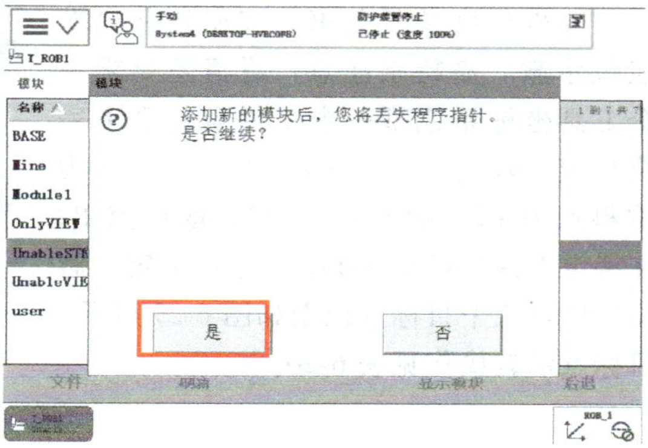
5	单击右图界面中的文件图标,找到备份在 USB 存储设备中的 .mod 文件	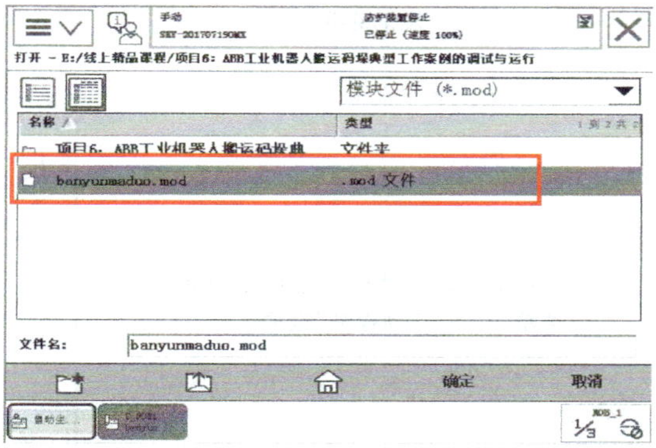
6	单击"确定"按钮,完成搬运码垛样例程序的导入	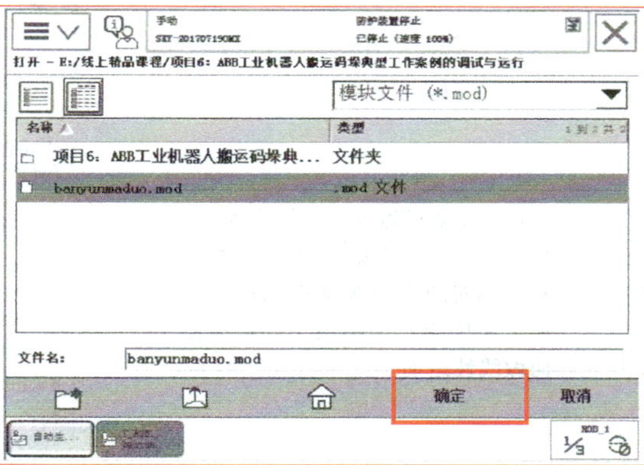
7	搬运码垛程序导入成功(如右图所示),至此完成搬运码垛样例程序的恢复	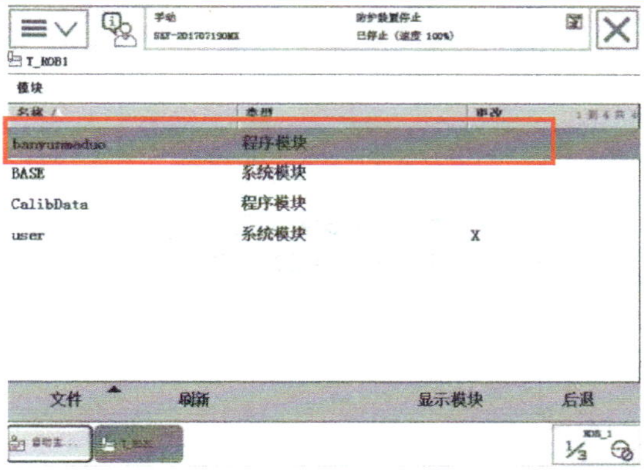

6.2.2 程序点位示教

现在搬运码垛样例程序已导入工业机器人系统，分析程序及任务书，按照任务要求完成点位示教。需特别注意：看清楚要求在哪一个工具坐标系或哪一个工件坐标系下完成点位标定。注意点位名称要求，工具点为P1、取料点为P2、放料点为P3，取料点P2需要在特定工件坐标系wobj1下进行标定。搬运码垛工作站三个目标点位图如图6-29所示。

目标点示教操作见表6-20。

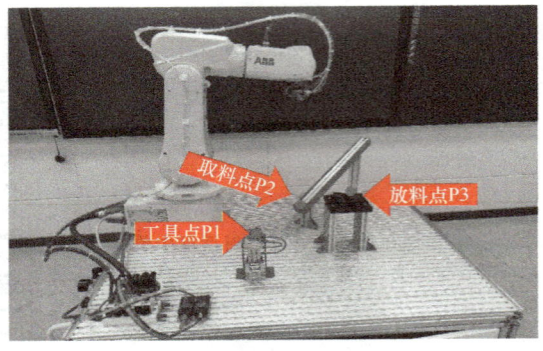

图6-29 搬运码垛工作站三个目标点位图

表6-20 目标点示教操作

序号	操作说明	图示
1	单击示教器触摸屏左上角ABB菜单，选择"手动操纵"选项	
2	选定工业机器人运动模式为"线性"，"坐标系"确定为"工件坐标"，朝对应方向拨动操纵杆即可使工业机器人TCP沿工件边沿方向做线性运动	
3	使用示教器手动操控工业机器人，使夹爪运动到取料目标点P2	

项目6
ABB工业机器人搬运码垛典型工作案例的调试与运行

（续）

序号	操作说明	图示
4	进入"程序数据"界面	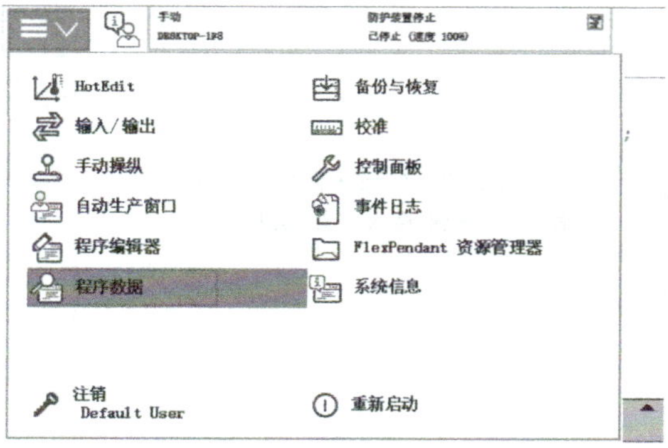
5	找到程序数据"robtarget"，单击"显示数据"按钮	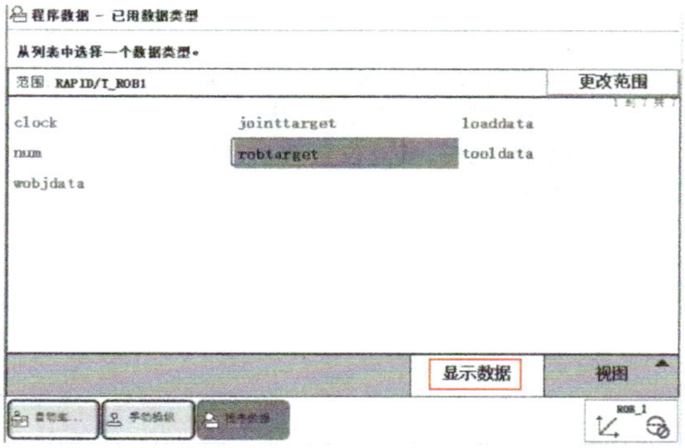
6	进入robtarget数据界面，单击"新建"按钮，在弹出的对话框中修改"名称"为"p2"，单击"确定"按钮	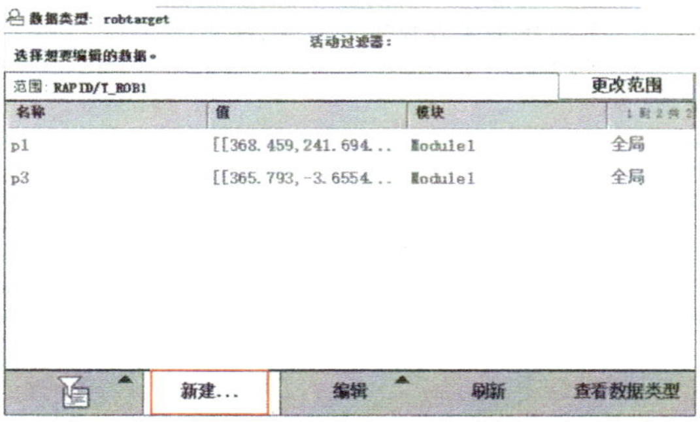 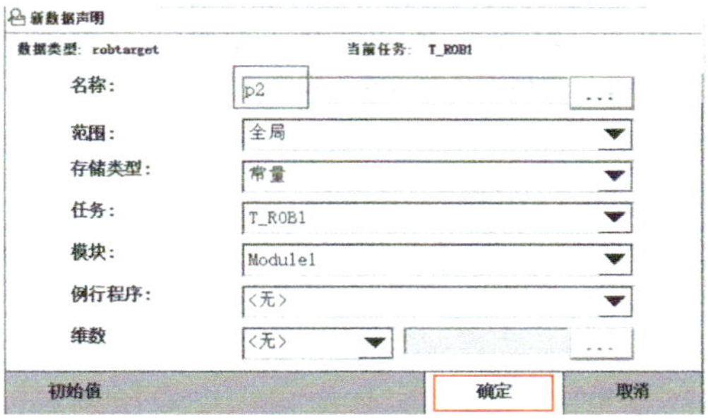

— 231 —

（续）

序号	操作说明	图示
7	确认示教点位到达目标点位 p2 后单击"编辑-修改位置"选项	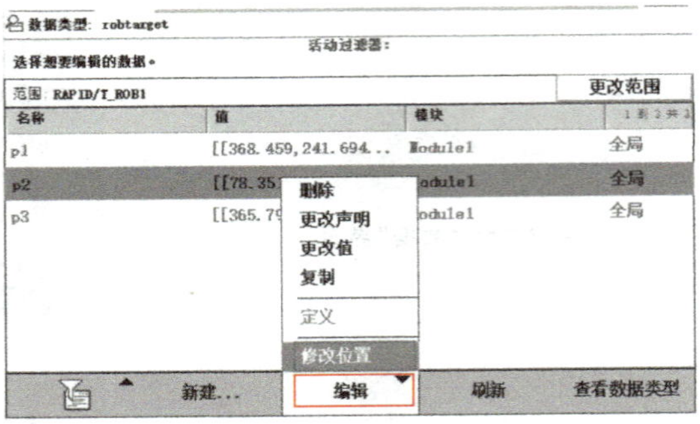
8	在弹出的"确认修改位置"对话框中单击"修改"按钮，完成 p2 点的示教，此时，该点位置数据已完成修改	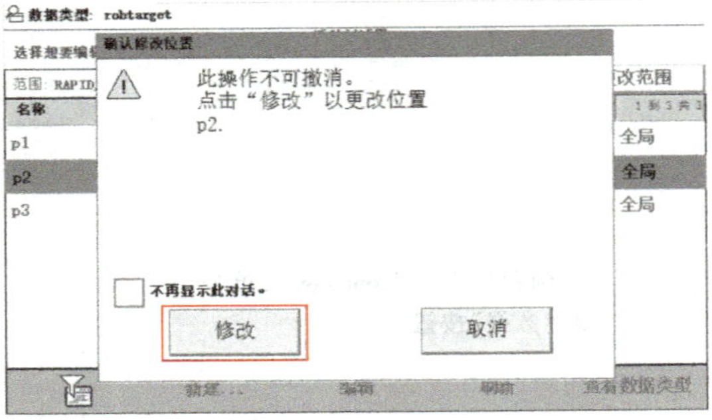
9	切换到"程序编辑器"窗口，找到程序中需要设定的点位，单击" * "	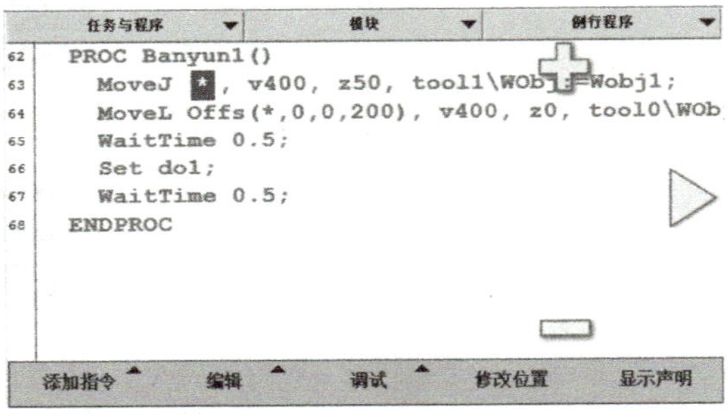
10	进入"更改选择"界面，选中数据"p2"，单击"确定"按钮，完成程序中目标点位的示教及修改	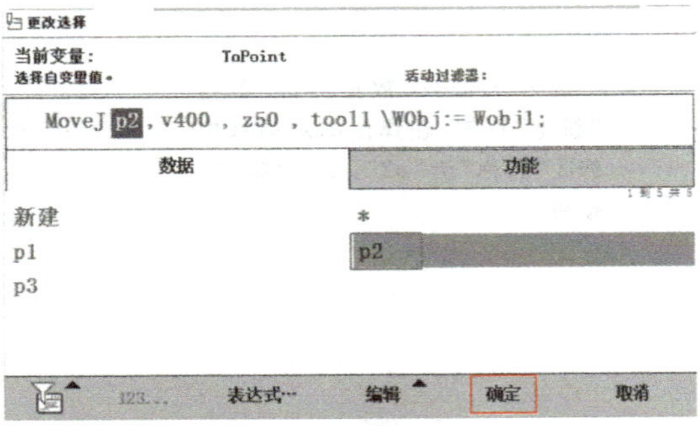

6.2.3　在手动模式下调试运行搬运码垛程序

1. 手动模式下调试运行搬运码垛程序的操作步骤

在手动模式下，码垛程序的调试运行基本为以下六步：

项目6 ABB工业机器人搬运码垛典型工作案例的调试与运行

1) 将控制器旋钮拨至手动状态。
2) 单击"ABB"→"程序编辑器"选项。
3) 进入"程序编辑器"界面,单击"PP移至Main"选项。
4) 将工业机器人速度降至较低的速度。
5) 按住使能器按钮至中间位置。
6) 按下"启动键"开始调试,一旦发现问题,松开使能器按钮,工业机器人就会立即停止。

在手动运行模式下调试运行搬运码垛程序的操作见表6-21。

表 6-21　在手动运动模式下调试运行搬运码垛程序的操作

序号	操作说明	图示
1	将控制柜模式开关转到手动模式,如右图所示	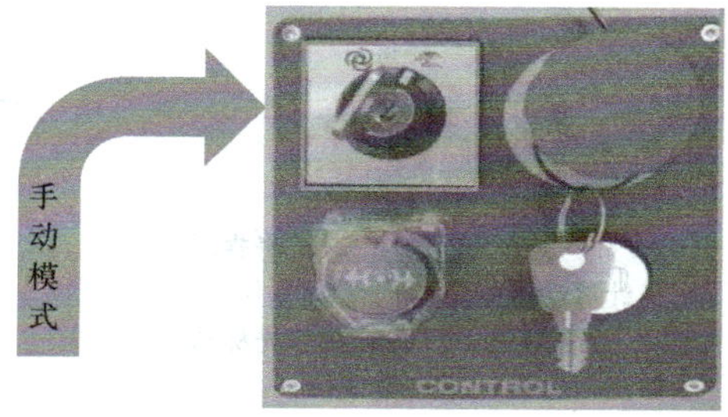
2	选择"程序编辑器"选项,进入程序编辑界面	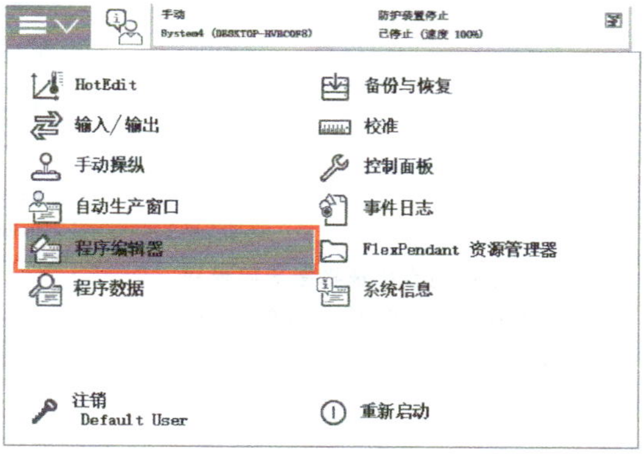
3	单击右图界面中的"调试"下拉按钮 调试:用于打开或收起调试菜单	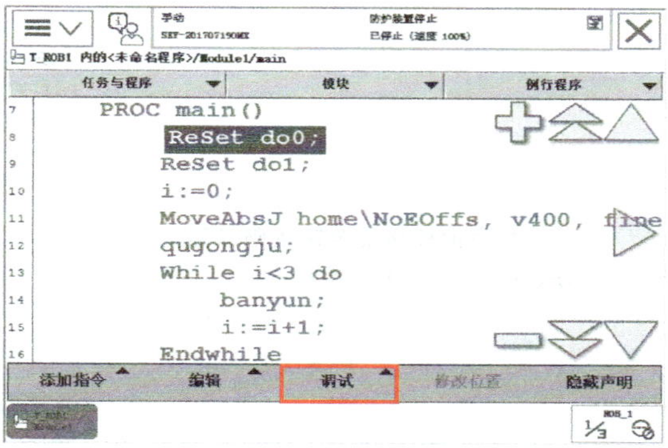

（续）

序号	操作说明	图示
4	选择"PP 移至 Main"选项，如右图所示 "PP 移至 Main"是将程序指针移动至程序 Main。"PP 移至光标"是将程序指针移动至蓝色光标所在的程序行（**注意**：该程序指针的移动，须为同一程序内的不同程序行）	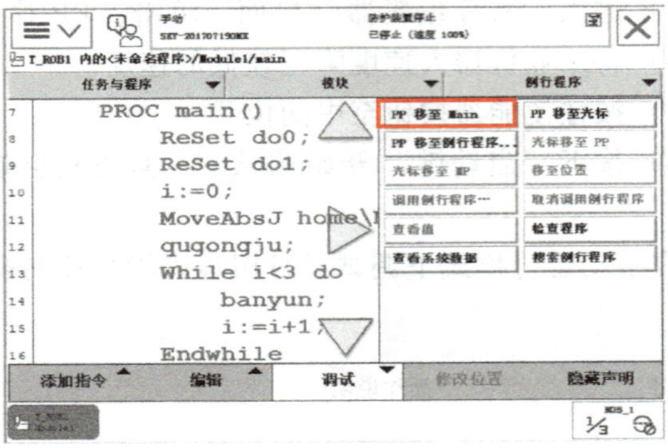
	"PP 移至例行程序…"是将程序指针移动至指定的例行程序中 "光标移至 PP"是将蓝色光标移动至程序指针所在程序行	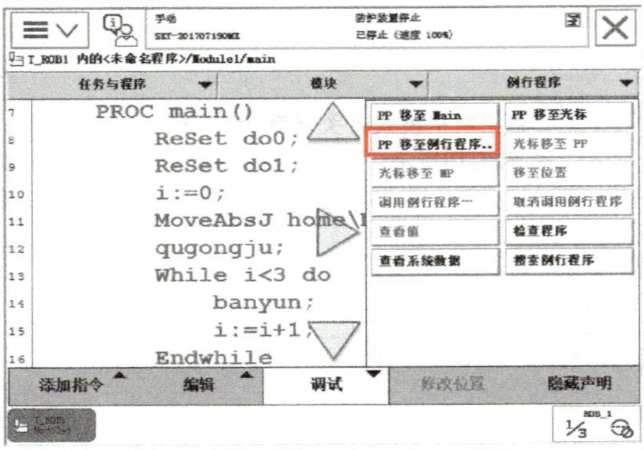
5	在程序列表中选择搬运码垛样例程序（如右图所示），单击"确定"按钮	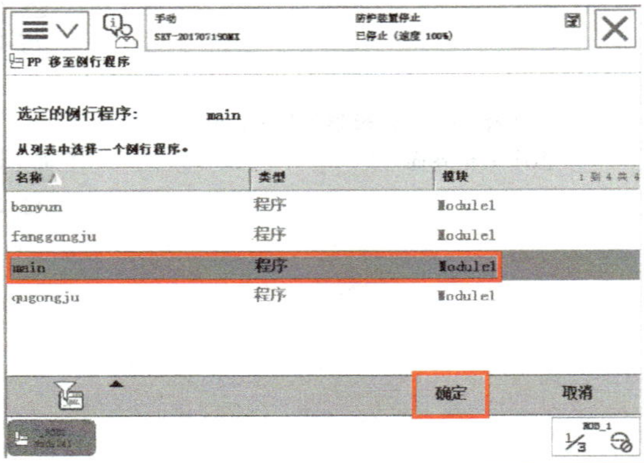
6	将程序指针移动至搬运码垛程序（Main）中，如右图所示	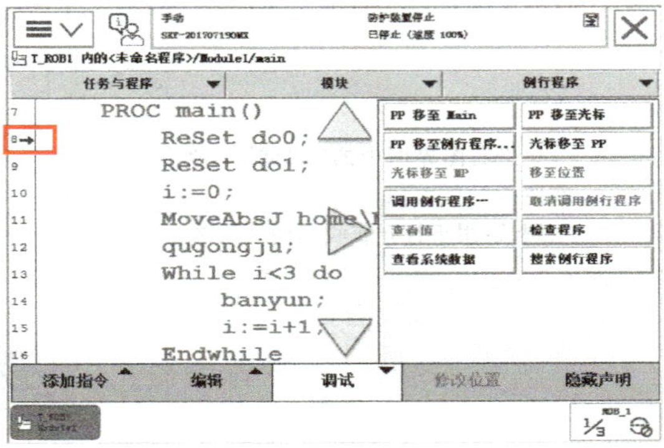

（续）

序号	操作说明	图示
7	按下使能器按钮并保持在第一档,使工业机器人处于"电动机开启状态",如右图所示	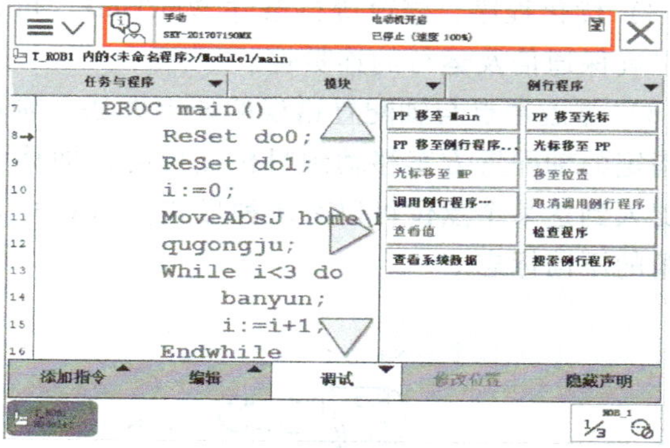
8	按前进一步按钮,逐步运行搬运码垛程序,每按压一次,只执行一行 完成程序的单步调试后,可保持按下使能器按钮中间档位置,按压启动按钮进行码垛程序的连续运行	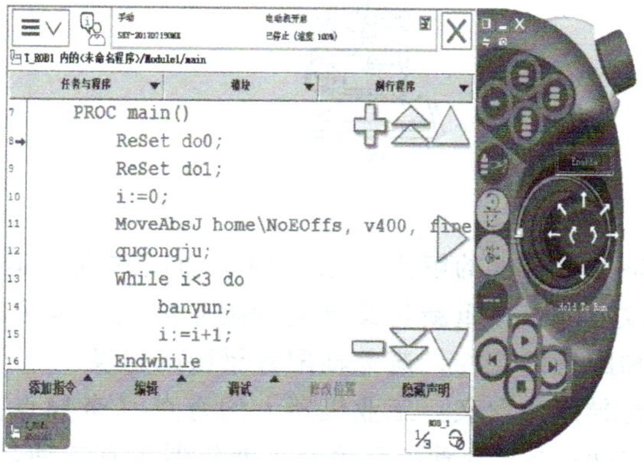

2. 手动运动模式下调试运行搬运码垛程序主要解决的问题

（1）优化程序，修改转弯半径　工业机器人运行需要解决运动不到位或运动僵硬的问题，将转弯半径 fine 修改为 Z0 或 Z50 之类，从而使轨迹更圆滑连贯，如图 6-30 所示。

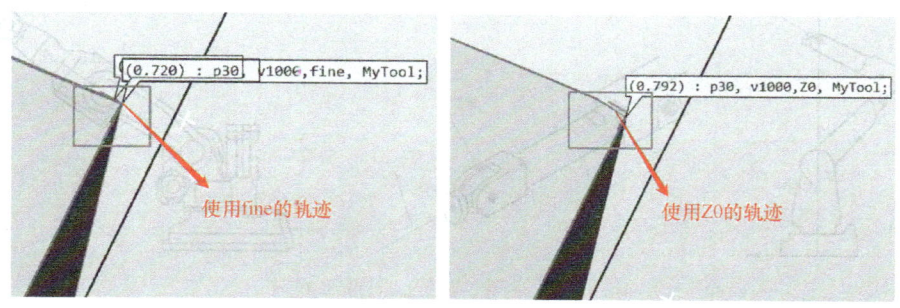

图 6-30　使用转弯半径 fine 与 Z0 的轨迹对比

参考手册里面的数据，Z0 也是有转弯半径的，为 0.3mm，而不是 0mm。轨迹上，Z0 和 fine 类似，但也有区别，Z0 可以提前预读程序，到达对应点就平滑移动过去，fine 除了准确到达，还有一个阻断程序预读的功能。转弯区数据为 Z 时，系统会预读下一条程序，而实际执行的效果是工业机器人 TCP 运动的平滑性更好，没有停顿，也不会精确经过当前的点位，只是擦肩而过。转弯区数据为 fine 时，系统不会预读程序，等此条程序运行完后，程序指针才跳到下一条程序，所以执行 fine 时，工业机器人会有短暂的停顿，人眼可能分辨不了。如果在后面接着此条程序的是一条打开信号的指令，则精确到位后，信号才被执行。

（2）优化程序，修改等待条件 WaitTime　可以根据具体情况调整工业机器人运行等待时长，以确保通信及运行的连贯性。

（3）靠近奇点与轴配置错误的处理办法　轴配置错误的含义：当工业机器人无法按照指令中指定的轴配置方案移动到目标点位时，即称为轴配置错误。工业机器人串联结构导致工业机器人到达某个点位可以有多种形式，图 6-31 所示为同一目标点位不同的轴配置图，注意轴 5 角的不同标志。

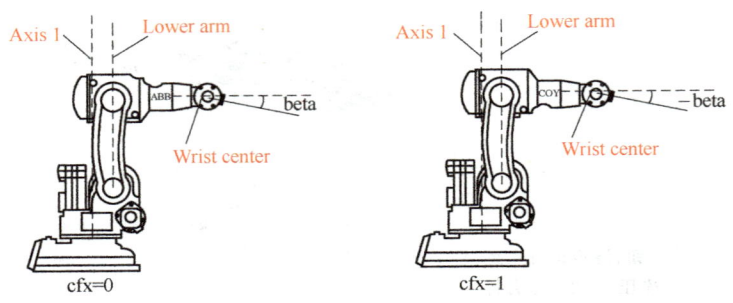

图 6-31　轴配置 cfx＝0 及 cfx＝1 时工业机器人姿态图

轴配置错误的解决方法是用手动模式逐步运行程序，找到导致轴配置错误的目标点位，并修改故障点，重新对其分配轴配置方案。也可以使用 ConfJ \ Off、ConfL \ Off 关闭控制系统对于轴配置的监控，避免轴配置错误的触发。

奇异点的含义：工业机器人的奇点（奇异点）是指使工业机器人自由度退化、逆运动无解的空间位置。6 轴串联关节工业机器人有三种奇异点：腕部奇异点、肩部奇异点和肘部奇异点，如图 6-32 所示。当工业机器人位于奇异点时，将会导致控制器无法随意控制工业机器人朝想要的方向运动、某些关节角速度趋近失控等危险的情况发生。所以当工业机器人接近奇异点时，工业机器人控制器会强行终止工业机器人的线性运动并触发错误报警。

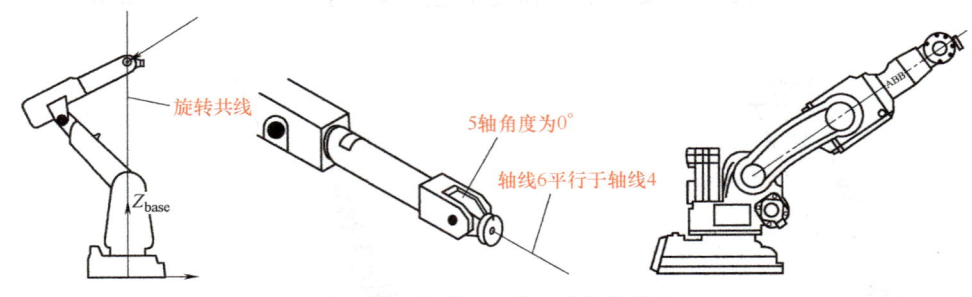

图 6-32　肩部、腕部、肘部奇异点

肩部奇异：当工业机器人的腕部与 1 轴共线时，1 轴的旋转可以通过 6 轴补偿，导致逆解难以确定，末端微小运动会导致关节剧烈变化。

腕部奇异：当工业机器人的 5 轴角度为 0 时，4 轴与 6 轴同向，导致对于空间中一点的位姿有无穷多组解。

肘部奇异：当工业机器人的腕部与 2 轴和 3 轴共平面时，沿着 6 轴轴线的速度为 0，丢失了一个自由度。

靠近奇异点的解决方法：手动模式下逐步运行程序，找到导致报警的运动指令，修改其目标点坐标值或修改其目标点的姿态，从而改变工业机器人路径，使之远离奇异点，或使用 SingArea\Wrist 指令使工业机器人在接近奇异点时允许轻微改变 TCP 姿态，以绕过奇异点。

6.2.4　在自动模式下运行搬运码垛程序

手动模式调试完成无误后才能自动运行搬运码垛程序，且前期一定要设置为低速。基本操作有以下几步：首先，将控制柜旋钮拨到自动档；依次单击确认、确定（若速度为 100%，只会确定一次），一定要注意工业机器人速度的修改，特别是在调试过程中，建议先手动调试走完整个码垛循环再以稍慢的速度进行自动操作。若有故障，须确认故障并修复；按下控制面板电动机上电按钮，若正常，则白色指示灯亮起，TP 显示电动机开启；按下启动按钮，工业机器人启动，会沿着上次停止的程序继续走；若需要从头开始执行程序，则可以选择"PP 移至 Main"选项，然后再次按下启动按钮；按暂停键可以停止工业机器人运行，此时电动机还是开启的，按下启动键，工业机器人会继续运行。

注意：在暂停状态下，若执行电动机"PP 移至 Main"，则会清空已经码垛的个数及码放位置计算等信息。再次运行时，工业机器人将从主程序重新执行，需要重新输入已经码放的包数信息。

在自动模式下调试运行搬运码垛程序的操作见表 6-22。

表 6-22　在自动模式下调试运行搬运码垛程序的操作

序号	操作说明	图示
1	在主程序下调用搬运码垛程序，如右图所示。**注意**：在自动模式下，程序只能从主程序(Main)开始运行，故在自动模式下运行某程序时，必须先将其调用至主程序中	
2	将控制柜模式开关转到自动模式，如右图所示	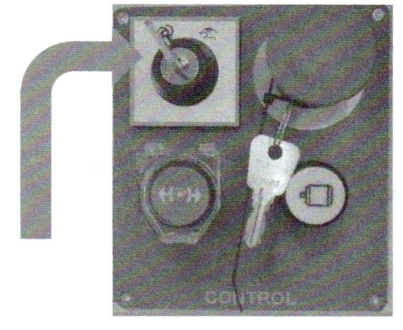

（续）

序号	操作说明	图示
3	在示教器上弹出的警告对话框中单击"确定"按钮，完成确认模式的更改操作	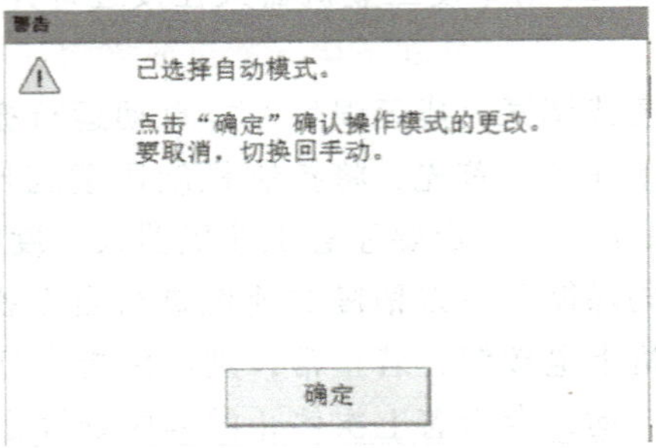
4	将程序指针移动至主程序（Main），如右图所示	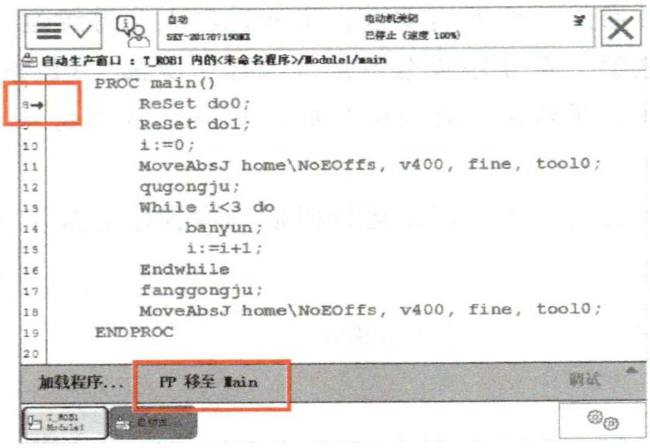
5	单击示教器右下角"快捷方式"按钮，单击"速度选择"按钮，可设定程序中工业机器人运行的速度	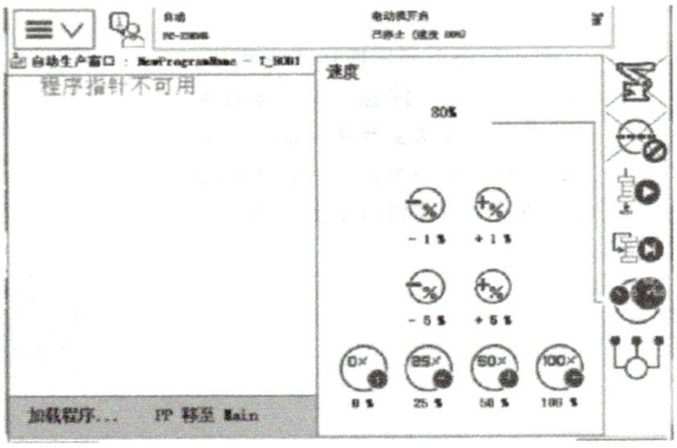
6	按下"电动机开启"按钮，如右图所示	

(续)

序号	操作说明	图示
7	确认切换为自动模式且电动机启动,示教器的状态栏信息显示如右图所示	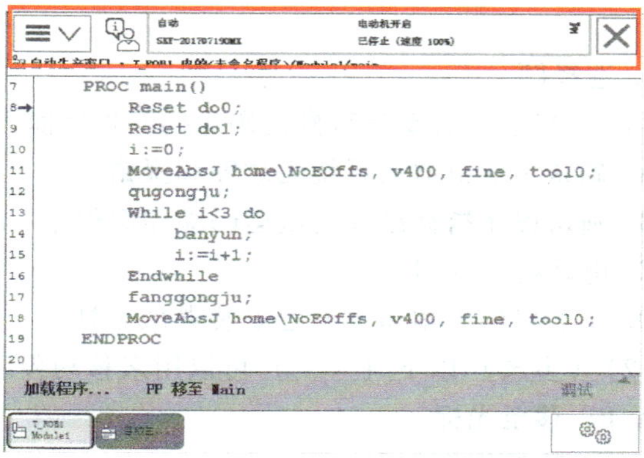
8	按前进一步按钮,可逐步运行搬运码垛程序	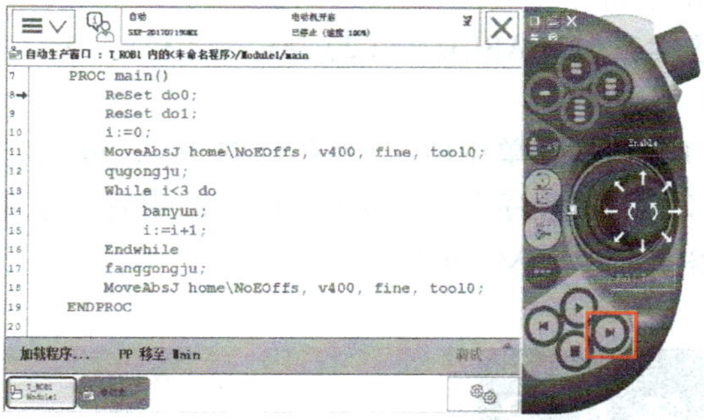
9	若按下启动按钮,则可连续运行搬运码垛程序	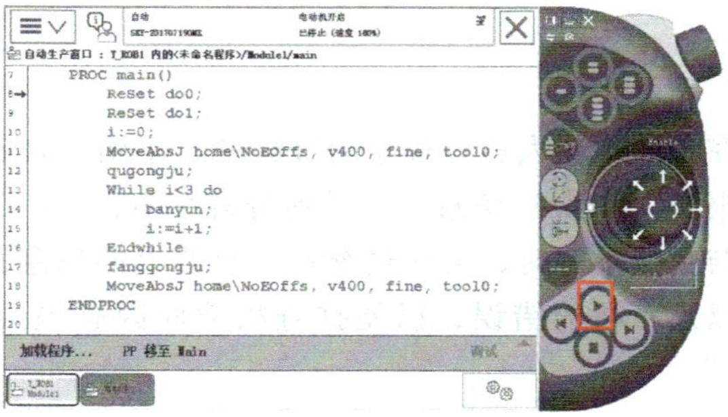

知识回顾

【知识点总结】

1. 搬运码垛程序的恢复导入操作。
2. 工业机器人搬运码垛程序点位示教。
3. 了解工业机器人手动模式下调试运行搬运码垛程序的操作方式,并能解决调试过程中

所遇到的问题。

4. 熟悉工业机器人自动模式下运行搬运码垛程序的操作步骤。

【思考与练习】

1+X 初级真题

1. 选择题

（1）（多选）自动运行搬运码垛样例程序前，应（　　）。

A. 确认工业机器人系统无故障和报错
B. 确认程序指针已移至搬运码垛样例程序
C. 电动机已开启
D. 工业机器人本体单元已安装夹爪工具

（2）（多选）以下（　　）可以用来移动程序指针。

A. PP 移至光标　　　　　　　　B. 光标移至 PP
C. PP 移至例行程序　　　　　　D. 自动生产窗口

（3）（多选）工业机器人常见的奇异点部位有（　　）。

A. 肘部　　　　B. 腕部　　　　C. 肩部　　　　D. 头部

答案：（1）ABCD　（2）AC　（3）ABC

2. 判断题

（1）调试菜单中的"PP 移至 Main"，可快速将程序指针移动至 Main 程序。（　　）

（2）所有程序要在 Main 程序下调用后，才能被工业机器人执行。（　　）

答案：（1）√　（2）√

任务 6.3　信息提示与事件日志的查看

任务描述

在工业机器人运行程序的过程中，小明发现在示教器上会显示工业机器人当前的工作状态及报警（错误）信息。吴师傅告诉小明："在工业机器人运行过程中，遇到意外停止或生产工作与预期不符时，可通过查看示教器上的信息提示和事件日志了解工业机器人当前所处的状态以及存在的错误，以便排查故障原因解决问题。学习信息提示与事件日志的查看十分重要。"

任务目标

信息提示与事件日志的查看

1. 了解查看信息提示与事件日志的操作方法。
2. 能够通过查看信息提示与事件日志解决工作站调试问题。

知识平台

6.3.1　查看信息提示与事件日志的操作方法

查看信息提示与事件日志的操作方法见表 6-23。

项目6 ABB工业机器人搬运码垛典型工作案例的调试与运行

表 6-23　查看信息提示与事件日志的操作方法

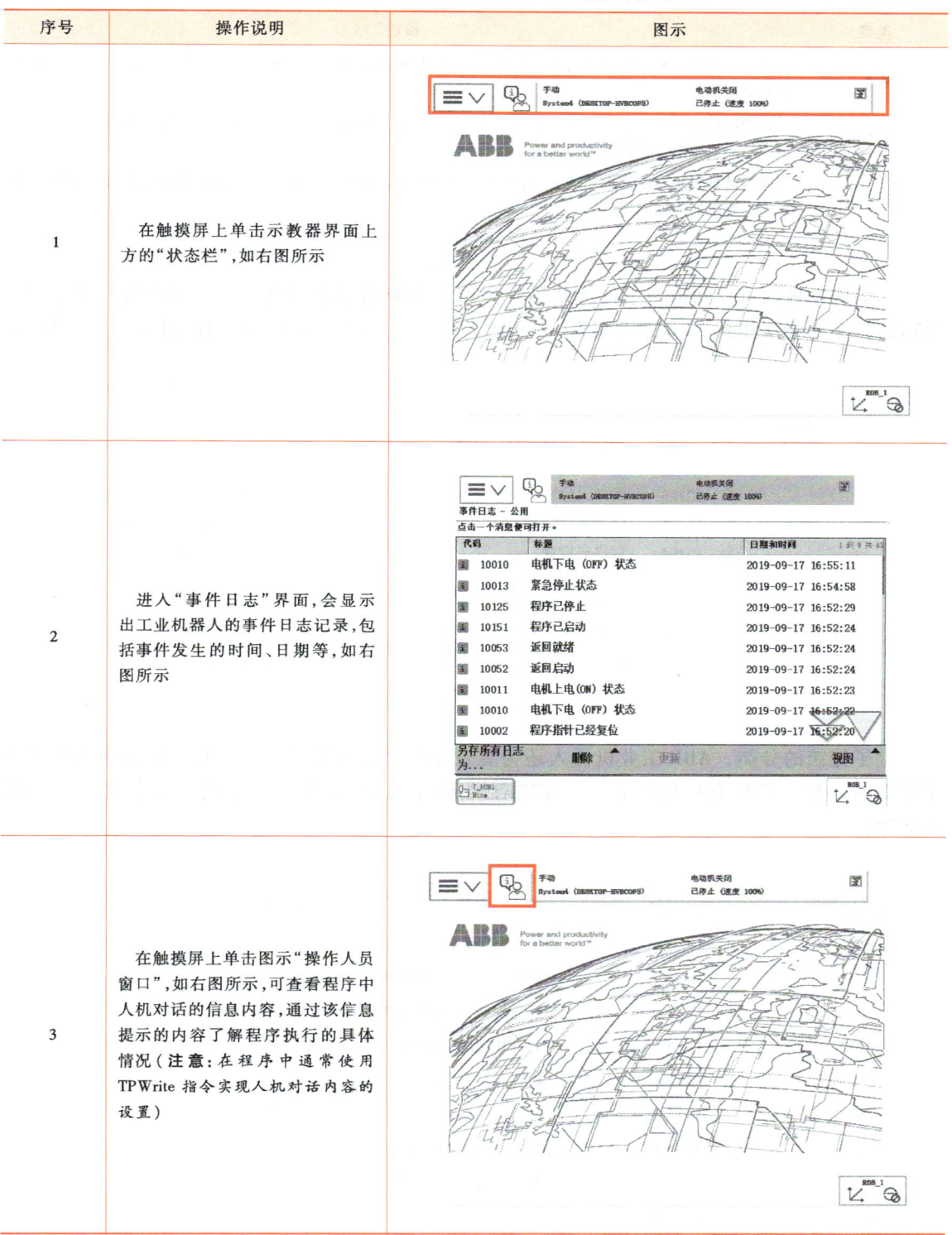

序号	操作说明	图示
1	在触摸屏上单击示教器界面上方的"状态栏",如右图所示	
2	进入"事件日志"界面,会显示出工业机器人的事件日志记录,包括事件发生的时间、日期等,如右图所示	
3	在触摸屏上单击图示"操作人员窗口",如右图所示,可查看程序中人机对话的信息内容,通过该信息提示的内容了解程序执行的具体情况(**注意**:在程序中通常使用 TPWrite 指令实现人机对话内容的设置)	

1. 信息提示与事件日志的认识

ABB 工业机器人的 IRC5 系统支持的事件类型见表 6-24。

— 241 —

表 6-24　ABB 工业机器人的 IRC5 系统支持的事件类型

类型	描述
提示	这些消息用于将信息记录到事件日志中,但是并不要求用户进行任何特别操作。不会影响工业机器人的继续运行
警告	这些消息用于提醒用户系统上发生了某些无须纠正的事件,操作会继续。这些消息会保存在事件日志中。不会影响工业机器人的继续运行
出错	这些消息表示系统出现了严重错误,操作已经停止。这些消息需要用户立即采取措施进行处理。会影响工业机器人的运行

2. 信息提示与事件日志的阅读技巧

根据信息提示可以知道对于提示及警告类型不会影响工业机器人的正常执行,但是对于出错的就需要格外注意 ABB 工业机器人的 IRC5 系统支持的事件类型样例截图如图 6-33 所示。

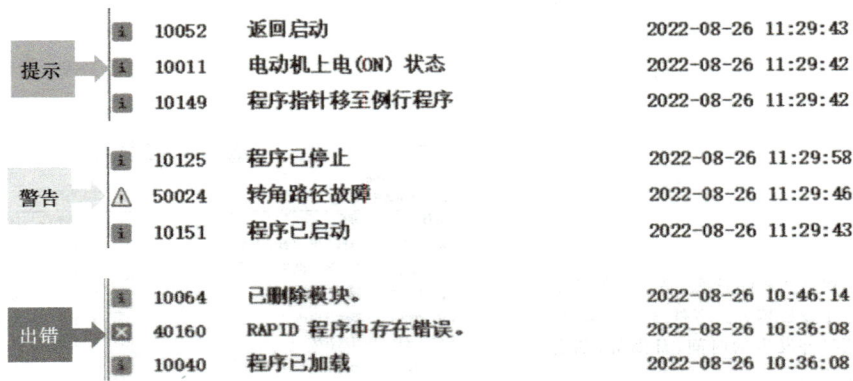

图 6-33　ABB 工业机器人的 IRC5 系统支持的事件类型样例截图

除了笼统的分类,ABB 工业机器人还为更方便地筛选时间信息,又在时间查看器中给出了更多的分类,并且有具体的代号。ABB 工业机器人的 IRC5 系统支持的事件类型代号见表 6-25。

表 6-25　ABB 工业机器人的 IRC5 系统支持的事件类型代号

事件归属	类型代号	类型描述
操作	1××××	与系统处理有关的事件
系统	2××××	与系统功能、系统状态等有关的事件
硬件	3××××	与系统硬件、机械臂及控制器硬件有关的事件
程序	4××××	与 RAPID 指令、数据等有关的事件
I/O 与通信	7××××	与输入和输出、数据总线等有关的事件
用户	8××××	用户定义的事件
安全	9××××	与功能安全相关的事件
配置	12××××	与系统配置有关的事件
Rapid	15××××	Rapid 相关

6.3.2　通过查看信息提示与事件日志解决工作站调试问题

搬运码垛调试过程中事件日志提示的典型问题及解决办法如下。

1. 变元错误

错误提示：如图 6-34 所示。

解决方法：将示教器里面所有工具坐标数据中的 mass 改为正数。

2. 预期数据类型不匹配

错误提示：如图 6-35 所示。

解决方法：将该行的 robtarget 数据改为 jointtarget 数据。

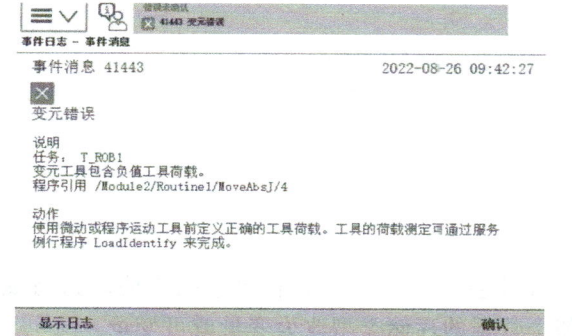

图 6-34　变元错误示例　　　　　图 6-35　预期数据类型不匹配示例

3. 变量名称不明确

错误提示：如图 6-36 所示。

解决方法：示教器里面有多个 wobj1，起了冲突，删掉多余的，只留一个，或保留一个，将其他的改名字即可。

4. 引用了未知完整数据

错误提示：如图 6-37 所示。

解决方法：示教器的程序数据里没有工具坐标数据 tool1，但是程序里又出现了 tool1，须在程序数据的 tooldata 里新建一个 tool1。

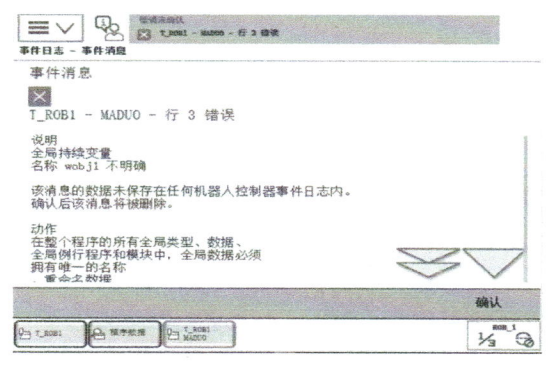
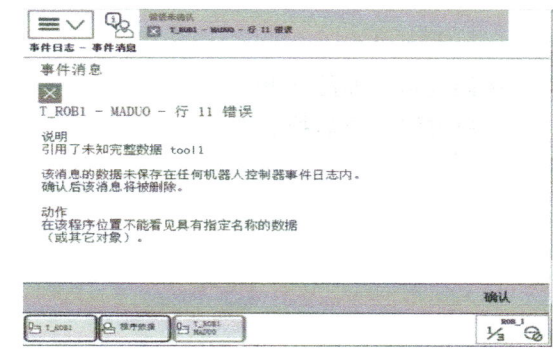

图 6-36　变量名称不明确示例　　　　　图 6-37　引用了未知完整数据示例

5. 预期值不符

错误提示：如图 6-38 所示。

解决方法：程序有问题那一行陈近需要加上"endproc"，将程序导出，在 robotstudio 软件里的 RAPID 编辑，加上或导出来到计算机的记事本，添加丢失的字符"endproc"。

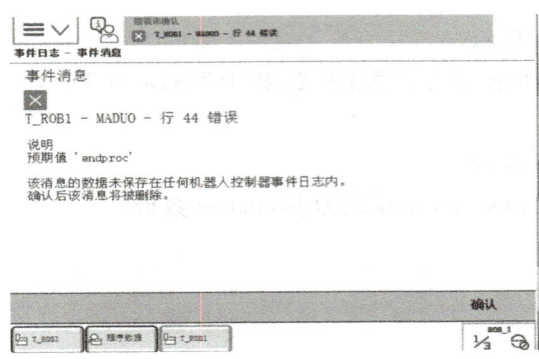

图 6-38　预期值不符示例

6. 存储类型不符

错误提示：如图 6-39 所示。

解决方法：出错那一行的数据存储类型是一个常量，常量只能在程序数据声明时进行赋值，其他任何时候都不会被修改，所以需要将那个数据的存储类型改为变量或可变量。

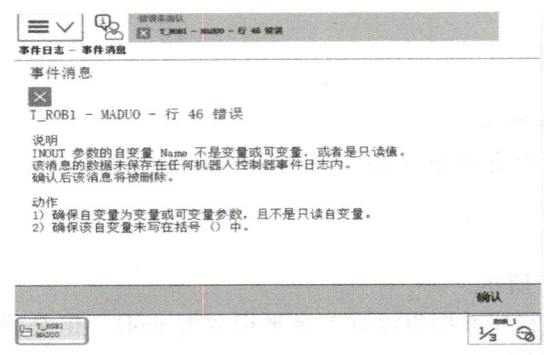

图 6-39　存储类型不符示例

7. 引用错误

错误提示：如图 6-40 所示。

解决方法：重启控制器。

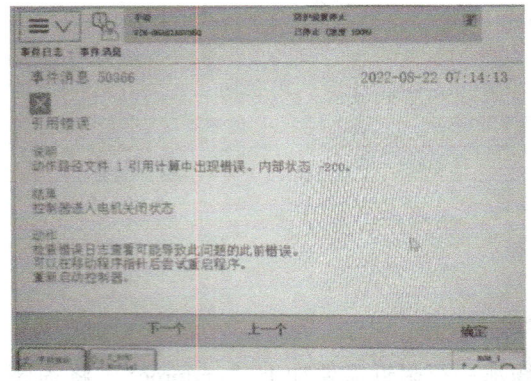

图 6-40　引用错误示例

知识回顾

【知识点总结】

1. 工业机器人信息提示与事件日志查看的操作方法。
2. 了解工业机器人事件的三大类型。
3. 能通过工业机器人信息提示与事件日志解决实际问题。

【思考与练习】

1+X 初级真题

1. 选择题

（1）ABB 工业机器人 IRC5 系统中，以下哪种事件类型会导致操作停止且需要用户立即处理？（   ）

　　A. 提示　　　　　B. 警告　　　　　C. 出错　　　　　D. 以上都会

（2）查看工业机器人信息提示与事件日志时，进入事件日志界面的操作是（   ）。

A. 单击示教器界面下方的"状态栏"

B. 单击示教器界面上方的"状态栏"

C. 双击示教器界面上方的"操作人员窗口"

D. 长按示教器界面的任意位置

（3）当工业机器人出现变元错误时，解决方法是（   ）。

A. 将示教器里面所有工具坐标数据中的 mass 改为正数

B. 将该行的 robtarget 数据改为 jointtarget 数据

C. 删掉多余的变量，只留一个或将其他改名字

D. 在程序数据的 tooldata 里面新建一个 tool1

（4）若工业机器人事件日志提示预期数据类型不匹配，如预期类型为 jointtarget，但找到的类型为 robtarget，应（   ）。

A. 检查程序中所有数据类型并统一修改

B. 将 robtarget 数据改为 jointtarget 数据

C. 重新加载程序

D. 重启控制器

（5）对于工业机器人事件日志中"引用了未知完整数据"的错误，如程序里出现 tool1 但程序数据里面没有，需要（   ）。

A. 在程序数据的 tooldata 里面新建一个 tool1

B. 检查程序中所有数据引用并修正

C. 重新编写相关程序段

D. 清除事件日志后重新运行

答案：（1）C　（2）B　（3）A　（4）B　（5）A

2. 判断题

（1）从示教器界面上方的"状态栏"进入事件日志界面，会显示工业机器人的事件日志记录，包括事件发生的时间日期等。　　　　　　　　　　　　　　　　　　　　　　（   ）

（2）在查看工业机器人信息提示与事件日志时，需要先单击示教器界面上方的"状态栏"，才能进入事件日志界面。　　　　　　　　　　　　　　　　　　　　　　　　（   ）

（3）对于工业机器人事件日志中的出错消息，用户无须立即采取行动处理，因为不影响工业机器人操作。（　　）

（4）当出现预期数据类型不匹配的错误时，应将 robtarget 数据改为 jointtarget 数据来解决。（　　）

（5）变量名称不明确的问题是由于示教器中没有相关变量导致的。（　　）

答案：（1）√　（2）√　（3）×　（4）√　（5）×

项目总结

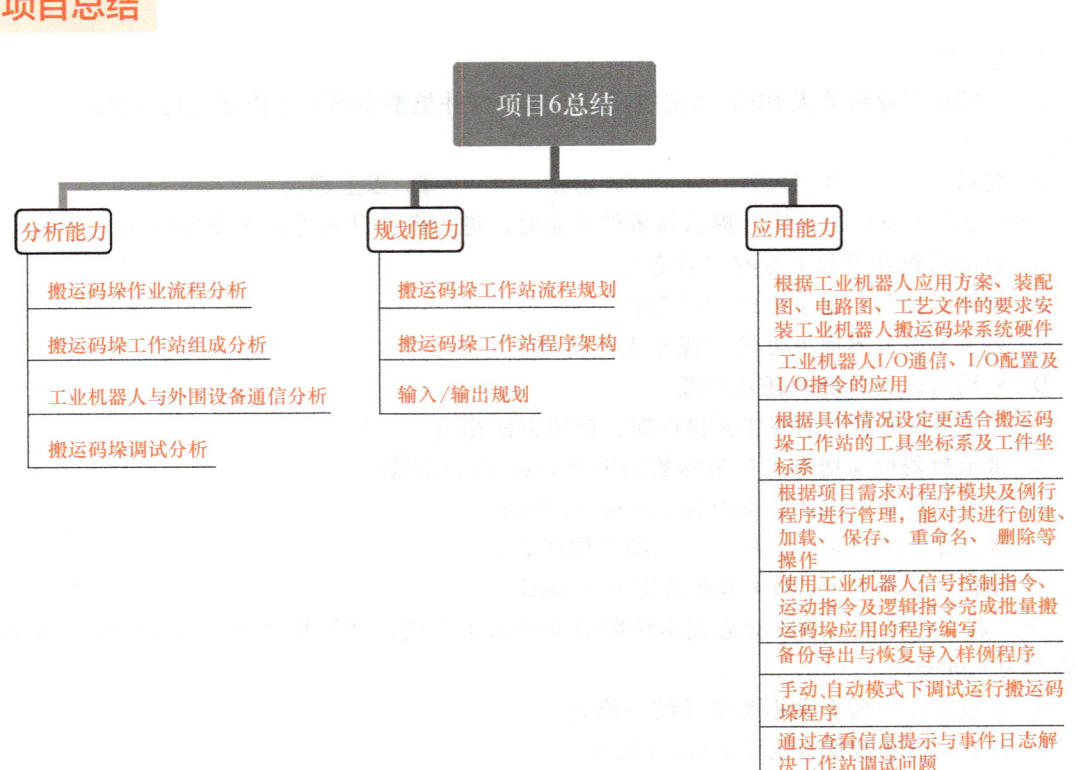

参 考 文 献

[1] 谭志彬. 工业机器人操作与运维教程［M］. 北京：电子工业出版社，2020.

[2] 谭志彬. 工业机器人操作与运维实训：初级［M］. 北京：电子工业出版社，2020.

[3] 智通教育教材编写组. ABB 工业机器人基础操作与编程［M］. 北京：机械工业出版社，2019.

[4] 谭小蔓，龙建飞，李国东. ABB 工业机器人故障诊断与维护保养实战教程［M］. 北京：机械工业出版社，2020.

[5] 陈小艳，郭炳宇，林燕文. 工业机器人现场编程（ABB）［M］. 北京：高等教育出版社，2018.

[6] 叶晖. 工业机器人故障诊断与预防维护实战教程［M］. 北京：机械工业出版社，2018.

[7] 熊隽，文清平. 工业机器人编程与调试（ABB）［M］. 北京：机械工业出版社，2021.

[8] 蒋正炎. 机器人技术应用项目教程（ABB）［M］. 北京：高等教育出版社，2019.

[9] 田贵福，林燕文. 工业机器人现场编程（ABB）［M］. 北京：机械工业出版社，2017.

[10] 智通教育教材编写组. ABB 工业机器人虚拟仿真与离线编程［M］. 北京：机械工业出版社，2020.